基于 Bootstrap 方法的时间序列变点检测

陈占寿　著

科学出版社

北京

内 容 简 介

本书第 1 章主要介绍变点检验和在线监测的一些经典方法, 并介绍本书着重讨论的厚尾时间序列模型和长记忆时间序列模型. 第 2, 3 章主要介绍检验和估计厚尾时间序列模型均值变点和持久性变点的一些方法. 第 4, 5 章介绍检验长记忆时间序列均值变点、时间趋势项变点、方差变点及长记忆参数变点的一些方法. 第 6 章介绍在线监测厚尾时间序列持久性变点的一些方法. 第 7, 8 章介绍在线监测长记忆时间序列均值、方差及长记忆参数变点的方法. 第 9 章介绍线性回归模型参数变点的开放式在线监测的一些方法. 对第 2—9 章中介绍的每一种变点检测和估计方法都提供了一些数值模拟结果, 并配置了实证分析案例.

本书可作为变点统计分析的入门教材供统计学、数学和计量经济学等专业高年级本科生和研究生学习和阅读, 也可供对变点统计分析问题感兴趣的科研人员和实际工作者参考.

图书在版编目 (CIP) 数据

基于 Bootstrap 方法的时间序列变点检测/陈占寿著. —北京: 科学出版社, 2020.12

　　ISBN 978-7-03-066879-0

Ⅰ. ①基⋯　　Ⅱ. ①陈⋯　　Ⅲ.①时间序列分析　　Ⅳ. ①O211.61

中国版本图书馆 CIP 数据核字 (2020) 第 224918 号

责任编辑: 胡庆家　贾晓瑞 / 责任校对: 彭珍珍
责任印制: 吴兆东 / 封面设计: 无极书装

科 学 出 版 社 出版
北京东黄城根北街 16 号
邮政编码: 100717
http://www.sciencep.com

北京建宏印刷有限公司 印刷
科学出版社发行　各地新华书店经销

*

2020 年 12 月第 一 版　开本: 720×1000 B5
2024 年 2 月第二次印刷　印张: 12 1/2
字数: 260 000
定价: 98.00 元
(如有印装质量问题, 我社负责调换)

前　　言

自 Page 于 1954 年基于质量控制工程提出变点的概念以来, 变点统计分析问题逐渐受到统计学家的关注, 并从 20 世纪 70 年代起, 一直是统计学、计量经济学等学科的研究热点. 在陈希孺院士等的带领下, 我国的统计学者也从此阶段开始进入这一研究领域. 进入 21 世纪后, 在中国科学技术大学缪柏其教授研究团队, 南开大学王兆军、邹长亮教授研究团队, 西北工业大学田铮教授研究团队等的共同努力下, 我国统计学者在变点研究领域取得了丰硕的研究成果.

陈希孺院士将变点定义为 "模型中的某个或某些量起突然变化之点". 对于一组观测数据而言, 变点是指这组观测数据中的一个位置点或对应的观测时间点, 这个点前后的数据服从不同的统计分布. 变点在实际问题中经常出现, 比如生产线上生产的产品, 可能由于机器老化或出现故障, 从某个时刻开始产品质量不达标; 一项金融政策的出台, 可能导致一支股票前后的收益率发生改变, 或转变一件金融产品的投资风险; 一场流行病 (如今年正在流行的新型冠状病毒肺炎) 导致的累计感染人数和死亡人数的增长率可能因政府管控措施和治疗手段的改变而发生改变等. 需要说明的是, 变点和我们通常所说的异常值点有显著的区别, 变点要求这个点前后一定长度的观测数据分别服从不同的分布或适合用不同的模型来建模, 而异常值只意味着这个观测值与周围的观测值相比在数值上有较大差异.

变点统计分析主要包括两方面的内容: 变点检测和变点估计. 变点检测是从假设检验的角度判断一组数据中是否存在变点, 如通过从生产线上抽取产品进行检验, 来判断产品质量数据中是否存在变点, 一旦无变点的原假设被拒绝, 就意味着产品质量可能超过了质量控制允许的范围, 就需要及时对生产线做出适当的调整, 以避免出现更多的不合格品. 变点估计就是确定变点位置, 包括变点位置的点估计和区间估计, 如计划根据每日的沪深 300 指数数据建模来预测我国股市后续一段时间的走势时, 通过先估计出数据中的变点, 并将数据在变点处分段, 然后分段建模做预测比通过直接建模做预测通常具有更高的预测精度, 这有助于降低决策风险. 近几年, 从变量选择和模型选择的角度精准估计观测数据中的多变点成为研究的新热点, 许多研究成果发表在 *The Annals of Statistics*, *Journal of the Royal Statistical Society : Series B*, *Journal of the American Statistical Association*, *Journal of Econometrics* 等统计学和计量经济学的顶级期刊上.

变点统计分析所研究的数据可能是已记录完毕的固定数据 (即历史数据), 也可能是正在不断产生并被连续记录的在线数据. 对固定数据做变点统计分析, 所涉及的主要研究内容包括: 检验数据中是否存在变点, 估计变点发生的位置和变点的个数, 研究检验统计量的极限分布, 分析变点估计量的收敛速度等. 基于固定数据的变点检测被称为回顾性检验 (retrospective tests) 或离线检验 (off-line tests)、后验检验 (posteriori tests), 本书统一称为变点检验. 对在线数据做变点统计分析, 所涉及的主要研究内容包括: 根据每一个新观测到的数据, 连续检验数据中是否出现变点, 即时时监测数据中是否出现变点, 并研究监测统计量的极限分布、停时分布, 监测到变点的平均运行长度等. 基于在线数据连续检测变点的方法被称为在线监测 (on-line monitoring), 或序贯检验 (sequential tests)、先验检验 (priori test), 本书统一称为变点在线监测.

本书主要讨论一类厚尾时间序列模型和一类长记忆时间序列模型中的变点问题, 这两类模型常被用来拟合一些金融、水文及气象数据, 以刻画数据中的厚尾性和长记忆性. 由于这两类模型的特殊性和复杂性, 构造的变点检验和监测统计量的极限分布形式通常较为复杂, 且含有冗余参数, 导致其临界值不易获取, 本书通过构造适当的 Bootstrap 算法来近似计算检验和监测统计量的临界值, 达到了较好的效果. 这里的 "Bootstrap" 一词常被国内学者翻译为 "自助", 但由于 "自助" 一词从字面上从并不能很好地诠释 Bootstrap 方法的含义, 且通过查阅中国知网发现, 大部分国内学者在他们发表的中文文献中仍习惯使用 "Bootstrap" 一词, 这也是本书标题保留这个英文单词的原因. 书中介绍的大部分内容都是本书作者近 10 年里完成的研究成果, 并为了内容的完整性, 也介绍了少量他人的研究成果. 这些研究成果散见于一些国内外公开发行的期刊上, 为方便读者从这些发表的期刊上查阅相关文献, 在每一章的小结部分会介绍对应研究成果的出处. 全书共分 9 章. 第 1 章主要介绍变点检验和变点监测的一些经典方法, 并对本书主要讨论的厚尾时间序列模型和长记忆时间序列模型做详细介绍; 第 2—5 章分别讨论厚尾时间序列均值变点、持久性变点和长记忆时间序列均值、时间趋势项、方差及长记忆参数变点的检验问题; 第 6—8 章则分别介绍厚尾时间序列持久性变点、长记忆时间序列均值、方差及长记忆参数变点的在线监测方法; 第 9 章基于线性回归模型介绍模型参数变点的开放式监测方法. 本书每章内容都独成体系, 读者可根据自己的兴趣需求单独选择章节阅读. 理论分析作为变点统计分析的重要组成部分, 书中不可避免的包含了一些理论证明, 对理论证明不感兴趣的读者可以跳过证明部分, 不影响对方法的理解和应用. 对有兴趣做变点问题研究工作的读者, 建议阅读理论证明部分, 并建议自己编写代码重新实现每章数值模拟部分的结果,这有助于对变点问题的认识和检测及估计方法的理解.

　　感谢田铮教授仔细审阅了本书初稿, 并提出了许多宝贵的修改意见. 感谢韩四儿工程师、夏志明教授、金浩教授、秦瑞兵副教授、赵文芝副教授、齐培燕副教授. 李拂晓讲师等在完成书中一些研究内容过程中提供的有意义的讨论和帮助. 感谢研究生马健琦、何明灿、徐琼瑶、彭木慈等完成的部分数值模拟工作. 感谢科学出版社胡庆家编辑在本书出版过程中给予的帮助. 感谢国家自然科学基金 (11301291, 11661067)、青海省自然科学基金 (2019-ZJ-920) 对本书出版的资助. 感谢中央组织部"西部之光"访问学者项目和访问单位中国科学院数学与系统科学研究院, 使我有幸在研究院思源楼的办公室里完成了本书的大部分初稿.

　　最后感谢我的父母亲、爱人等家人长期以来对我工作的支持, 感谢岳父母对我女儿细致入微的照顾, 你们在背后默默的付出使我有更多的精力和时间完成本书的撰写.

　　限于作者水平, 书中难免存在一些不足之处, 恳请读者批评指正, 期盼您能将宝贵意见发送到邮箱: chenzhanshou@126.com.

陈占寿

2020 年 8 月于青海师范大学

目　　录

第 1 章 绪 论

自 Page 于 1954 年基于质量控制工程提出变点的概念以来, 变点统计分析问题逐渐受到统计学家的关注, 并从 20 世纪 70 年代起, 一直是统计学、计量经济学等学科的研究热点. 随着计算机等辅助工具的发展, 变点理论分析和应用研究都取得了长足的发展. 专著 (Brodsky and Darkhovsky, 1993) 介绍了变点分析的一些非参数方法及应用; (Chen and Gupta, 2000) 讲述了变点分析的一些参数方法, 如: 广义似然比检验方法 (GLRT)、贝叶斯方法和信息准则方法 (information criterion) 等; (Csörgő and Horváth, 1997) 讲述了似然方法、非参数方法、线性模型及一些相依时间序列模型变点分析方法中得出的一些极限理论结果; (Wu, 2005) 重点研究了变点估计的偏差及区间估计问题; (王兆军等, 2013) 对分析变点的控制图方法做了详细讲解. 关于变点分析的其他专著有 (Hackl and Westlund, 1991)、(Bassevile and Nikiforov, 1993) 等. 关于变点分析方面的优秀研究综述有 (Krishnaiah and Miao, 1988)、(Perron, 2006)、(Andreou and Ghysels, 2009)、(Aue and Horváth, 2013) 等.

本章首先介绍变点检验的几种经典方法, 然后介绍变点在线监测的一些方法, 最后介绍本书重点讨论的两类时间序列模型.

1.1 变点检验的几种方法

本节首先介绍变点检验最经典的三种方法: 似然比方法、最小二乘方法和 CUSUM(累积和) 方法. 然后对本书将重点讨论的一类变点——持久性变点的一些检验方法做简要概述.

1.1.1 似然比方法

应用似然比检验的思想, 对一些分布变点存在性的检验是变点理论中较早讨论的问题, 主要集中在对正态分布均值变点的检验, 如文献 (Chernoff and Zacks, 1964; Kander and Zacks, 1966; Gardener, 1969; Sen and Srivastava, 1975; Hawkins, 1977; Worsley, 1979; Yao and Davis, 1986) 等.

设随机变量 $X_1, X_2, \cdots, X_{k*} \sim N(\mu_1, \sigma^2)$, $X_{k*+1}, X_{k*+2}, \cdots, X_T \sim N(\mu_2, \sigma^2)$, 其中 $k*$ 是未知正整数, $\mu_1, \mu_2 \in \Theta^{(1)} \subset R$ 和 $\sigma^2 \in \Theta^{(2)} \subset R^+$ 为未知参数. 这里

R 和 R^+ 分别代表实数集和正实数集. 若 $\mu_1 \neq \mu_2$, 则称 k^* 为均值变点. 检验原假设和备择假设分别为

$$H_0^1 : \mu_1 = \mu_2, \quad H_1^1 : \mu_1 \neq \mu_2.$$

对固定的 k, 由似然比检验的思想, 可取检验统计量为

$$\Lambda_k = \frac{\sup\limits_{(\mu, \sigma^2) \in \Theta_0} \prod\limits_{i=1}^{T} f(x_i; \mu, \sigma^2)}{\sup\limits_{(\mu_1, \mu_2, \sigma^2) \in \Theta} \prod\limits_{i=1}^{k} f(x_i; \mu_1, \sigma^2) \prod\limits_{i=k+1}^{T} f(x_i; \mu_2, \sigma^2)},$$

其中 $\Theta_0 = \Theta^{(1)} \times \Theta^{(2)}, \Theta = \Theta^{(1)} \times \Theta^{(2)} \times \Theta^{(2)}$ 是参数空间. 在正态分布的假设下, 可计算得

$$-2 \log \Lambda_k = T(\log \hat{\sigma}_T^2 - \log \hat{\sigma}_k^2),$$

其中

$$\hat{\sigma}_T^2 = \frac{1}{T} \sum_{i=1}^{T} (X_i - \overline{X})^2, \quad \hat{\sigma}_k^2 = \frac{1}{T} \left\{ \sum_{i=1}^{k} (X_i - \overline{X}_{1k})^2 + \sum_{i=k+1}^{T} (X_i - \overline{X}_{2k})^2 \right\},$$

这里

$$\overline{X} = \frac{1}{T} \sum_{i=1}^{T} X_i, \quad \overline{X}_{1k} = \frac{1}{k} \sum_{i=1}^{k} X_i, \quad \overline{X}_{2k} = \frac{1}{T-k+1} \sum_{i=k+1}^{T} X_i.$$

对于 $1 \leqslant k \leqslant T - 1$, 检验统计量可以取为

$$Z_T = \max_{1 \leqslant k \leqslant T-1} (-2 \log \Lambda_k).$$

若 Z_T 较大时, 拒绝原假设 H_0^1, 接受备择假设 H_1^1, 认为均值变点存在, 否则, 没有理由认为原假设不成立. 在小样本的情况下, Sen 和 Srivastava(1975) 利用随机模拟的方法给出了检验的临界值,Worsley(1979) 给出了统计量的精确分布. Horváth(1993) 把上述检验问题推广到正态分布均值和方差同时有变点的情况, 即设 $X_1, X_2, \cdots, X_T$ 相互独立, 且 $X_i \sim N(\mu_i, \sigma_i^2), i = 1, \cdots, T$. 考虑假设检验问题:

$H_0^2 : \mu_1 = \mu_2 = \cdots = \mu_T, \sigma_1^2 = \sigma_2^2 = \cdots = \sigma_T^2;$

$H_1^2 : \mu_1 = \cdots = \mu_{k^*} \neq \mu_{k^*+1} = \cdots = \mu_T, \sigma_1^2 = \cdots = \sigma_{k^*}^2 \neq \sigma_{k^*+1}^2 = \cdots = \sigma_T^2.$

Horváth (1993) 给出如下定理.

定理 1.1 如果原假设 H_0^2 成立, 对任意实数 x, 有

$$\lim_{T \longrightarrow \infty} P\left\{ A(\log T) Z_T^{1/2} \leqslant x + D(\log T) \right\} = \exp\left\{ -2e^{-x} \right\}, \tag{1.1}$$

其中 $A(x) = (2\log x)^{1/2}$, $D(x) = 2\log x + \log \log x$, $\log$ 表示以自然常数 e 为底的对数. 若不做特殊说明, 本书中出现的所有符号 $\log$ 均表示以自然常数 e 为底的对数.

Csörgő 和 Horváth (1997) 进一步把上述检验问题推广到更一般的场合: 设 $X_1, X_2, \cdots, X_T$ 相互独立, $X_i \sim F(x_i, \theta), i = 1, \cdots, k^*, X_i \sim F(x_i, \theta^*), i = k^* + 1, \cdots, T$, 其中 θ, θ^* 为参数向量. 考虑如下假设检验问题:

$$H_0^3: \theta = \theta^*, \quad H_1^3: \theta \neq \theta^*,$$

并得到如下定理.

定理 1.2 如果原假设 H_0^3 成立, 对任意实数 x, 有

$$\lim_{T \longrightarrow \infty} P\left\{ A(\log T) Z_T^{1/2} \leqslant x + D_d(\log T) \right\} = \exp\left\{ -2e^{-x} \right\}, \tag{1.2}$$

其中 $A(x) = (2\log x)^{1/2}$, $D_d(x) = 2\log x + \dfrac{d}{2}\log\log x - \log\Gamma(d/2)x$, 这里 d 是参数个数. 由上述定理可得检验统计量 Z_T 的 $1 - \alpha$ 分位数为

$$c_T(\alpha) = \frac{\{D_d(\log T) - \log(-\log(1-\alpha)) + \log 2\}}{2\log\log T}.$$

相关研究还有 Srivastava 和 Worsley (1986) 应用似然比方法对多元正态分布的均值变点检验. Worsley(1986), Gombay 和 Horváth(1990), Wang 和 Bhatti (1998) 对指数分布的变点进行了讨论, Kokoszka 和 Teyssiére (2002) 将似然比方法应用于 GARCH 模型参数变点检验等. Aue 和 Horváth(2013) 总结了如何利用似然比方法和 CUSUM 方法分析短记忆时间序列模型中结构变点的检验和估计, 如何区分含有结构变点的短记忆模型和长记忆时间序列模型等问题. Yau 和 Zhao(2016) 提出了估计平稳时间序列多变点的似然比扫描方法.

基于似然比检验的思想下, Bai(1999) 提出拟似然比方法对线性模型中的多个变点进行检验. 考虑含有 m 个变点的线性模型

$$X_t = \begin{cases} z_t'\delta_1 + \varepsilon_t, & t = 1, \cdots, k_1^0, \\ z_t'\delta_2 + \varepsilon_t, & t = k_1^0 + 1, \cdots, k_2^0, \\ \quad\vdots & \\ z_t'\delta_{m+1} + \varepsilon_t, & t = k_m^0 + 1, \cdots, T, \end{cases} \tag{1.3}$$

其中 $\delta_i, i = 1, \cdots, m+1$ 是系数向量, 满足 $\delta_i \neq \delta_{i+1}, \varepsilon_t$ 是白噪声, 变点 $k_1^0, \cdots, k_m^0$ 及变点个数 m 未知.

针对原假设 $H_0 : m = l$ 和备择假设 $H_1 : m = l+1$ 的变点个数假设检验问题, Bai(1999) 提出的检验统计量为

$$\sup LR(l+1|l) = \frac{S_T(\hat{k}_1, \cdots, \hat{k}_l) - S_T(\hat{k}_1^*, \cdots, \hat{k}_{l+1}^*)}{\hat{\sigma}^2(l+1)}, \tag{1.4}$$

其中 $S_T(\hat{k}_1, \cdots, \hat{k}_l)$ 和 $S_T(\hat{k}_1^*, \cdots, \hat{k}_l^*)$ 分别是原假设 H_0 和备择假设 H_1 成立时用最小二乘估计方法拟合模型 (1.3) 得到的拟合残量的平方和,$\hat{\sigma}^2(l+1)$ 是备择假设下拟合残量的样本方差. 当模型 (1.3) 的误差项 ε_t 是独立同分布的正态随机变量时, 检验统计量 $\sup LR(l+1|l)$ 是似然比检验统计量, 但由于这里对误差项没有做正态性假定, 所以不是严格意义上的似然比统计量, Bai(1999) 称其为拟似然比统计量, 给出了统计量 $\sup LR(l+1|l)$ 的极限分布, 并证明了用其做变点个数估计时的相合性.

1.1.2 最小二乘方法

Bai(1994) 提出线性过程均值变点的最小二乘估计方法. 考虑模型

$$X_t = \mu_t + \varepsilon_t, \quad t = 1, \cdots, T, \tag{1.5}$$

其中 μ_t 是一个非随机函数, ε_t 为线性过程. Bai(1994) 考虑比较简单的情形, 即 μ_t 只取两个值:

$$\mu_t = \begin{cases} \mu_1, & t \leqslant k^*, \\ \mu_2, & t > k^*, \end{cases} \tag{1.6}$$

其中 μ_1, μ_2 和 k^* 未知. 变点 k^* 的最小二乘估计为

$$\hat{k}^* = \arg\min_k \left\{ \sum_{t=1}^{k} (X_t - \overline{X}_k)^2 + \sum_{t=k+1}^{T} (X_t - \overline{X}_k^*)^2 \right\}, \tag{1.7}$$

其中 $\overline{X}_k = \frac{1}{k} \sum\limits_{t=1}^{k} X_t, \overline{X}_k^* = \frac{1}{T-k} \sum\limits_{t=k+1}^{T} X_t$.

令 $\hat{\tau}^* = \hat{k}^*/T$, Bai(1994) 证明了 $\hat{\tau}^*$ 是 τ^* 的相合估计, 并得到如下结论:

$$\hat{\tau}^* - \tau^* = O_p(T^{-1}). \tag{1.8}$$

Bai 和 Perron(1998) 考虑了含有多个变点的线性模型

$$
X_t = \begin{cases}
x_t'\beta + z_t'\delta_1 + \varepsilon_t, & t = 1, \cdots, k_1^0, \\
x_t'\beta + z_t'\delta_2 + \varepsilon_t, & t = k_1^0 + 1, \cdots, k_2^0, \\
\quad \vdots \\
x_t'\beta + z_t'\delta_{m+1} + \varepsilon_t, & t = k_m^0 + 1, \cdots, T,
\end{cases} \tag{1.9}
$$

其中 β 是参数向量, δ_j 是跳跃度, $\{\varepsilon_t\}$ 是鞅差序列, 变点 $(k_1^0, \cdots, k_m^0)$ 的最小二乘估计为

$$
(\hat{k}_1^0, \cdots, \hat{k}_m^0) = \underset{(k_1, \cdots, k_m)}{\arg\min} \, S_T(k_1, \cdots, k_m), \tag{1.10}
$$

其中 $S_T(k_1, \cdots, k_m) = \sum_{i=1}^{m+1} \sum_{t=k_{i-1}+1}^{k_i} (X_t - x_t'\beta - z_t'\delta_t)^2$, 这里 $k_0 = 0$, $k_{m+1} = T$. 令 $(\hat{\tau}_1, \cdots, \hat{\tau}_m) = (\hat{k}_1^0/T, \cdots, \hat{k}_m^0/T)$, Bai 和 Perron(1998) 证明了 $\hat{\tau}_i$ 是 $\tau_i = k_i^0/T$ 的相合估计, 并得到如下结论:

$$
\hat{\tau}_i - \tau_i = O_P(T^{-1}), \quad i = 1, \cdots, m. \tag{1.11}
$$

Bai(1994), Bai 和 Perron(1998) 在残差为线性过程或鞅差序列假设下得到变点估计的相合性和收敛速度, Kuan 和 Hsu(1998) 采用最小二乘法估计长记忆时间序列均值变点, 证明了估计量的相合性, Lavielle 和 Moulines(2000) 在如下较弱的条件下考虑含有多个均值变点的模型

$$
X_t = \mu_i + \varepsilon_t, \quad k_{i-1}^0 + 1 \leqslant t \leqslant k_i^0, \quad 1 \leqslant i \leqslant m+1, \tag{1.12}
$$

其中 $k_0^0 = 0$, $k_{m+1}^0 = T$. ε_t 满足条件: 存在 $C(\varepsilon) < \infty$, 使得对任意的 i, j,

$$
E\left(\sum_{t=i}^{j} \varepsilon_t\right)^2 \leqslant C(\varepsilon)|j - i + 1|^\phi,
$$

其中 $1 \leqslant \phi < 2$. 变点 $(k_1^0, \cdots, k_m^0)$ 的最小二乘估计为

$$
(\hat{k}_1^0, \cdots, \hat{k}_m^0) = \underset{(k_1, \cdots, k_m)}{\arg\min} \, S_T(k_1, \cdots, k_m), \tag{1.13}
$$

其中

$$
S_T(k_1, \cdots, k_m) = \sum_{i=1}^{m+1} \sum_{t=k_{i-1}+1}^{k_i} \left\{X_t - \overline{X}(k_{i-1}, k_i)\right\}^2,
$$

$$
\overline{X}(k_{i-1}, k_i) = \frac{1}{k_i - k_{i-1}} \sum_{j=k_{i-1}+1}^{k_i} X_j.
$$

1.1.3　CUSUM 方法

CUSUM 方法最早由 Brown 等 (1975) 提出, 是分析均值变点的一种有效方法, 在涉及均值变点或可转化为均值变点的研究中常会用到这种方法. 有大量基于 CUSUM 方法及其变形形式做变点检验的文献, 这里介绍一种基于最小二乘估计残量构造的 CUSUM 方法. 考虑标准线性回归模型

$$Y_t = \mathbf{X}'_t \boldsymbol{\beta}_t + \varepsilon_t, \quad t = 1, \cdots, T,$$

其中 $\mathbf{X}_t = (1, X_{t2}, \cdots, X_{tp})'$ 是 $p \times 1$ 维向量, $\boldsymbol{\beta}_t$ 是 $p \times 1$ 维回归系数, ε_t 是噪声序列. 回归系数变点原假设及备择假设如下:

$$H_0 : \boldsymbol{\beta}_t = \boldsymbol{\beta}, \quad H_1 : \boldsymbol{\beta}_t = \boldsymbol{\beta} + \frac{1}{\sqrt{T}} g(t/T),$$

其中 $\boldsymbol{\beta}$ 是未知的 $p \times 1$ 维向量, $g(\cdot)$ 是定义在区间 $[0,1]$ 上的任意 p 维函数. 这里的备择假设 H_1 被称为局部备择假设, 传统突变点备择假设是其特殊形式, 即取

$$g(t/T) = \begin{cases} 0, & t \leqslant k^*, \\ \Delta\boldsymbol{\beta}, & t > k^*. \end{cases}$$

为检验上述假设检验问题, Ploberger 和 Krämer (1992) 提出了如下基于最小二乘估计残量的 CUSUM 检验统计量

$$B^{(T)}(\tau) = \frac{1}{\hat{\sigma}\sqrt{T}} \sum_{t=1}^{[T\tau]} \hat{\varepsilon}_t, \tag{1.14}$$

其中 $\hat{\varepsilon}_t = Y_t - \mathbf{X}'_t \hat{\boldsymbol{\beta}}_t$ 是最小二乘估计残量, $\hat{\boldsymbol{\beta}}_t = \left(\sum_{t=1}^{T} \mathbf{X}_t \mathbf{X}_t\right)' \sum_{t=1}^{T} \mathbf{X}_t Y_t$, $\hat{\sigma}^2 = (1/T) \sum_{t=1}^{T} \hat{\varepsilon}_t^2$. Ploberger 和 Krämer (1992) 在如下三个假设下, 证明了上述 CUSUM 检验统计量在原假设及局部备择假设下的极限分布.

假设 1.1　回归项 $\mathbf{X}_t$ 和噪声项 ε_t 定义在同一个概率空间, 且对某个 $\delta > 0$ 有

$$\lim_{T \to \infty} \sup \frac{1}{T} \sum_{t=1}^{T} \|\mathbf{X}_t\|^{2+\delta} < \infty \quad \text{a.s.},$$

其中 $\|\cdot\|$ 表示 L_2 范数.

假设 1.2

$$\lim_{T \to \infty} \frac{1}{T} \sum_{t=1}^{T} \mathbf{X}_t \mathbf{X}'_t = \mathbf{C} \quad \text{a.s.},$$

其中 **C** 是非退化 $p \times p$ 维随机矩阵, 并进一步假定

$$\mathbf{C} = \begin{pmatrix} 1 & 0 \\ 0 & \mathbf{C}^* \end{pmatrix},$$

即这意味着

$$\lim_{T \to \infty} \frac{1}{T} \sum_{t=1}^{T} \mathbf{X}_t = (1, 0, \cdots, 0)' := c.$$

假设 1.3 噪声项 ε_t 是平稳遍历的, 且

$$E(\varepsilon_t | \mathcal{F}_t) = 0, \quad E(\varepsilon_t^2 | \mathcal{F}_t) = \sigma^2,$$

其中 $\mathcal{F}_t$ 是由 $\{Y_{t-s}, \mathbf{X}_{t-s+1}, \varepsilon_{t-s} | s \geqslant 1\}$ 生成的 σ 域.

定理 1.3 若假设 1.1—假设 1.3 成立, 在原假设 H_0 下, 当 $T \to \infty$ 时有

$$B^{(T)}(\tau) \Rightarrow B(\tau),$$

其中 $B(\tau) = W(\tau) - \tau W(1)$ 是标准 Brown 桥, $W(\tau)$ 是 Wiener 过程.

定理 1.4 若假设 1.1—假设 1.3 成立, 在备择假设 H_1 下, 当 $T \to \infty$ 时有

$$B^{(T)}(\tau) \Rightarrow B(\tau) + \frac{1}{\sigma} \left(\int_0^\tau c'g(u)du - c'\tau \int_0^1 g(u)du \right).$$

在 $\sup_{0 \leqslant \tau \leqslant 1} |B^{(T)}(\tau)|$ 的值大于给定的临界值时拒绝无变点原假设,10%, 5%, 1% 检验水平下的临界值分别为 1.22, 1.36, 1.63. Krämer 和 Sibbertsen (2002) 将上述方法推广到线性回归模型带有长记忆噪声的情况. 基于 CUSUM 方法检验长记忆时间序列均值变点的研究可见文献 (Horváth and Kokoszka, 1997; Wang, 2008) 等.

Kokoszka 和 Leipus(1998) 应用 CUSUM 方法研究了均值变点的估计问题. 假设 $X_1, \cdots, X_T$ 是由 (1.5) 和 (1.6) 生成的一组样本, 变点 k^* 的 CUSUM 估计定义为

$$\hat{k}^* = \min \left\{ k : |U_k| = \max_{1 \leqslant j \leqslant T} |U_j| \right\}, \tag{1.15}$$

其中

$$U_k = \left\{ \frac{k(T-k)}{T} \right\}^{1-\gamma} \left(\frac{1}{k} \sum_{j=1}^{k} X_j - \frac{1}{T-k} \sum_{j=k+1}^{T} X_j \right), \quad 0 \leqslant \gamma < 1.$$

对于任意的 i, j, 假设 $\mathrm{Var}\left(\sum_{t=i}^{j} X_t\right) \leqslant C|j-i+1|^{\delta}$, 其中 C 为常数, $0 \leqslant \delta < 2$, 则有

$$P\{|\hat{\tau}^* - \tau^*| > \varepsilon\} = \begin{cases} T^{\delta/2-1}, & \delta > 4\gamma - 2, \\ T^{\delta/2-1}\log T, & \delta = 4\gamma - 2, \\ T^{2\gamma-2}, & \delta < 4\gamma - 2. \end{cases} \tag{1.16}$$

Kokoszka 和 Leipus(1999,2000) 用 CUSUM 方法对 ARCH 模型的变点进行检验与估计, Lee 等 (2004) 利用模型拟合残量构造 CUSUM 统计量对 GARCH(1,1) 模型变点进行检验, 并给出了统计量的极限分布. Hidalgo 和 Robison(1996) 基于 CUSUM 方法研究了线性回归模型带有长记忆误差项时结构变点的估计问题, Wang 和 Wang(2006), Li 等 (2010) 基于 CUSUM 方法研究了长记忆时间序列方差变点的检验问题.

检验和估计时间序列各类变点的方法除了上述介绍的三种常用方法外, 还有许多种方法, 如 sup-Wald 方法 (Andrews, 1993)、贝叶斯方法 (Chernoff and Zacks, 1964)、经验分位数方法 (Csörgő and Horváth, 1987)、秩检验方法 (Pettitt, 1979)、小波方法 (Wang, 1995)、Schwarz 信息准则方法 (Chen and Gupta, 1997) 等, 这里不再详细介绍, 有兴趣的读者可查阅对应文献及其引用文献.

1.1.4 持久性变点的检验方法

本节从变点的类型出发, 介绍一些检验持久性变点的方法. 现有的大部分研究变点问题的学术专著主要讨论的是均值、方差等变点、模型参数变点等, 而专门介绍持久性变点的著作很少. 持久性变点问题是本书中重点研究的变点类型之一.

关于持久性变点问题的研究最早可追溯到 20 世纪 90 年代. De Long 和 Summers (1988) 在研究美国和欧盟国家实际出口数据时发现, 所研究的数据在第二次世界大战后从平稳序列变成了非平稳序列, Hakkio 和 Rush (1991) 在分析美国财政赤字数据时发现了同样的问题. 虽然这些作者指出了持久性变点的重要性, 但由于平稳序列和单位根序列具有许多不同的统计性质, 导致持久性变点的检验相对较难, 直到 Kim (2000) 提出比率方法之前一直没有取得有效的进展. Kim (2000) 在平稳原假设下分别考虑了从平稳过程向单位根过程, 和从单位根过程向平稳过程变化持久性变点的检验和估计问题, 即检验如下假设检验问题:

$$H_0 : y_t = \mu_t + z_t, \quad t = 1, \cdots, T,$$
$$H_1 : y_t = \mu_t + z_{t,0}, \quad t = 1, \cdots, [\tau T],$$

$$y_t = \mu_t + z_{t,1}, \quad t = [\tau T] + 1, \cdots, T,$$
$$H_1' : y_t = \mu_t + z_{t,1}, \quad t = 1, \cdots, [\tau T],$$
$$y_t = \mu_t + z_{t,0}, \quad t = [\tau T] + 1, \cdots, T,$$

其中 μ_t 是未知的确定项, z_t 和 $z_{t,0}$ 是满足一些正则条件的平稳序列, 记为 $I(0)$ 过程, $z_{t,1}$ 是单位根过程, 记为 $I(1)$ 过程. 比率检验统计量 $\Xi_T(\tau)$ 定义如下:

$$\Xi_T(\tau) = \frac{[(1-\tau)T]^{-2} \sum_{t=[\tau T]+1}^{T} S_{1,t}(\tau)^2}{[\tau T]^{-2} \sum_{t=1}^{[\tau T]} S_{0,t}(\tau)^2}, \tag{1.17}$$

其中

$$S_{0,t} = \sum_{i=1}^{t} \tilde{z}_i, \quad t = 1, \cdots, [\tau T],$$

$$S_{1,t} = \sum_{i=[\tau T]+1}^{t} \tilde{z}_i, \quad t = [\tau T] + 1, \cdots, T,$$

这里 $\tilde{z}_t$, $t = 1, \cdots, T$ 是 y_t 关于 μ_t 做回归得到的最小二乘估计残量. 由于 τ 未知, Kim (2000) 分别通过对统计量 $\Xi_T(\tau)$ 求最大值、均值和指数均值的方法来检验持久性变点, 在无变点原假设下分别给出了 μ_t 是常数均值及时间趋势项时的极限分布, 证明了检验的一致性, 并分别在备择假设 H_1 和 H_1' 下用统计量 $\arg\max \Lambda_T(\tau)$ 和 $\arg\min \Lambda_T(\tau)$ 估计检测到的持久性变点, 这里

$$\Lambda_T(\tau) = \frac{\sum_{t=[\tau T]+1}^{T} \tilde{z}_t^2 / [(1-\tau)T]^2}{\sum_{t=1}^{[\tau T]} \tilde{z}_t^2 / [\tau T]}. \tag{1.18}$$

Leybourne 和 Taylor (2004), Harvey 等 (2006) 对上述比率方法做了修正, 使之在单位根过程原假设下仍能很好地控制经验水平, Taylor (2005) 用波动型残量替换比率统计量 (1.17) 中的最小二乘残量, 在单位根过程原假设下进一步考虑了持久性变点的检验问题.

Busetti 和 Taylor (2004) 用局部最优不变 (locally best invariant, LBI) 检验法继续研究上述假设检验问题, 提出用统计量

$$\varphi_1(\tau) = \hat{\sigma}^{-2}(T - [T\tau])^{-2} \sum_{t=[\tau T]+1}^{T} \left(\sum_{j=t}^{T} \tilde{z}_j \right)^2 \qquad (1.19)$$

检验从 $I(0)$ 过程向 $I(1)$ 过程变化的持久性变点, 用统计量

$$\varphi_0(\tau) = \hat{\sigma}^{-2}(T - [T\tau])^{-2} \sum_{t=1}^{[\tau T]} \left(\sum_{j=t}^{T} \tilde{z}_j \right)^2 \qquad (1.20)$$

检验从 $I(1)$ 过程向 $I(0)$ 过程变化的持久性变点, 这里 $\hat{\sigma}^2 = T^{-1}\sum_{t=1}^{T} \tilde{z}_t^2$, $\tilde{z}_t$ 具有和 (1.17) 相同的定义. Leybourne 和 Taylor(2006) 在确定项存在变点的假设下研究了比率方法和 LBI 方法的检验功效, Cavalier (2006,2008) 分别在方差存在变点和异方差假设下研究了比率方法和 LBI 方法的检验功效, Hassler 和 Scheithauer(2009) 进一步用两种方法研究了从短记忆时间序列向长记忆时间序列变化变点的检验问题, 发现比率方法对这类变点也有较好的检验效果.

上述比率方法和 LBI 方法都是在原假设 H_0 中的随机项 z_t 是平稳时间序列的条件下检验持久性变点, Leybourne 等 (2003) 基于 Elliott 等 (1996) 提出的单位根检验方法, 在原假设 H_0 中随机项 z_t 是单位根过程的假设下通过广义最小二乘法去除原数据中的确定项, 然后用转换后的数据

$$y_{\bar{\alpha}}(\tau) = [y_1, y_2 - \bar{\alpha}y_1, \cdots, y_{[\tau T]} - \bar{\alpha}y_{[\tau T]-1}]'$$

构造 Dickey-Fuller 统计量来检验持久性变点, 并给出了检验统计量的极限分布, 证明了检验的一致性, 这里 $\bar{\alpha} = 1 + \bar{c}/T$, 其中 $\bar{c} < 0$ 是某个常数. Leybourne 等 (2007a) 进一步用该方法研究了持久性多变点的检验问题. 在 z_t 是单位根过程的原假设下, Leybourne 等 (2007b) 还提出了检验持久性变点的平方 CUSUM 方法, Sibbertsen 和 Kruse(2009) 在长相依噪声条件下, 研究了平方 CUSUM 方法检验持久性变点的功效问题, 指出此时需要重新确定临界值才能更好地控制经验水平.

1.2 变点的在线监测方法

对于在线数据中变点的在线监测问题, 主要有两种研究方法: 第一种方法是提前设定好所要监测的样本总量, 在监测到变点时停止监测过程, 或者在监测样本量达到所设定的样本总量, 但未监测到变点时停止监测过程, 这类变点监测问题通常被称为 "封闭式"(close ended) 在线监测问题; 第二种方法是事先不需要确

定所要监测的样本总量, 而对新观测到的数据进行连续检验, 直到监测到变点时才停止监测过程, 由于当监测数据中没有发生变点时, 这种方法可以无限监测下去而不停止, 所以被称为 "开放式"(open ended) 在线监测问题.

1.2.1 变点的封闭式在线监测

变点的封闭式在线监测方法是在质量控制图方法的基础上发展起来的. 由于在产品抽样检验过程中, 需要考虑抽样成本, 所以当监测样本量达到一定要求时, 即使没有出现变点, 也要停止监测过程. 在质量控制中, 常见的控制图方法有: Page (1954) 提出的累积和图 (CUSUM-charts), Roberts (1959) 提出的指数加权滑动平均图 (EWMA-charts), Bagshaw 和 Johnson (1977) 提出的 Cuscore 控制图, Siegmund 和 Venkatraman (1995) 提出的广义似然比控制图 (GLR-charts) 等. 关于这些控制图方法的比较和推广研究可参见文献 (Srivastava and Wu, 1993; Han and Tsung, 2004). 王兆军等 (2013) 的专著对质量控制图理论和方法做了详细介绍.

在时间序列分析中, 变点的封闭式在线监测方法也引起了广泛关注. Steland (2007a) 考虑一阶自回归模型

$$Y_{n+1} = \phi_n Y_n + \varepsilon_{n+1}, \quad n = 1, 2, \cdots, \tag{1.21}$$

其中 $\phi_n \in [-1, 1]$ 是未知参数, ε_n 是零均值噪声项. 用基于核加权的方差比率监测统计量

$$U_N(s) = \frac{[Ns]^{-3} \sum_{i=1}^{[Ns]} \left(\sum_{j=1}^{i} Y_j \right) K_h(i - [Ns])}{[Ns]^{-2} \sum_{j=1}^{[Ns]} Y_j^2}, \quad s \in [1/N, 1] \tag{1.22}$$

监测由模型 (1.21) 生成的随机序列 $\{Y_t\}$ 的平稳性和从 $I(1)$ 过程向 $I(0)$ 过程变化的持久性变点. 这里 N 是假定的最大监测样本量, $K_h(\cdot) = K(\cdot/h)/h$, $K(\cdot)$ 是 Lipschitz 连续的密度函数, 且其均值为 0, 方差有限, $h = h_N > 0$ 是窗宽参数, 且满足

$$N/h_N \to \zeta \in [1, \infty), \quad N \to \infty.$$

在单位根过程 (即 $\phi = 1$) 原假设下, Steland(2007a) 给出了监测统计量 $U_N(s)$ 的极限分布, 并定义停时

$$R_N = R_N(c) = \min\{k \leqslant n \leqslant N : U_N(n/N) < c\}.$$

定义监测统计量

$$\tilde{U}_N(s) = \frac{N^{-1} \sum_{i=1}^{[Ns]} \left(\sum_{j=1}^{i} Y_j \right) K_h(i - [Ns])}{N^{-1} \sum_{i=1}^{[Ns]} Y_i^2 + 2 \sum_{k=1}^{m} w(k,m) N^{-1} \sum_{i=1}^{[Ns]} Y_i Y_{i+k}}, \quad s \in [0,1] \qquad (1.23)$$

来在线监测由模型 (1.21) 生成的随机序列 $\{Y_t\}$ 的非平稳性和从 $I(0)$ 过程向 $I(1)$ 过程变化的持久性变点. 这里 $w(k,m)$ 是加权函数, 其余变量的定义同 (1.22). 在平稳 (即 $|\phi| < 1$) 原假设下, 给出了监测统计量 $\tilde{U}_N(s)$ 的极限分布, 此时的停时定义为

$$\tilde{R}_N = \tilde{R}_N(c) = \min\{k \leqslant n \leqslant N : \tilde{U}_N(n/N) > c\}.$$

需要注意的是监测统计量 $\tilde{U}_N(s)$ 是监测序列 $\{Y_t\}$ 非平稳性和从 $I(0)$ 过程向 $I(1)$ 过程变化持久性变点的一致统计量, 而监测统计量 $U_N(s)$ 虽然是监测序列 $\{Y_t\}$ 平稳性的一致统计量, 但由于非平稳部分始终是主导项, 所以不是监测序列 $\{Y_t\}$ 从 $I(1)$ 过程向 $I(0)$ 过程变化持久性变点的一致统计量, 本书 6.2 节介绍的核加权滑动方差比统计量可以解决不一致的问题. 除上述所给基于核加权的方差比率监测方法外, Steland (2007b) 还提出了核加权 Dicker-Fuller 控制图方法来监测序列 $\{Y_t\}$ 的平稳性, 为更好地确定监测统计量的临界值, Steland (2006) 提出了 Bootstrap 重抽样方法. Steland (2008) 进一步推广模型 (1.21), 在监测序列存在非线性趋势项的情况下, 提出了连续更新残量方法来监测序列的平稳性.

关于时间序列模型参数变点的封闭式在线监测问题, 文献中亦有一些讨论. Gombay 和 Serban (2009) 研究了平稳 p 阶自回归 (AR(p)) 模型

$$Y_i - \mu = \phi_1(Y_{i-1} - \mu) + \cdots + \phi_p(Y_{i-p} - \mu) + \varepsilon_i, \quad i \geqslant 1$$

中的参数变点, 在噪声序列 $\{\varepsilon_i\}$ 是均值为 0, 方差为 σ^2 的独立正态随机序列的条件下, 基于极大似然方法提出了监测参数变点的有效得分向量 (efficient score vector) 方法, 即用监测统计量

$$W_k(\mu_0, \hat{\sigma}_k^2, \hat{\phi}_k) = \frac{1}{\hat{\sigma}_k} \sum_{i=1}^{k} \left((Y_i - \mu_0) - \sum_{j=1}^{p} \hat{\phi}_{kj}(Y_{i-j} - \mu_0) \right)$$

监测均值变点, 用监测统计量

$$W_k(\phi_0, \hat{\mu}_k, \hat{\sigma}_k^2) = \frac{1}{\hat{\sigma}_k} \Gamma^{-1/2}(\phi_0, \hat{\mu}_k, \hat{\sigma}_k^2) \nabla_\phi l(\phi_0, \hat{\mu}_k, \hat{\sigma}_k^2)$$

监测系数向量 $\phi = (\phi_1, \cdots, \phi_p)$ 中的变点, 而方差变点由监测统计量

$$W_k(\sigma_0^2, \hat{\mu}_k, \hat{\phi}_k) = 2^{-1/2}\sigma_0^{-2} \sum_{i=1}^{k} \left[\left((Y_i - \hat{\mu}_k) - \sum_{j=1}^{p} \hat{\phi}_{kj}(Y_{i-j} - \hat{\mu}_k) \right)^2 - \sigma_0^2 \right]$$

监测. Lee 和 Park (2009) 考虑了一阶自回归模型存在非平稳回归项的情况. Brodsky (2009) 进一步考虑了多元线性过程

$$Y(n) = \prod X(n) + \nu_n, \quad n = 1, 2, \cdots,$$

其中 $Y(n) = (y_{1n}, \cdots, y_{mn})'$ 是内生变量 (endogenous variable), $X(n) = (x_{1n}, \cdots, x_{mn})'$ 是预定变量 (predetermined variable), $\nu_n = (\nu_{1n}, \cdots, \nu_{mn})'$ 是噪声项. 在噪声项是鞅差序列, 且和向量 $X(n)$ 相依的条件下提出了如下监测统计量:

$$Y_N^n(l) = \frac{1}{N}(z^n(1,l) - \Phi^n(1,l)(\Phi(1,N))^{-1}z^n(1,N)),$$

其中

$$\Phi^n(1,l) = \sum_{i=1}^{l} X(i+n-N)X'(i+n-N), \quad l = 1, \cdots, N,$$

$$z^n(1,l) = \sum_{i=1}^{l} X(i+n-N)Y'(i+n-N), \quad l = 1, \cdots, N.$$

用封闭式在线监测方法监测分布函数变点也是变点分析的一个重要分支, 常见的方法有 Gombay (2002, 2003, 2004) 分别使用的似然比方法、有效得分向量方法和 U 统计量方法, Hušková 和 Meintanis (2006) 提出的特征函数方法等. 关于分布函数变点在线监测的早期文献可参见文献 (Lai, 2001) 等的总结性介绍.

1.2.2 变点的开放式在线监测

变点的开放式在线监测方法是源于 Chu 等 (1996) 提出的如下问题: 现有的模型能否很好地拟合新观测到的数据? 如果监测数据出现变点使得原有的模型不再适合, 则希望尽快停止监测过程, 并对现有的模型进行调整; 如果监测数据没有出现变点, 则希望一直监测下去而不需要停止监测过程. 由于许多金融数据的观测几乎可以不计成本, 而且在任何时刻都有可能出现变点, 所以这种变点分析思想是有意义的. 基于此思想, Chu 等 (1996) 研究了线性回归模型

$$Y_i = \mathbf{X}_i'\boldsymbol{\beta}_i + \varepsilon_i, \quad 1 \leqslant i < \infty$$

中系数变点的在线监测问题, 其中 $\mathbf{X}_i$ 是 $p \times 1$ 维独立同分布的随机向量, $\boldsymbol{\beta}_i$ 是一 $p \times 1$ 维随机参数向量, $\{\varepsilon_i\}$ 是噪声序列. 首先假定在观测前 m 个数据时, 模型中的参数没有发生改变, 称这 m 个数据为 "无污染"(non-contamination) 的历史数据, 从第 $m+1$ 个新观测到的数据开始连续检验如下假设检验问题

$$H_0 : \boldsymbol{\beta}_i = \boldsymbol{\beta}_0, \quad i = m+1, m+2, \cdots,$$
$$H_A : 存在\ k^* \geqslant 1 使得\ \boldsymbol{\beta}_i = \boldsymbol{\beta}_0,\ i = m+1, m+2, \cdots, m+k^*,$$
$$但\ \boldsymbol{\beta}_i = \boldsymbol{\beta}_A,\ i = m+k^*+1, m+k^*+2, \cdots,\ 且\ \boldsymbol{\beta}_A \neq \boldsymbol{\beta}_0.$$

Chu 等 (1996) 提出的开放式在线监测方法是用一个监测函数 Γ_n 联合一个边界函数 $g(m, n)$ 定义停时

$$\tau_g(\Gamma_n) = \min\{n \geqslant m,\ \Gamma_n > g(m, n)\},$$

使之在无变点的原假设下停时有限的概率不超过某个给定的值 (即检验水平), 而在备择假设下以概率 1 有限. Chu 等 (1996) 分别提出了 CUSUM 型监测函数

$$\tilde{Q}_t^m = \hat{\sigma}^{-1} \sum_{i=m+1}^{k+[\tilde{m}(1+t)]} \omega_i, \quad t \in [0, \infty)$$

和波动型监测函数 (fluctuation detector)

$$\hat{Z}_n = n D_m^{-1/2}(\hat{\boldsymbol{\beta}}_n - \hat{\boldsymbol{\beta}}_m), \quad n \geqslant m,$$

其中 $\omega_n = (Y_n - \mathbf{X}_n' \hat{\boldsymbol{\beta}}_{n-1})/\nu_n$, $\nu_n = 1 + \mathbf{X}_n' \left(\sum_{i=1}^{n-1} \mathbf{X}_i \mathbf{X}_i' \right)^{-1} \mathbf{X}_n$, $\hat{\boldsymbol{\beta}}_n$ 是基于前 n 个样本得到的关于回归系数 $\boldsymbol{\beta}_i$ 的最小二乘估计量, $\hat{\sigma}^2$ 是方差 $\mathrm{Var}(Y_i)$ 的一致估计量, $D_m = M_m^{-1} V_0 M_m^{-1}$, 这里 M_m 是某个有界正值, 且满足 $\left(\sum_{t=1}^{m} \mathbf{X}_t \mathbf{X}_t'/m \right) - M_m \xrightarrow{p} 0$. 所采用的边界函数为

$$g(m, n) = \left(\frac{n-m}{m} \right) \left[\left(\frac{n}{n-m} \right) \left[a^2 + \ln\left(\frac{n}{n-m} \right) \right] \right]^{1/2},$$

这里 a^2 在 0.05 和 0.1 检验水平下分别取值 7.78 和 6.25.

基于上述方法, Carsoule 和 Franses (1999) 研究了正态序列方差变点和 ARCH(1) 模型参数变点的在线监测问题, Leisch 等 (2000) 提出了一种广义波动型监测方法, 继续研究线性回归模型中的系数变点, Carsoule 和 Franses (2003) 进

一步研究了平稳自回归模型参数变点的在线监测问题. Zeileis 等 (2005) 将波动型监测方法推广到了一般的动态经济模型, 并重点研究了两个新的边界函数

$$c(t) = \lambda\sqrt{\log_+ t}$$

和

$$b(t) = \lambda t,$$

其中参数 λ 的取值依赖于监测样本量. Andreou 和 Ghysels (2006) 研究了强相依过程和波动率过程中的变点监测问题, 并研究了抽样频率对局部势的影响. Fukuda (2006) 用数值模拟的方法研究了单位根和多变点的在线监测和检验问题. Hsu (2007) 提出了一种滑动累积和方法, 来监测美元和日元汇率数据以及标准普尔 500 股票指数中的方差变点, Horváth 等 (2008) 在不同噪声条件下, 研究了波动型监测方法的功效, Xia 等 (2009) 提出了监测广义线性模型参数变点的加权残量 CUSUM 方法和加权残量滑动平均方法, 并讨论了平均运行长度和变点出现位置间的关系.

　　Horváth 等 (2004) 基于最小二乘估计残量定义了一种 CUSUM 型监测函数来研究线性回归模型中的系数变点, 并提出了一个新的边界函数, 模拟结果表明, 新方法在变点出现位置离监测过程起始时刻较近时具有很高的经验势, 且能很好地控制经验水平. 本书第 9 章将介绍这种方法, 并给出一种修正的在线监测方法, 使之在变点位置比较靠后时也有较好的监测效果. Aue 等 (2006) 将该方法推广到了有相依噪声的情况, 并指出在一定假设条件下, 当误差过程是 GARCH 模型时该方法仍然有效, 且此时具有和独立噪声时相同的极限分布. Aue 等 (2004, 2008, 2009) 分别在不同噪声条件下研究了变点监测方法的停时分布. Kirch (2008), Hušková 和 Kirch(2012) 提出了计算监测统计量临界值的 Bootstrap 方法. Chocola (2008) 研究了均值模型方差变点的监测问题. Schmitz 和 Steinebach (2010) 进一步考虑了线性回归模型具有相依噪声, 且噪声序列和回归项相依时, 系数变点的监测问题, 发现此时具有和独立条件时相同的极限分布. 关于这种方法的综述性介绍及比较研究可参见 Kirch 和 Weber(2018).

　　基于开放式变点监测方法对其他时间序列模型进行研究的文献有: Berkes 等 (2004), Li 等 (2017) 关于 GARCH(p,q) 模型参数变点监测问题的研究; Aue (2006) 关于一阶随机系数自回归 (RCA(1)) 模型参数变点及停时分布的研究; Li 等 (2015a, 2015b, 2020) 关于 RCA(p) 模型、自回归模型、多元 Logistic 回归模型参数变点的在线监测研究等. Horváth 等 (2006) 分别用 CUSUM 方法、波动型监测方法、部分和残量方法和递归残量方法研究了条件异方差时间序列中无条

件方差变点的监测问题, 并指出 CUSUM 方法和递归残量方法具有相对更高的经验势, 但平均运行长度比波动型方法和部分和残量方法更长.

1.3 两类时间序列模型

本书主要讨论方差无穷厚尾时间序列和长记忆时间序列中几种变点的检验和在线监测问题, 这两类模型分别在刻画数据的尾部特征和长期相依关系方面有显著优势. 厚尾性和长相依性是许多金融等实际数据中经常遇到的问题, 也是统计分析中经常关注的两个特征. 本节对这两类模型做简要介绍.

1.3.1 厚尾分布

著名统计学家 Mandelbrot(1963) 指出, 许多金融资产收益率分布具有尖峰、厚尾等特性, 是不能由正态分布来描述的. 自此, 厚尾随机序列便逐渐受到人们的重视, 出现了许多厚尾模型, 如 2003 年诺贝尔经济奖获得者 Engle 提出的自回归条件异方差 (ARCH) 模型, Bollersiev(1986) 提出的广义自回归条件异方差 (GARCH) 模型等在金融市场上有广泛的应用. 此外, 由于现代新兴学科 (例如金融计量经济学) 的发展需要, 对金融数据分布尾部特征精细的量化, 或者从更广泛的角度讲, 利用厚尾模型描述金融数据的方法受到众多学者的广泛关注, 其中具有尾概率为 $P\{|Y| > x\} \approx Cx^{-\kappa}$ 的厚尾时间序列成为研究的热点, 其特征指数 κ 刻画了随机变量 Y 的尾部性质, 反映金融资产可能的损失与风险.

近年随着计算机技术的发展, 以前对厚尾分布研究存在的一些问题如厚尾指数估计等得以解决, 同时也使得厚尾分布在金融市场上应用更为方便. 而随着极值理论的发展, 厚尾分布逐渐深入到水文、信息处理、物理学等其他领域并有较为成功的应用, 见文献 (Meerschaert and Scheffler, 2001, 2003a, 2003b). 尽管如此, "厚尾" 这一术语在许多文献中称谓不一, 有 "heavy tail" "fat tail" "long tail" 等, 本书中统称其为厚尾 (heavy tail). 对厚尾分布的数学定义也有多种方法, 最常见的是基于四阶中心矩的定义. 设 X 是均值为 μ、标准差为 σ 的随机变量, 若

$$E\left\{\frac{(X-\mu)^4}{\sigma^4}\right\} > 3, \tag{1.24}$$

则称 X 服从厚尾分布或简称 X 是厚尾的. 这类定义是与正态分布相比较而言的, 由于正态分布的四阶中心矩 (峰度) 为 3, 所以这种定义也称为 "超峰" 定义. 然而这类定义仅仅适合四阶中心矩存在的情况, 若两个随机变量 X 和 Y 的四阶中心矩都不存在, 那么利用 "超峰" 定义是无法知道 X 和 Y 中哪个随机变量分布的尾

部较厚一些. 而且到目前为止, 没有严格的数学定义能够把所有分布以尾部的厚度进行分类, Bamberg 和 Dorfleitner (2001) 仅对五类特殊的分布族进行了简单的讨论, 现总结如下:

E: 指数矩不存在的分布.

D: 次指数分布.

C: 具有尾指数为 $\kappa > 0$ 的正则变化分布.

B: 具有尾指数为 $\kappa > 0$ 的 Pareto 分布.

A: 稳定分布 (非正态情形).

按照厚尾程度, A 分布族的尾部最厚, 其次为 B, C, D, E.

如果一个随机变量 X 满足条件

$$E(e^X) = \infty, \tag{1.25}$$

则称 X 的分布为指数矩不存在的分布. 由于正态随机变量的指数矩是存在的, 所以 E 中的分布相对于正态分布来说是厚尾的.

假设随机变量 X 的分布函数 $F(x)$ 满足: 对任意的 $\varepsilon > 0$, 有

$$\lim_{x \longrightarrow \infty} \frac{1 - F(x)}{e^{-\varepsilon x}} \longrightarrow \infty \tag{1.26}$$

成立, 则称 $F(x)$ 为次指数分布. 可以看出当 $x \longrightarrow \infty$ 时, 次指数分布比指数分布衰减要慢.

具有尾指数为 $\kappa > 0$ 的正则变化分布是次指数分布的一个子集 (Goldie and Klüppelberg, 1998), 而且满足条件:

$$\lim_{t \longrightarrow \infty} \frac{1 - F(tx)}{1 - F(t)} = x^{-\kappa}, \tag{1.27}$$

即正则变化分布的尾概率是以指数衰减的.

具有尾指数为 $\kappa > 0$ 的 Pareto 分布是正则变化分布的一种特殊情形, 其分布函数为

$$F(x) = 1 - u^\kappa x^{-\kappa}, \tag{1.28}$$

其中 $x \geqslant u \geqslant 0$. 可以证明, 对任意的 $k < \kappa$, $EX^k < \infty$, 而当 $k \geqslant \kappa$ 时, $EX^k = \infty$.

稳定分布由于其分布函数和密度函数没有显式解, 一般用特征函数来描述. 称随机变量 X 服从稳定分布 $S(\kappa, \beta, \gamma, \delta)$, 若其特征函数满足 (Davis and Resnick,

1985)

$$\phi(u) = E(e^{iuX}) = \begin{cases} \exp\left\{-\gamma^{\kappa}|u|^{\kappa}\left[1 - i\beta\left(\tan\frac{\pi\kappa}{2}\right)(\mathrm{sign}(u))\right] + i\delta u\right\}, & \kappa \neq 1, \\ \exp\left\{-\gamma^{\kappa}|u|^{\kappa}\left[1 + i\beta\frac{2}{\pi}(\mathrm{sign}(u))\log(\gamma|u|)\right] + i\delta u\right\}, & \kappa = 1, \end{cases}$$

其中 $\kappa \in (0, 2]$ 称为特征指数或厚尾指数, 是稳定分布中最重要的参数, 它刻画了分布的尾部薄厚程度和峰度; $\beta \in [-1, 1]$ 称为偏性参数, 它反映了分布的峰值偏离均值的方向, 当 $\beta > 0$ 时分布右偏, 当 $\beta < 0$ 时分布左偏; $\gamma > 0$ 称为刻度参数, 它反映了随机变量的量纲变化 ($\gamma = 0$ 意味着分布函数在 δ 处是退化的); $\delta \in R$ 称为位置参数, 它反映了分布的具体位置. 若参数 $\gamma = 1, \delta = 0$, 则此稳定分布称为是标准的, 并将 $S(\kappa, \beta, \gamma, \delta)$ 简记为 $S(\kappa, \beta)$, 当 $\beta = 0$ 时, 容易看出, 这时的分布是对称的. 当 $\kappa = 2$, $\beta = 0$ 时, $\varphi(u)$ 是正态分布的特征函数, 当 $\kappa = 1$, $\beta = 0$ 时, $\varphi(u)$ 是柯西 (Cauchy) 分布的特征函数.

可以证明当随机变量 X 的特征函数为稳定分布的特征函数, 并且 $\kappa < 2$ 时, X 的方差不存在, 当 $\kappa < 1$ 时, X 的均值不存在. 特征指数 κ 越小, X 的密度函数的尾部越厚, 这也是 κ 有时也被称为厚尾指数的原因. 为了和厚尾分布的叫法一致, 本书统一将 κ 称为厚尾指数. 此外, 特征指数 κ 越小, 样本序列会呈现出的 "奇异" 点越多.

R 语言程序包 "stabledist" 可实现稳定分布分位数、分布函数值等的计算, 其函数 "rstable" 可用于生成服从稳定分布的随机数, 本书中涉及厚尾序列数值模拟的随机数均是由此函数生成的.

1.3.2　长记忆时间序列模型

长记忆性又称长相依性, 是空间数据或时间序列数据体现出的一种长期相依关系, 即由于其相关函数以非常慢的速度收敛到零, 以至于相关函数之和是发散的. 称平稳过程 $\{X_t, t \in Z\}$ 具有长记忆性, 如果它的自协方差函数 $\gamma(h)$ 不是绝对可和的, 即

$$\sum_{h \in Z} |\gamma(h)| = \infty.$$

许多金融数据、水文及气象数据等都被证实具有长记忆性, 因此用合适的长记忆模型分析这些数据的统计特征比用传统的短记忆模型更为有效.

文献中有多种时间序列模型可用于刻画长记忆性, 本节介绍一种在统计、金融等领域使用比较广泛的模型. 称序列 $\{X_t\}$ 是具有长记忆参数 d 的长记忆时间

序列, 并记为 $X_t \sim I(d)$, 如果满足

$$(1-L)^d X_t = \varepsilon_t, \quad t = 1, 2, \cdots, \tag{1.29}$$

其中 L 是滞后算子, d 被称为长记忆参数, 新息过程 $\{\varepsilon_t\}$ 是一个短记忆时间序列, 并被记为 $\varepsilon_t \sim I(0)$. 令 $\Gamma(\cdot)$ 表示伽马函数, 则根据二项展开

$$(1-z)^{-d} = \sum_{j=0}^{\infty} \pi_j(d) z^j, \quad |z| < 1,$$

长记忆时间序列 $\{X_t\}$ 可被分解为

$$X_t = (1-L)^{-d} \varepsilon_t = \sum_{j=0}^{\infty} w_j(d) \varepsilon_{t-j},$$

其中

$$w_j(d) = \frac{\Gamma(d+j)}{\Gamma(d)\Gamma(1+j)}.$$

通常假定长记忆参数 d 的取值范围为 $-0.5 < d < 1.5, d \neq 0.5$, 对于 $d > 1.5$, 且 $d \neq 2.5, 3.5, \cdots$ 的情况, 只需要经过整数阶差分后即可回到此范围. 当 $d < 0.5$ 时, 长记忆时间序列 $\{X_t\}$ 是平稳的, 而当 $d > 0.5$ 时, 长记忆时间序列 $\{X_t\}$ 是非平稳的. 从定义 (1.29) 很容易发现, 当 $d = 1$ 时 X_t 是单位根过程, 即单位根过程是一类特殊的长记忆时间序列. 需要说明的是把长记忆参数 $d = 0.5, 1.5, \cdots$ 的情况排除掉是因为此时其部分和的极限分布会退化成一条随机直线.

关于 $I(0)$ 过程的一般定义如下: 设平稳遍历鞅差序列 $\{e_s, s \in Z\}$ 具有单位方差和条件期望 0, 即 $E(e_0^2) = 1, E(e_s|\mathcal{F}_{s-1}) = 0, s \in Z$, 其中 $\{\mathcal{F}_s, s \in Z\}$ 是非降 σ-域, 记 $MD(0,1)$ 是由所有平稳遍历鞅差序列 $\{e_s, s \in Z\}$ 组成的集合, 如果 $\varepsilon_t = \sum_{j=0}^{\infty} a_j e_{t-j}$ 是鞅差序列 $\{e_j\} \in MD(0,1)$ 的滑动平均和, 且系数满足 $\sum_{j=0}^{\infty} |a_j| < \infty, \sum_{j=0}^{\infty} a_j \neq 0$, 并记为 $\varepsilon_t \sim I(0)$.

为了得到适用于长记忆时间序列 $\{X_t\}$ 的泛函中心极限定理, 还需进一步假定其新息过程 $\{\varepsilon_t\}$ 中的误差序列 e_s 的 $q > 2$ 阶矩存在, 即

$$\sum_{-\infty < t < \infty} E|e_t|^q < \infty.$$

Taqqu(1975) 得到如下引理.

引理 1.5　(1) 若 $X_t \sim I(d), -\frac{1}{2} < d < \frac{1}{2}$, 且 $q > \max\left\{\left(d + \frac{1}{2}\right)^{-1}, 2\right\}$, 则当 $n \to \infty$ 时有

$$n^{-1/2-d} \sum_{t=1}^{[nr]} X_t \Rightarrow \omega W_d(r), \quad 0 < r \leqslant 1, \tag{1.30}$$

(2) 若 $X_t \sim I(d), 0 < d < \frac{1}{2}$, 且 $q > \left(d + \frac{1}{2}\right)^{-1}$, 则当 $n \to \infty$ 时有

$$n^{-2d} \sum_{t=1}^{[nr]} (X_t^2 - 1) \Rightarrow \omega^2 Z_d(r), \quad 0 < r \leqslant 1, \tag{1.31}$$

其中 $\Rightarrow$ 表示弱收敛, ω^2 称为长期方差 (long-run variance), 即

$$\omega^2 = \lim_{n \to \infty} E\left(\sum_{t=1}^{n} e_t\right)^2, \quad 0 < \omega^2 < \infty.$$

$W_d(r)$ 表示 I 型分数 Brown 运动, 定义为 (Davidson 和 Hashimzade, 2009)

$$W_d(r) = \frac{1}{\Gamma(d+1)} \int_0^r (r-s)^d dB(s) + \frac{1}{\Gamma(d+1)} \int_{-\infty}^0 [(r-s)^d - (-s)^d] dB(s),$$

其中 $B(\cdot)$ 表示标准 Brown 运动. $Z_d(r)$ 称为 Rosenblatt 过程, 其定义更为复杂, 由于其形式不影响本书研究问题的讨论, 这里不再列出, 有兴趣的读者可参见文献 (Avram and Taqqu, 1987). Johansen 和 Nielsen(2012) 对引理 1.5 矩条件存在的必要性做了进一步讨论.

　　描述长记忆性的另一个经典模型是由诺贝尔经济学奖得主 Granger 等于 1980 年提出的分整自回归滑动平均模型 (ARFIMA), 即模型经过分数阶差分后是 ARMA 模型. 具有自回归阶数 p, 滑动平均阶数 q 的 d 阶分整自回归滑动平均模型 (ARFIMA(p, d, q)) 一般定义为

$$\Phi(L)(1-L)^d X_t = \Psi(L)e_t,$$

其中自回归多项式 $\Phi(L)$ 和滑动平均多项式 $\Psi(L)$ 的所有根都在单位圆外, e_t 为零均值白噪声过程. 由于 $\Phi(L) = 0$ 和 $\Psi(L) = 0$ 的根都在单位圆外, 意味着 ARMA(p, q) 模型是平稳可逆的, 具有传递形式:

$$(1-L)^d X_t = \Phi^{-1}(L)\Psi(L)e_t,$$

且 $\Phi^{-1}(L)\Psi(L)e_t$ 为 $I(0)$ 过程. 这意味着 ARFIMA 模型可看作模型 (1.29) 的一种特殊情况.

通过将长记忆时间序列 (1.29) 中的新息过程 ε_t 更换为厚尾过程和异方差过程, 就可以定义相应的厚尾长记忆时间序列和异方差长记忆时间序列. 这样定义的新模型不仅可以刻画数据的长期相依关系, 还可以刻画厚尾特征和异方差性, 所以适用范围更广, 但由于本书的研究内容尚未涉及这些模型, 这里不再做进一步讨论, 有兴趣的读者可参考相关文献, 如 Beran 等 (2013) 论述长记忆时间序列概率性质及统计推断方法的经典著作等. 如无特别说明, 本书所指的长记忆时间序列模型均指满足引理 1.5 的模型. R 语言程序包 "fracdiff" 可实现 ARFIMA 模型参数估计等工作, 其函数 "fracdiff.sim" 可用于生成相应的随机数, 本书中涉及长记忆时间序列数值模拟的随机数主要是由此函数生成的.

第 2 章 厚尾序列均值变点的检验

假设时间序列 $\{Y_t, t = 1, \cdots, n\}$ 服从如下模型

$$Y_t = \mu_t + X_t, \quad t = 1, \cdots, n, \tag{2.1}$$

其中 μ_t 是非随机函数, n 为样本容量, 随机项 X_t 满足如下假设.

假设 2.1 随机变量序列 $\{X_t\}$ 是严平稳序列, 具有一维对称的边缘分布, 且满足

$$n \times P\{X_1/a_n \in \cdot\} \xrightarrow{v} \psi(\cdot), \tag{2.2}$$

其中 a_n 定义为 $n \times P\{|X_1| > a_n\} \longrightarrow 1$, " $\xrightarrow{v}$ " 表示淡收敛, 测度 $\psi(\cdot)$ 定义为

$$2\psi(dx) = \kappa|x|^{-\kappa-1}I_{\{x<0\}}dx + \kappa x^{-\kappa-1}I_{\{x<0\}}dx, \tag{2.3}$$

其中 $1 < \kappa < 2$, $I_{\{\cdot\}}$ 是示性函数.

注 2.1 条件 (2.2) 和 (2.3) 是厚尾分布应满足的条件, 也是一维边缘分布属于厚尾指数为 κ 的稳定分布的吸收域所满足的条件. 由于厚尾指数 $\kappa < 2$, 所以模型 (2.1) 的方差不存在.

首先给出一个重要引理, 证明可见文献 (Kokoszka and Wolf, 2004), 该引理在推导检验统计量极限分布时经常用到.

引理 2.2 若假设 2.1 成立, 则

$$\left(a_n^{-1}\sum_{t=1}^{[n\tau]}X_t, a_n^{-2}\sum_{t=1}^{[n\tau]}X_t^2\right) \Rightarrow (U(\tau), \tilde{U}(\tau)), \tag{2.4}$$

其中 $\Rightarrow$ 表示弱收敛, $[\cdot]$ 为取整函数,

$$a_n = \inf\{x : P(|X_t| > x) \leqslant n^{-1}\},$$

随机变量 $U(\tau)$ 和 $\tilde{U}(\tau)$ 分别是 $[0,1]$ 上厚尾指数为 κ 和 $\kappa/2$ 稳定的 Lévy 过程, a_n 可以表述为 $a_n = n^{1/\kappa}L(n)$, 这里 $L(\cdot)$ 是某个缓慢变化函数.

2.1 均值单变点的检验

2.1.1 CUSUM 检验

本节研究均值变点的检验问题. 原假设为由模型 (2.1) 定义的序列 $\{Y_t\}$ 在整个样本区间不存在均值变点, 即

$$H_0 : \mu_t = \mu_0, \quad t = 1, \cdots, n, \tag{2.5}$$

备择假设为 $\{Y_t\}$ 存在一个均值变点 k^*, 即

$$H_1 : \mu_t = \begin{cases} \mu_0, & t \leqslant k^*, \\ \mu_0 + \Delta, & t > k^*, \end{cases} \tag{2.6}$$

其中 μ_0, Δ 及变点 $k^* = [n\tau^*]$ 为未知常数, 并且 $\Delta \neq 0$, $\tau^* \in (0, 1)$.

利用如下 CUSUM 型检验统计量检验上述假设检验问题:

$$\Xi_n(\tau) = \frac{[n\tau]([n(1-\tau)])}{na_n} \left| \frac{1}{[n\tau]} \sum_{t=1}^{[n\tau]} Y_t - \frac{1}{[n(1-\tau)]} \sum_{t=[n\tau]+1}^{n} Y_t \right|, \quad 0 < \tau < 1. \tag{2.7}$$

对于任意常数 $0 < \lambda < 1$, 定义检验区间 $\Lambda = [\lambda, 1-\lambda]$, 并在 $\max_{\tau \in \Lambda} \Xi_n(\tau)$ 的值超过给定的临界值时拒绝无变点原假设 H_0, 即在 α 检验水平下, 若记检验统计量的 $1 - \alpha$ 分位数为 c, 则当 $\max_{\tau \in \Lambda} \Xi_n(\tau) > c$ 时拒绝原假设, 认为数据中存在均值变点.

如下定理给出了检验统计量在无变点原假设下的极限分布, 并在备择假设下说明了统计量的一致性.

定理 2.3 若模型 (2.1) 中的随机项 X_t 满足假设 2.1, 则当 $n \to \infty$ 时,

(a) 在原假设 H_0 成立时, 有 $\Xi_n(\tau) \Rightarrow |U(\tau) - \tau U(1)|$;

(b) 在备则假设 H_1 成立时, 当 $na_n^{-1}|\Delta| \to \infty$ 时有 $\Xi_n(\tau) \xrightarrow{p} \infty$,

其中 $\Rightarrow$ 表示弱收敛, $\xrightarrow{p}$ 表示依概率收敛.

证明: (a) 若原假设 H_0 为真, 由 $\lim_{n \to \infty} \dfrac{[n\tau]}{n} \to \tau$ 及引理 2.2 立即可得

$$\Xi_n(\tau) = \frac{[n\tau]([n(1-\tau)])}{n^2} \left| \frac{n}{[n\tau]} a_n^{-1} \sum_{t=1}^{[n\tau]} X_t - \frac{n}{[n(1-\tau)]} a_n^{-1} \sum_{t=[n\tau]+1}^{n} X_t \right|$$

$$\Rightarrow \tau(1-\tau) \left| \tau^{-1} U(\tau) - (1-\tau)^{-1} (U(1) - U(\tau)) \right|$$

$$= |U(\tau) - \tau U(1)|.$$

(b) 当备则假设 H_1 成立时, 若 $k^* = [n\tau^*] < [n\tau]$, 则

$$
\begin{aligned}
&\Xi_n(\tau)\\
&= \frac{[n\tau]([n(1-\tau)])}{n^2}\left| \frac{na_n^{-1}}{[n\tau]}\left(\sum_{t=1}^{k^*} X_t + \sum_{t=k^*+1}^{[n\tau]}(\Delta + X_t)\right) - \frac{na_n^{-1}}{[n(1-\tau)]}\sum_{t=[n\tau]+1}^{n}(\Delta + X_t)\right|\\
&= \frac{[n\tau]([n(1-\tau)])}{n^2}\left| \frac{na_n^{-1}}{[n\tau]}\sum_{t=1}^{[n\tau]} X_t - \frac{na_n^{-1}}{[n(1-\tau)]}\sum_{t=[n\tau]+1}^{n} X_t - \frac{na_n^{-1}k^*}{[n\tau]}\Delta\right|\\
&= O(1)\left| O_p(1) - \frac{na_n^{-1}[n\tau^*]}{[n\tau]}\Delta\right|.
\end{aligned}
$$

由于当 $n \to \infty$ 时有 $\dfrac{[n\tau^*]}{[n\tau]} \to \tau^*\tau^{-1}, na_n^{-1}|\Delta| \to \infty$, 所以当 $k^* < [n\tau]$ 时结论 (b) 成立. 当 $k^* \geqslant [n\tau]$ 时, 同理可证, 不再重述. □

注 2.4　若 X_t 的分布属于厚尾指数为 $\kappa = 2$ 的稳定分布的吸收域, 并且 $EX_t < \infty$, 则 X_t 为正态随机变量序列. 令 X_t 的标准差为 σ, 取 $a_n = n^{1/2}\sigma$, 则 $U(\tau) - \tau U(1)$ 变为标准的 Brown 桥 (Bai, 1994).

由于 CUSUM 检验统计量 $\Xi_n(\tau)$ 的极限分布依赖厚尾指数 κ, 而实际应用中 κ 不易估计准确, 导致检验统计量的临界值无法确定. 为此, 下面介绍一种可以避免估计厚尾指数的 Bootstrap 检验方法.

步骤 1　计算 Y_t 对一个常数回归的最小二乘估计残量 $\hat{\varepsilon}_t = Y_t - \hat{\mu}$, $\hat{\mu} = ([n\hat{\tau}^*] - q)^{-1}\sum\limits_{j=1}^{[n\hat{\tau}^*]-q} Y_j$, $t = 1, 2, \cdots, [n\hat{\tau}^*] - q$; $\check{\varepsilon}_t = Y_t - \check{\mu}$, $\check{\mu} = ([n(1-\hat{\tau}^*)] - q)^{-1}\sum\limits_{j=[n(1-\hat{\tau}^*)]+q+1}^{n} Y_j$, $t = [n(1-\hat{\tau}^*)] + q + 1, \cdots, n$, 其中 $\hat{\tau}^*$ 为变点的某个估计, q 为给定的某个正整数.

步骤 2　基于 $\hat{\varepsilon}_t$ 计算中心化的残量:

$$
\varepsilon_t^0 = \hat{\varepsilon}_t - \frac{1}{n-2q}\left(\sum_{j=1}^{[n\hat{\tau}^*]-q}\hat{\varepsilon}_j + \sum_{j=[n(1-\hat{\tau}^*)]+q+1}^{n}\hat{\varepsilon}_j\right).
$$

步骤 3　从残量序列 $\{\varepsilon_1^0, \cdots, \varepsilon_{[n\hat{\tau}^*]-q}^0, \varepsilon_{[n\hat{\tau}^*]+q+1}^0, \cdots, \varepsilon_n^0\}$ 中采用简单随机抽样方法抽取 Bootstrap 样本 $\{\tilde{\varepsilon}_1, \cdots, \tilde{\varepsilon}_M\}$.

步骤 4　将 CUSUM 统计量 Ξ_T 中的变量 $Y_1, \cdots, Y_n$ 用步骤 3 中的 Bootstrap 样本 $\{\tilde{\varepsilon}_1, \cdots, \tilde{\varepsilon}_M\}$ 替换, 并重新计算统计量的值.

步骤 5　将上述步骤 3 和步骤 4 重复 B 次, 则可得到检验统计量的 B 个取值, 以其经验分位数作为检验统计量的临界值.

注 2.5　Bootstrap 检验依赖于子样本容量 M 的选择, 但如何有效地选择 M 是一个比较困难的问题. 读者在后面章节中将可看到, 当 $n \to \infty$, $M \to \infty$, 但 $M/n \to 0$ 时, 可证明用 Bootstrap 方法算得的临界值是渐近正确的, 但从模拟试验结果看, 取 $M = n$ 时用 Bootstrap 方法算得的临界值能够更好地检验犯第一类错误的概率.

注 2.6　经过步骤 1 和步骤 2 的处理, 子样本序列 $\{\tilde{\varepsilon}_1, \cdots, \tilde{\varepsilon}_m\}$ 已不受变点的影响, 得到的临界值会小于直接基于全部样本做 Bootstrap 重抽样算得的临界值, 所以有助于提高检验功效. 此外, 为保证 Bootstrap 检验的稳健性, 建议重复抽样的次数 B 不要太小.

2.1.2　Wilcoxon 秩和检验

由于 CUSUM 检验统计量 $\Xi_n(\tau)$ 使用的是原始观测数据, 所以并没有从本质上消除厚尾序列中的极端值对检验造成的影响. 虽然基于 CUSUM 统计量给出的 Bootstrap 检验能够控制犯第一类错误的概率, 但从第 2.4 节的数值模拟结果可以发现, 当厚尾指数较小时, CUSUM 统计量的检验效率很低. 本节介绍一种能够有效消除异常值影响, 并能提高检验效率的 Wilcoxon 秩和检验方法.

假定 $Y_1, \cdots, Y_n$ 是由模型 (2.1) 生成的一组样本, 定义其秩统计量

$$R_i = \text{rank}(Y_i) = \sum_{j=1}^{n} I_{\{Y_j \leqslant Y_i\}}, \quad i = 1, \cdots, n, \tag{2.8}$$

其中 $I_{\{\cdot\}}$ 是示性函数. Wilcoxon 秩和检验统计量 $W_n(k)$ 定义如下:

$$W_n(k) = \sqrt{\frac{12}{k(n-k)(n+1)}} \left(\sum_{t=1}^{k} R_t - \frac{k(n+1)}{2} \right), \quad 1 < k < n. \tag{2.9}$$

定理 2.7　若 $Y_1, \cdots, Y_n$ 是由模型 (2.1) 生成的一组样本, 且其秩由 (2.8) 定义, 则在原假设 (2.5) 下, $W_n(k)$ 服从对称分布, 对称中心为 $k(n+1)/2$. 近一步, 当 $\min\{k, n-k\} \to \infty$ 时有

$$W_n(k) \xrightarrow{d} N(0, 1),$$

其中 $\xrightarrow{d}$ 表示依分布收敛, $N(0, 1)$ 表示标准正态分布.

有关 Wilcoxon 秩和检验统计量 $W_n(k)$ 分布及渐近正态性的证明可参见海特曼斯波格 (2003). 类似于统计量 $\Xi_n(\tau)$ 的检验策略, 令 $k = [n\tau]$, 对于给定的变点

检验区间 $\Lambda \subset (0,1)$, 采用统计量 $W_n = \max\limits_{\tau \in \Lambda} W_n([n\tau])$ 来检验原假设 (2.5) 和备择假设 (2.6), 并在统计量的值较大时拒绝无变点原假设. 由于统计量 W_n 的分布依赖样本量的大小, 为方便实际操作, 继续采用 Bootstrap 方法做检验, 具体步骤如下:

步骤 1　从样本观测值 $y_1, \cdots, y_n$ 中采用简单随机抽样方法有放回的抽取一组容量为 n 的 Bootstrap 样本 $y_1^*, \cdots, y_n^*$, 并求得其对应的秩

$$r_i^* = \mathrm{rank}(y_i^*) = \sum_{j=1}^{n} I_{\{y_j^* \leqslant y_i^*\}}, \quad i = 1, \cdots n.$$

步骤 2　基于 $r_1^*, \cdots, r_n^*$ 计算统计量

$$W_n^* = \max_{\tau \in \Lambda} \left\{ \sqrt{\frac{12}{[n\tau](n - [n\tau])(n+1)}} \left(\sum_{t=1}^{[n\tau]} r_t^* - \frac{[n\tau](n+1)}{2} \right) \right\}.$$

步骤 3　将步骤 1 和步骤 2 重复 B 次, 得到统计量 W_n^* 的 B 个值 $W_n^{*b}, b = 1, \cdots, B$, 并计算频率

$$p^* = \frac{\#\{W_n > W_n^{*b}, b = 1, \cdots, B\}}{B},$$

其中 $\#$ 表示计数, 即 W_n 大于 $W_n^{*b}, b = 1, \cdots, B$ 的频次. 当 p^* 小于给定的检验水平 α 时拒绝无变点原假设, 并认为检验数据中存在均值变点.

注 2.8　在步骤 1 中抽取 Bootstrap 样本时不可避免地会出现结 (即至少有 2 个观测值相同), 此时采用平均秩方法计算结的秩.

2.2　均值单变点的估计

假定由模型 (2.1) 定义的方差无穷厚尾时间序列 $\{Y_t\}$ 中存在一个未知的均值变点 k^*, 本节介绍变点 k^* 的点估计问题.

定义变点 k^* 的 CUSUM-型估计如下:

$$\hat{k}^* = \min\{k : |U_k| = \max_{1 \leqslant j < n} |U_j|\}, \tag{2.10}$$

其中

$$U_k = \left(\frac{k(n-k)}{n^{1+\beta}} \right)^{1-\gamma} \left\{ \frac{1}{k} \sum_{j=1}^{k} Y_j - \frac{1}{n-k} \sum_{j=k+1}^{n} Y_j \right\}. \tag{2.11}$$

这里 $0 \leqslant \gamma < 1$, 且 $\beta > 0$.

为了证明估计的一致性, 首先给出如下假设.

假设 2.2 对任意 $1 \leqslant \delta < \kappa$ 和常数 C, 由模型 (2.1) 定义的随机变量序列 $\{Y_k, 1 \leqslant k \leqslant n\}$ 满足

$$\max_{1 \leqslant k \leqslant n} E(Y_k - EY_k)^\delta \leqslant C. \tag{2.12}$$

假设 2.2 保证其 $\delta > 1$ 阶矩存在. 基于此假定首先推导一个证明一致性所需的不等式: Hájek-Rényi 不等式. 对于方差存在的序列, 该不等式的推导过程可见文献 (Kokoszka and Leipus, 2000).

定理 2.9 令 $\hat{\tau}^* = \hat{k}^*/n^{(1+\beta)}$, 若样本 $X_1, X_2, \cdots, X_n$ 是由模型 (2.1) 产生的, 变点 k^* 的估计 $\hat{k}^*$ 是由 (2.10) 定义的, 那么在假设 2.1 和假设 2.2 成立时, 有

$$P\{|\hat{\tau}^* - \tau^*| > \varepsilon\} \leqslant \frac{C}{|\Delta|^\delta \varepsilon^\delta} n^{\delta(\gamma\beta - 2\beta - \frac{1}{2}) + 1}, \tag{2.13}$$

其中 $\Delta = \mu_1 - \mu_2$, γ, β 和 δ 满足 $\gamma\beta - 2\beta < -\dfrac{1}{2}$ 和 $\delta < \kappa$.

为证明定理 2.9, 首先证明如下定理.

定理 2.10 若样本 $Y_1, Y_2, \cdots, Y_n$ 是由模型 (2.1) 产生的, 对任意的 $1 < \delta < \kappa < 2$ 和 $m > 1$, 无穷方差情形下的 Hájek-Rényi 不等式为如下形式:

$$
\begin{aligned}
\varepsilon^\delta P\left\{ \max_{m \leqslant k \leqslant n} c_k \left| \sum_{i=1}^{k} Y_i \right| > \varepsilon \right\} &\leqslant c_m^\delta E \left| \sum_{j=1}^{m} Y_j \right|^\delta + \sum_{k=m+1}^{n-1} \left\{ |c_{k+1}^\delta - c_k^\delta| E \left| \sum_{j=1}^{k} Y_j \right|^\delta \right. \\
&\quad + 2^\delta c_{k+1}^\delta \left(E \left| \sum_{j=1}^{k} Y_j \right|^\delta \right)^{\frac{1}{2}} (E|Y_{k+1}|^\delta)^{\frac{1}{2}} \\
&\quad \left. + c_{k+1}^\delta E|Y_{k+1}|^\delta \right\}.
\end{aligned}
\tag{2.14}
$$

证明: 由 Kokoszka 和 Leipus(2000) 的引理 4.1 可得: 对任意的随机变量序列 $M_1, \cdots, M_n$, 记事件 $A = \{\max_{1 \leqslant k \leqslant T} M_k > \varepsilon\}$, $D_k = \{M_1 \leqslant \varepsilon, \cdots, M_k \leqslant \varepsilon\}$, 有

$$\varepsilon I_{\{A\}} \leqslant M_1 + \sum_{k=1}^{n-1} (M_{k+1} - M_k) I_{\{D_k\}} - M_T I_{\{D_T\}}. \tag{2.15}$$

令 $M_k = c_k^\delta \left| \sum_{j=1}^{k} Y_j \right|^\delta$. 应用 (2.15), 可得

$$\varepsilon^\delta P \left\{ \max_{m \leqslant k \leqslant n} c_k^\delta \left| \sum_{j=1}^{k} Y_j \right|^\delta > \varepsilon^\delta \right\} \leqslant c_m^\delta E \left| \sum_{j=1}^{m} Y_j \right|^\delta + E \sum_{k=m}^{n-1} \left(c_{k+1}^\delta \left| \sum_{j=1}^{k+1} Y_j \right|^\delta \right.$$

$$\left. - c_k^\delta \left| \sum_{j=1}^{k} Y_j \right|^\delta \right) \mathrm{I}_{\{D_k\}}. \tag{2.16}$$

由 c_r 不等式和 Hölder 不等式

$$E \left(c_{k+1}^\delta \left| \sum_{j=1}^{k+1} Y_j \right|^\delta - c_k^\delta \left| \sum_{j=1}^{k} Y_j \right|^\delta \right) \mathrm{I}_{\{D_k\}}$$

$$= E \left\{ c_{k+1}^\delta \left(\left| \sum_{j=1}^{k} Y_j + X_{j+1} \right|^2 \right)^{\frac{\delta}{2}} - c_k^\delta \left| \sum_{j=1}^{k} Y_j \right|^\delta \right\} \mathrm{I}_{\{D_k\}}$$

$$\leqslant E \left\{ \left(c_{k+1}^2 \left| \sum_{j=1}^{k} Y_j \right|^2 + 2 c_{k+1}^2 \left| \sum_{j=1}^{k} Y_j \right| |X_{k+1}| + c_{k+1}^2 Y_{k+1}^2 \right)^{\frac{\delta}{2}} - c_k^\delta \left| \sum_{j=1}^{k} Y_j \right|^\delta \right\} \mathrm{I}_{\{D_k\}}$$

$$\leqslant E \left\{ |c_{k+1}^\delta - c_k^\delta| \left| \sum_{j=1}^{k} Y_j \right|^\delta + 2^\delta c_{k+1}^\delta \left(\left| \sum_{j=1}^{k} Y_j \right| |Y_{k+1}| \right)^{\frac{\delta}{2}} + c_{k+1}^\delta Y_{k+1}^\delta \right\} \mathrm{I}_{\{D_k\}}$$

$$\leqslant |c_{k+1}^\delta - c_k^\delta| E \left| \sum_{j=1}^{k} Y_j \right|^\delta$$

$$+ 2^\delta c_{k+1}^\delta \left(E \left| \sum_{j=1}^{k} Y_j \right|^\delta \right)^{\frac{1}{2}} (E|Y_{k+1}|^\delta)^{\frac{1}{2}} + c_{k+1}^\delta E|Y_{k+1}|^\delta. \tag{2.17}$$

由此即可得 (2.14). $\square$

  定理 2.9 的证明　令 $\tau = k/n^{(1+\beta)}$, 则有

$$EU_k = \begin{cases} \Delta n^{(1-\gamma)(1+\beta)} \tau^{1-\gamma} (n^{-\beta} - \tau^*)(n^{-\beta} - \tau)^{-\gamma}, & k \leqslant k^*, \\ \Delta n^{(1-\gamma)(1+\beta)} (n^{-\beta} - \tau)^{1-\gamma} \tau^* \tau^{-\gamma}, & k > k^* , \end{cases} \tag{2.18}$$

和

$$EU_{k^*} = \Delta n^{(1-\gamma)(1+\beta)} (\tau^*)^{1-\gamma} (n^{-\beta} - \tau^*)^{1-\gamma}. \tag{2.19}$$

若 $k \leqslant k^*$, 则有

$$\begin{aligned}
|EU_{k^*}| - |EU_k| &= |\Delta| n^{(1-\gamma)(1+\beta)} (n^{-\beta} - \tau^*)^{1-\gamma} \\
&\quad \times \left((\tau^*)^{1-\gamma} - \tau^{1-\gamma} \left(\frac{n^{-\beta} - \tau^*}{n^{-\beta} - \tau} \right)^{\gamma} \right) \\
&\geqslant |\Delta| n^{(1-\gamma)(1+\beta)} (n^{-\beta} - \tau^*)^{1-\gamma} ((\tau^*)^{1-\gamma} - \tau^{1-\gamma}). \quad (2.20)
\end{aligned}$$

由中值定理可得

$$(\tau^*)^{1-\gamma} - \tau^{1-\gamma} \geqslant (1-\gamma)(\tau^*)^{-\gamma}(\tau^* - \tau).$$

因此

$$|EU_{k^*}| - |EU_k| \geqslant n^{(1-\gamma)(1+\beta)} (n^{-\beta} - \tau^*)^{1-\gamma} (1-\gamma)(\tau^*)^{-\gamma}(\tau^* - \tau). \quad (2.21)$$

同理, 若 $k \geqslant k^*$, 则有

$$\begin{aligned}
|EU_{k^*}| - |EU_k| &= |\Delta| n^{(1-\gamma)(1+\beta)} (\tau^*)^{1-\gamma} \\
&\quad \times \left((n^{-\beta} - \tau^*)^{1-\gamma} - (n^{-\beta} - \tau)^{1-\gamma} \left(\frac{\tau^*}{\tau} \right)^{\gamma} \right) \\
&\geqslant |\Delta| n^{(1-\gamma)(1+\beta)} (\tau^*)^{1-\gamma} ((n^{-\beta} - \tau^*)^{1-\gamma} - (n^{-\beta} - \tau)^{1-\gamma}) \\
&\geqslant |\Delta| n^{(1-\gamma)(1+\beta)} (\tau^*)^{1-\gamma} (1-\gamma)(n^{-\beta} - \tau^*)^{-\gamma}(\tau - \tau^*). \quad (2.22)
\end{aligned}$$

联合 (2.21) 和 (2.22), 则有

$$|EU_{k^*}| - |EU_k| \geqslant n^{(1-\gamma)(1+\beta)} \bar{\tau} |\tau^* - \tau|, \quad (2.23)$$

其中 $\bar{\tau} := (1-\gamma)(\tau^*)^{-\gamma}(n^{-\gamma} - \tau^*)^{-\gamma} \min\{\tau^*, 1 - \tau^*\}$.

注意到

$$\begin{aligned}
|U_k| - |U_{k^*}| &\leqslant |U_k - EU_k| + |EU_k| + |U_{k^*} - EU_{k^*}| - |EU_{k^*}| \\
&\leqslant 2 \max_{1 \leqslant k \leqslant T} |U_k - EU_k| + |EU_k| - |EU_{k^*}|. \quad (2.24)
\end{aligned}$$

再由 (2.23) 可得

$$\begin{aligned}
|\Delta| n^{(1-\gamma)(1+\beta)} \bar{\tau} |\tau^* - \tau| &\leqslant |EU_{k^*}| - |EU_k| \\
&\leqslant 2 \max_{1 \leqslant k \leqslant n} |U_k - EU_k| + |U_{k^*}| - |U_k|. \quad (2.25)
\end{aligned}$$

由 $\hat{\tau}^*$ 代替 τ, 并注意到 $|U_{k^*}| \leqslant |U_{\hat{k}^*}|$, 我们得到

$$|\Delta|\bar{\tau}|\tau^* - \tau| \leqslant 2n^{(\gamma-1)(1+\beta)} \max_{1\leqslant k\leqslant n} |U_k - EU_k|$$

$$\leqslant 2n^{(\gamma-1)(1+\beta)-\beta} \left\{ \max_{1\leqslant k\leqslant n} \frac{1}{k^\gamma} \left| \sum_{j=1}^k X_j \right| \right.$$

$$\left. + \max_{1\leqslant k\leqslant n} \frac{1}{(n-k)^\gamma} \left| \sum_{j=k+1}^n X_j \right| \right\}. \tag{2.26}$$

令 $c_k = n^{(\gamma-1)(1+\beta)-\beta} k^{-\gamma}$, 由定理 2.10, 可得

$$\varepsilon^\delta P \left\{ n^{(\gamma-1)(1+\beta)-\beta} \max_{1\leqslant k\leqslant n} \frac{1}{k^\gamma} \left| \sum_{j=1}^k X_j \right| > \varepsilon \right\}$$

$$\leqslant n^{\delta\{(\gamma-1)(1+\beta)-\beta\}} \left\{ \sum_{k=1}^{n-1} \left(\frac{1}{k^{\delta\gamma}} - \frac{1}{(k+1)^{\delta\gamma}} \right) E \left| \sum_{j=1}^k X_j \right|^\delta \right.$$

$$+ 2^\delta \sum_{k=1}^{n-1} \frac{1}{(k+1)^{\delta\gamma}} \left(E \left| \sum_{j=1}^k X_j \right|^\delta \right)^{\frac{1}{2}} (E|X_{k+1}|^\delta)^{\frac{1}{2}}$$

$$\left. + \sum_{k=1}^{n-1} \frac{1}{(k+1)^{\delta\gamma}} E|X_{k+1}|^\delta \right\}. \tag{2.27}$$

由假设 2.2 和 Minkowski 不等式,

$$E \left| \sum_{j=1}^k X_j \right|^\delta \leqslant \left(\sum_{j=1}^k (E|X_j|^\delta)^{\frac{1}{\delta}} \right)^\delta \leqslant Ck^\delta$$

成立. 再由不等式

$$\frac{1}{k^{\delta\gamma}} - \frac{1}{(k+1)^{\delta\gamma}} \leqslant \frac{\delta\gamma}{k^{\delta\gamma+1}}$$

及 (2.27) 可得

$$\varepsilon^\delta P \left\{ n^{(\gamma-1)(1+\beta)-\beta} \max_{1\leqslant k\leqslant n} \frac{1}{k^\gamma} \left| \sum_{j=1}^k X_j \right| > \varepsilon \right\}$$

$$\leqslant Cn^{\delta\{(\gamma-1)(1+\beta)-\beta\}} \left\{ \sum_{k=1}^{n-1} k^{\delta-\delta\gamma-1} \right.$$

$$\left. + 2^\delta \max_k (E|X_k|^\delta)^{\frac{1}{2}} \sum_{k=1}^{n-1} k^{\frac{\delta}{2}-\delta\gamma} + \max_k (E|X_k|^\delta) \sum_{k=1}^{n-1} (k+1)^{-\delta\gamma} \right\}$$

$$\leqslant CT^{\delta\{(\gamma-1)(1+\beta)-\beta\}} \sum_{k=1}^{n} k^{\frac{\delta}{2}-\delta\gamma} \leqslant Cn^{\delta(\gamma\beta-2\beta-\frac{1}{2})+1}. \tag{2.28}$$

类似于 (2.28), 可以证明

$$\varepsilon^\delta P\left\{ T^{(\gamma-1)(1+\beta)-\beta} \max_{1\leqslant k\leqslant n} \frac{1}{(n-k)^\gamma} \left| \sum_{j=k+1}^{n} X_j \right| > \varepsilon \right\} \leqslant Cn^{\delta(\gamma\beta-2\beta-\frac{1}{2})+1}. \tag{2.29}$$

联合 (2.28), (2.29) 及 (2.26) 可得定理 2.9. □

由于方差无穷厚尾序列含有许多 "奇异" 点影响变点估计的收敛速度, 所以定理 2.9 引进了一个参数 β 以降低变点估计量 $\hat{\tau}^* = \hat{k}^*/T$ 的收敛速度. 但是在实际应用中如何选取 β 是一个困难的问题, 为了方便实际应用, 可以首先通过对序列 $\{Y_t\}$ 进行截尾, 使 $\{Y_t\}$ 在截尾条件下的方差有限, 然后对截尾序列进行均值变点估计, 此时估计的结果不会受到原序列 $\{Y_t\}$ 中 "奇异" 点的影响. 截尾随机序列 $\widetilde{X}_t, t = 1, \cdots, T$ 可选用如下形式

$$\widetilde{Y}_t = \begin{cases} Y_t, & |Y_t - \mu_t| \leqslant a_n\delta_n, \\ \mu_t + a_n\delta_n, & Y_t - \mu_t > a_n\delta_n, \\ \mu_t - a_n\delta_n, & Y_t - \mu_t < -a_n\delta_n, \end{cases} \tag{2.30}$$

其中 δ_n 为截尾参数, 满足: 当 $n \longrightarrow \infty$ 时,$\delta_n \longrightarrow 0$ 并且 $a_n\delta_n \longrightarrow \infty$. 变点 k^* 在截尾情形下的估计为

$$\hat{k}^* = \min\{k : |R_k| = \max_{1\leqslant j\leqslant n} |R_j|\}, \tag{2.31}$$

其中

$$R_k = \frac{k(n-k)}{T^2}\left\{ \frac{1}{k}\sum_{t=1}^{k}\widetilde{Y}_t - \frac{1}{n-k}\sum_{t=k+1}^{n}\widetilde{Y}_t \right\}. \tag{2.32}$$

在实际问题中应用截尾估计时, 由于 μ_1 和 μ_2 是未知的, 所以必须首先估计 μ_1 和 μ_2. 假设存在两个已知的正整数 k_1 和 k_2, 满足 $k_1 < k^* < k_2$, 并且在样本区间 $[1, k_1]$ 和 $[k_2, n]$ 有足够多的样本估计 μ_1 和 μ_2, 则可取 $\hat{\mu}_1 = \sum_{t=1}^{k_1} Y_t$ 和 $\hat{\mu}_2 = \sum_{t=k_2}^{n} Y_t$.

2.3 均值多变点的估计

本节介绍一种秩似然比扫描方法来估计方差无穷厚尾序列中的均值多变点. 假定 $Y_1, \cdots, Y_n$ 是由模型 (2.37) 生成的一组样本, 且均值函数 μ_t 可分为 $m + 1$

段, 并在每一段上取相同值, 即

$$
\mu_t = \begin{cases}
\mu^{(1)}, & 0 = \tau_0 \leqslant t \leqslant \tau_1, \\
\mu^{(2)}, & \tau_1 < t \leqslant \tau_2, \\
\cdots & \\
\mu^{(m)}, & \tau_m < t \leqslant \tau_{m+1} = n,
\end{cases}
\tag{2.33}
$$

其中 $\mu^{(i)} \neq \mu^{(i+1)}, i = 1, \cdots, m$ 是未知参数.

令 $J_0 = \{\tau_1, \cdots, \tau_m\}$ 表示真实变点集合, $\tau_j = [n\lambda_j], j = 0, 1, \cdots, m + 1$ 是第 j 个均值变点的位置. 为保证相邻两个变点可以被区分, 假定

$$
\min_{j=0,1,\cdots,m} (\lambda_{j+1} - \lambda_j) > \varepsilon_\lambda,
\tag{2.34}
$$

其中 $\varepsilon_\lambda = \varepsilon_\lambda(n)$, 即假定相邻两个均值变点之间有一定量的样本, 且随着样本总量的增大相邻两个变点间的样本量也随之增加. 这是检验和估计多变点的基本假设.

对于样本 $Y_1, \cdots, Y_n$ 的一组实现值 $y_1, \cdots, y_n$, 记对应的秩为 $r_i = \mathrm{rank}(y_i)$, $i = 1, \cdots, n$. 定义 $t, t = h, \cdots, n - h$ 时刻的扫描窗 $W_t(h)$, 扫描窗中的样本 $Y_{W_t(h)}$ 及其秩 $R_{W_t(h)}$ 分别为

$$
W_t(h) = \{t - h + 1, \cdots, t + h\},
$$
$$
Y_{W_t(h)} = \{Y_{t-h+1}, \cdots, Y_{t+h}\},
$$
$$
R_{W_t(h)} = \{r_{t-h+1}, \cdots, r_{t+h}\},
$$

其中 $h = h(n)$ 表示窗宽半径, 且假定 $2h < \varepsilon_\lambda$ 以确保每一个扫描窗内至多有一个均值变点. 基于 t 时刻扫描窗 $W_t(h)$ 中的秩 $R_{W_t(h)}$ 分别定义拟对数似然函数

$$
L_0(\mu_0, \sigma_0^2) = \sum_{i=t-h+1}^{t+h} \log(f(r_i; \mu_0, \sigma_0^2)),
$$
$$
L_1(\mu_1, \sigma_1^2) = \sum_{i=t-h+1}^{t} \log(f(r_i; \mu_1, \sigma_1^2)),
$$
$$
L_2(\mu_2, \sigma_2^2) = \sum_{i=t+1}^{t+h} \log(f(r_i; \mu_2, \sigma_2^2)),
$$

其中 $f(r_i; \mu, \sigma^2)$ 是均值为 μ, 方差为 σ^2 的正态分布密度函数, 即

$$
f(r_i; \mu, \sigma^2) = \frac{1}{\sqrt{2\pi}\sigma} e^{-\frac{(r_i - \mu)^2}{2\sigma^2}}.
$$

扫描窗 $W_t(h)$ 上的秩似然比扫描统计量定义为

$$S_h(t) = \frac{1}{h}L_1(\hat{\mu}_1, \hat{\sigma}_1^2) + \frac{1}{h} + L_2(\hat{\mu}_2, \hat{\sigma}_2^2) - \frac{1}{h}L_0(\hat{\mu}_0, \hat{\sigma}_0^2)$$
$$= 2\log(\hat{\sigma}_0^2) - \log(\hat{\sigma}_1^2) - \log(\hat{\sigma}_2^2), \tag{2.35}$$

其中 $\hat{\mu}_i, \hat{\sigma}_i^2$ 分别是由拟对数似然函数 $L_i(\mu_i, \sigma_i^2)$ 得到的参数 $\mu_i, \sigma_i^2, i = 0, 1, 2,$ 的最大似然估计.

利用秩似然比扫描统计量 $S_h(t)$ 扫描整个观测序列 $y_1, \cdots, y_n$, 得到一列扫描值 $S_h(h), S_h(h+1), \cdots, S_h(n-h)$, 并令 $S_h(t) = 0, t = 1, \cdots, h-1, n-h+1, \cdots, n,$ 则方差无穷厚尾序列均值变点的初始估计集合定义为

$$\hat{J}^{(1)} = \left\{ j \in \{h, h+1, \cdots, n-h\} : S_h(j) = \max_{t \in [j-h+1, j+h]} S_h(t) \right\},$$

即对任意 $j \in \{h, h+1, \cdots, n-h\}$, 当 $S_h(j)$ 在扫描窗 $W_t(h)$ 中达到局部最大值时, 记 j 是一个均值变点估计值.

初始变点估计集合 $\hat{J}^{(1)}$ 中除了包含真实的变点外, 通常还会含有一些伪变点, 可通过模型选择的方法剔除这些伪变点. 下面介绍一种基于 Schwarz 信息准则做模型选择的方法. 对于集合 $\hat{J}^{(1)}$ 的任意子集 $J = \{\hat{\tau}_1^{(1)}, \cdots, \hat{\tau}_m^{(1)}\}$, 用 $|J|$ 表示集合 J 中元素的个数, 令 $\hat{\tau}_0^{(1)} = 0, \hat{\tau}_{m+1}^{(1)} = n$, 则 Schwarz 信息准择定义为

$$SIC(m, J) = -2\sum_{j=0}^{m} \sum_{i=\hat{\tau}_j^{(1)}+1}^{\hat{\tau}_{j+1}^{(1)}} \log(f(r_i; \mu, \sigma^2)) + m\log(n).$$

在初始变点估计集 $\hat{J}^{(1)}$ 上最小化 Schwarz 信息准则 $SIC(m, J)$, 得变点个数的估计 $\hat{m}$ 和变点估计集 $\hat{J}^{(2)}$, 即

$$\left(\hat{m}, \hat{J}^{(2)}\right) = \arg \min_{m=|J|, J \subset \hat{J}^{(1)}} SIC(m, J). \tag{2.36}$$

令变点估计集 $\hat{J}^{(2)}$ 中的元素为 $\hat{\tau}_1^{(2)}, \cdots, \hat{\tau}_{\hat{m}}^{(2)}$, 为进一步提高变点估计精度, 对 $\hat{\tau}_j^{(2)}, j = 1, \cdots, \hat{m},$ 按如下方法做优化

$$\hat{\tau}_j^{(3)} = \arg \max_{\hat{\tau}_{j-1}^{(2)}+h < t < \hat{\tau}_{j+1}^{(2)}-h} S^*(t),$$

其中

$$S^*(t) = \frac{1}{t - \hat{\tau}_{j-1}^{(2)}} \sum_{i=\hat{\tau}_{j-1}^{(2)}+1}^{t} \log(f(r_i; \mu, \sigma^2)) + \frac{1}{\hat{\tau}_{j+1}^{(2)} - t} \sum_{i=t+1}^{\hat{\tau}_{j+1}^{(2)}-1} \log(f(r_i; \mu, \sigma^2))$$

$$-\frac{2}{\hat{\tau}_{j+1}^{(2)} - \hat{\tau}_{j-1}^{(2)}} \sum_{i=\hat{\tau}_{j-1}^{(2)}+1}^{\hat{\tau}_{j+1}^{(2)}-1} \log(f(r_i; \mu, \sigma^2)).$$

变点的最终估计集定义为

$$\hat{j}^{(3)} = \left\{ \hat{\tau}_j^{(3)}, j = 1, \cdots, \hat{m} \right\}.$$

注 2.11 秩似然比扫描方法虽然是为估计方差无穷厚尾时间序列数据中的均值多变点设计, 但若数据中不存在均值变点或只含有单个均值变点时估计效果差, 仍不能看作是一个好的估计方法, 因为我们事先并不能确定数据中存在几个变点. 事实上, 第 2.4 节的例 2.4 和例 2.5 将通过模拟实验说明这种担心是多余的, 在这两种情况下秩似然比扫描方法仍具有较好的估计效果.

注 2.12 若不对观测数据取秩, 而是将秩似然比扫描方法中的秩变量 r_i 换为观测数据 Y_i 做均值变点估计, 则当被估计的数据服从轻尾时间序列模型时仍具有很好的估计效果, 但在估计方差无穷厚尾时间序列中的均值多变点时效果会很差, 具体可见第 2.4 节的例 2.6.

2.4 数值模拟与实例分析

本节通过数值模拟和实例分析说明前面两节给出的厚尾序列均值变点检验和估计方法的有效性和可行性.

2.4.1 数值模拟

考虑数据生成过程:

$$Y_t = \begin{cases} 1 + X_t, & t = 1, \cdots, [n\tau^*], \\ 1 + \Delta + X_t, & t = [n\tau^*] + 1, \cdots, n, \end{cases} \tag{2.37}$$

其中 $\{X_t\}$ 是厚尾指数为 κ 的厚尾随机变量序列, 厚尾指数 κ 分别取 $1.19, 1.43, 1.83$ 和 2. 本节基于此数据生成过程分析 2.1 节中介绍的 CUSUM 检验 Ξ_n 和 Wilcoxon 秩和检验 W_n 的有限样本性质, 具体见例 2.1 和例 2.2. 取 Bootstrap 重抽样样本量 $M = n$, 重抽样次数 $B = 299$, $\lambda = 0.2$, $q = [0.02n]$, 其余参数在具体例子中给出. 此外, 计算 CUSUM 检验统计量 Ξ_n 的值时, 需要确定合适的参数 a_n, 这里为了避免估计厚尾指数 κ, 均采用 $n^{\frac{1}{2}}s$ (其中 $s = \sqrt{\frac{1}{n-1}\sum_{t=1}^{n}(Y_t - \bar{Y})^2}$) 替代. 所有模拟结果是在 0.05 检验水平下经 1000 次循环得到.

例 2.1 (经验水平) 令模型 (2.37) 中的参数 $\tau^* = 1$, 分别取样本容量 $n = 50, 100, 200$ 生成数据模拟经验水平 (即拒绝频次与模拟循环次数的比), 模拟结果见表 2.1. 从中可以看出, 在大部分情况下经验水平都很接近检验水平, 这说明利用 Bootstrap 方法计算两个检验统计量临界值的方法是有效的. 由于选取的 Bootstrap 重抽样样本量 $M = n$, 所以样本量的大小对于经验水平造成的影响看不出明显的规律. 厚尾指数的大小对统计量 Ξ_n 有一定的影响, 主要体现在 κ 较小时, 经验水平偏小, 即检验有些保守, 这一方面可能是因为 κ 越小, 用于替代参数 a_n 的量 $n^{\frac{1}{2}}s$ 离真值差距越大的缘故, 另一方面由于 κ 越小, 数据中的异常值越多, 此时 Bootstrap 方法并不能很好地克服异常值带来的影响. 厚尾指数的大小几乎对 Wilcoxon 秩和统计量 W_n 的经验水平没有影响, 这说明该方法更加稳健.

表 2.1 0.05 检验水平下 CUSUM 检验 Ξ_n 和 Wilcoxon 秩和检验 W_n 的经验水平

$n \setminus \kappa$	Ξ_n				W_n			
	1.19	1.43	1.83	2	1.19	1.43	1.83	2
50	0.028	0.032	0.058	0.045	0.048	0.047	0.057	0.043
100	0.029	0.043	0.057	0.050	0.059	0.055	0.052	0.048
200	0.017	0.032	0.055	0.055	0.053	0.063	0.058	0.049

例 2.2 (经验势) 令模型 (2.37) 中的参数 τ^* 分别取值 0.25, 0.5 和 0.75, 跳跃度 Δ 分别取值 1 和 2, 样本容量 $n = 100$ 生成数据模拟经验势 (同经验水平的计算), 结果见表 2.2. 从中可以看出, 随着 κ 值、跳跃度以及样本量的增大经验势逐渐提高, 且变点在中间位置时检验势高于两边的情况. 样本量越大经验势越高验证了检验方法的一致性, 跳跃度越大意味着变点前后数据均值的差异越大, 越容易被区分, 即经验势越高是必然的. κ 值越小数据中的异常值越多, 即数据的波动越大, 均值跳跃造成的数据差异也比对波动较小的数据造成的差异小, 所以经验势

表 2.2 0.05 检验水平下 CUSUM 检验 Ξ_n 和 Wilcoxon 秩和检验 W_n 的经验势

Δ	$k^* \setminus \kappa$	Ξ_n				W_n			
		1.19	1.43	1.83	2	1.19	1.43	1.83	2
1	0.25	0.101	0.211	0.567	0.946	0.469	0.528	0.626	0.937
	0.50	0.163	0.363	0.786	0.997	0.729	0.788	0.864	0.997
	0.75	0.097	0.212	0.591	0.937	0.455	0.536	0.620	0.931
2	0.25	0.302	0.594	0.956	1.000	0.943	0.976	0.995	1.000
	0.50	0.464	0.758	0.987	1.000	0.996	1.000	1.000	1.000
	0.75	0.314	0.617	0.966	1.000	0.954	0.985	0.996	1.000

越低也是必然的. 在 $\kappa = 2$ 时 Wilcoxon 秩和检验 W_n 几乎具有和 CUSUM 检验 Ξ_n 相同的经验势, 而在 $\kappa < 2$ 时,Wilcoxon 秩和检验的经验势明显高于 CUSUM 检验, 且值越小优势越明显. 综上, 在检验序列的厚尾指数太小时, CUSUM 检验统计量的检验效率较低, 而 Wilcoxon 秩和检验是一种相对更有效的检验方法.

例 2.3 (均值单变点的估计)   继续使用例 2.2 中的模拟数据, 并取估计量 U_k 中的参数 $\beta = 0.4, \gamma = 0.1$ 来估计变点位置, 表 2.3 列出了变点 $\hat{\tau}^*$ 的平均估计值, 即 Mean($\hat{\tau}^*$), 以及均方误差 Mse($\hat{\tau}^*$). 从中可以看出, 估计精度随厚尾指数和跳跃度的增大而提高, 但整体上只有变点位置在 0.5 时估计效果比较好, 在其他位置时还有较大的改进空间.

表 2.3   变点估计均值及均方误差

Δ	$k^* \backslash \kappa$	Mean($\hat{\tau}^*$)				Mse($\hat{\tau}^*$)			
		1.19	1.43	1.83	2	1.19	1.43	1.83	2
1	0.25	0.451	0.418	0.351	0.302	0.189	0.174	0.126	0.082
	0.50	0.503	0.502	0.500	0.500	0.161	0.128	0.075	0.036
	0.75	0.566	0.595	0.653	0.696	0.187	0.169	0.129	0.079
2	0.25	0.413	0.362	0.299	0.269	0.178	0.144	0.076	0.032
	0.50	0.508	0.505	0.499	0.501	0.127	0.084	0.032	0.018
	0.75	0.603	0.650	0.702	0.731	0.172	0.137	0.074	0.031

例 2.4 (均值变点秩似然比扫描估计 (1))   基于例 2.1中的模拟数据检验第 2.4节介绍的秩似然比扫描估计方法在数据中不含变点时的估计效果. 分别取样本量 $n = 50, 100, 200$, 扫描半径 $h = (\log(n))^2, 2\log(n)$, 计算 1000 次模拟中变点个数估计正确的频次, 结果见表 2.4. 从中可以看出随着样本量的增大, 估计准确的频次提高. 厚尾指数的大小对估计准度也有一定的影响, 但看不出明显的规律, 这说明秩似然比扫描方法较为稳健, 厚尾数据中的奇异值对估计方法造成的影响有限. 扫描半径 h 的选择对估计结果有明显的影响, 当 $n = 100, 200$ 时, 取 $h = (\log(n))^2$ 时估计准度优于取 $h = 2\log(n)$, 而在 $n = 50$ 时结果相反.

表 2.4   数据中无变点时秩似然比扫描估计方法估计不到变点的频次

$n \backslash \kappa$	$h = (\log(n))^2$				$h = 2\log(n)$			
	1.19	1.43	1.83	2	1.19	1.43	1.83	2
50	760	766	758	780	816	806	803	821
100	902	906	926	915	879	880	878	879
200	979	978	974	963	926	926	918	919

例 2.5 (均值变点秩似然比扫描估计 (2)) 基于例 2.2中的模拟数据检验秩似然比扫描估计方法估计单变点时的效果. 取样本量 $n = 100$, 扫描半径 $h = (\log(n))^2$, 计算 1000 次模拟中变点个数估计正确的频次 $\#\{\hat{m} = 1\}$, 及变点个数估计正确时估计出变点的平均值 $\text{ave}(\hat{\tau})$. 模拟结果见表 2.5. 从中可以看出随着厚尾指数 κ 的增大和变点跳跃度的增大, 变点个数估计准确的频次增加, 变点估计准度也提高, 这和例 2.3的结论类似, 但显然采用秩似然比扫描方法做估计的精度更高.

表 2.5　秩似然比扫描估计方法估计均值单变点时的估计结果

Δ	$k^* \setminus \kappa$	$\#\{\hat{m} = 1\}$				$\text{ave}(\hat{\tau})$			
		1.19	1.43	1.83	2	1.19	1.43	1.83	2
1	0.25	482	547	634	912	0.309	0.302	0.297	0.266
	0.50	622	687	782	959	0.492	0.492	0.495	0.495
	0.75	438	501	583	906	0.689	0.702	0.711	0.731
2	0.25	922	952	972	975	0.265	0.262	0.257	0.250
	0.50	937	947	969	986	0.496	0.498	0.499	0.500
	0.75	920	951	972	974	0.731	0.739	0.744	0.749

例 2.6 (均值变点秩似然比扫描估计 (3)) 通过如下带有 $m = 7$ 个均值变点的模型生成数据, 检验秩似然比扫描方法估计均值多变点时的效果.

$$y_t = \theta' g(x_t) + \sigma \varepsilon_t, \quad t = 1, \cdots, n,$$
$$g(x_t) = \{(1 + \text{sgn}(nx_t - t_j))/2, j = 1, \cdots, m\}',$$

其中 $x_t = t/n, \theta = (2.01, -2.51, 1.51, -2.01, 2.51, -2.11, 1.05)', \sigma = 0.5$, ε_t 服从厚尾指数为 κ 的厚尾分布, 变点位置 $t_j/n = (0.1, 0.23, 0.4, 0.5, 0.65, 0.76, 0.89)$. 取样本量 $n = 1000$, 扫描半径 $h = (\log(n))^2$, 厚尾指数 κ 分别取 $1.19, 1.43, 1.83, 2$ 做 1000 次模拟循环. 为评价估计精度, 分别计算估计出的变点个数 $\hat{m}$ 与真实变点个数 7 之差 $\hat{m} - 7$ 取不同值的频次, 过度分割误差 $d(\hat{J}|J_0)$ 的 1000 次平均值和分割不足误差 $d(J_0|\hat{J})$ 的 1000 次平均值. 这里

$$d(\hat{J}|J_0) = \sup_{b \in J_0} \inf_{a \in \hat{J}} |a - b|, \tag{2.38}$$

$$d(J_0|\hat{J}) = \sup_{b \in \hat{J}} \inf_{a \in J_0} |a - b|, \tag{2.39}$$

其中 $J_0 = (100, 230, 400, 500, 650, 760, 890)$ 表示真实变点集合, $\hat{J}$ 表示估计出的变点集合. 作为对比, 这里除了分析秩似然比扫描方法 (RLSM) 的估计结果, 还考虑

将秩似然比扫描方法中的秩变量换为原始观测数据时 (LSM) 做估计的结果. 所有模拟结果见表 2.6. 从中可以看出, 厚尾指数对两种方法的估计精度都有一定的影响, 随厚尾指数 κ 的增大, 两种方法的估计精度都在提高, 在 $\kappa < 2$ 时, RLSM 方法的估计精度远优于 LSM 方法, 而在 $\kappa = 2$ 时, 两种方法都能完全估计正确变点个数, RLSM 方法的过度分割误差和分割不足误差略高于 LSM 方法, 这说明 RLSM 方法是估计方差无穷厚尾时间序列均值多变点的一种高效且稳健的方法.

表 2.6　数据取秩与不取秩似然比扫描估计方法估计多变点结果

	κ							
	1.19	1.43	1.83	2	1.19	1.43	1.83	2
	RLSM				LSM			
$\hat{m} - 7 = 0$	941	972	997	1000	287	504	919	1000
$\hat{m} - 7 = -1$	11	25	0	0	263	159	21	0
$\hat{m} - 7 = 1$	47	3	3	0	116	190	54	0
$\hat{m} - 7 \leqslant -2$	1	0	0	0	309	117	5	0
$\hat{m} - 7 \geqslant 2$	0	0	0	0	25	30	1	0
$d(\hat{J}\vert J_0)$	9.43	6.11	2.61	0.785	57.18	49.12	11.26	0.758
$d(J_0\vert \hat{J})$	8.69	5.20	2.47	0.785	145.34	95.88	15.25	0.758

2.4.2　实例分析

例 2.7　图 2.1 给出的是一组 IBM 股票从 1961 年 5 月 17 日起开始记录, 并持续 280 个交易日的收盘价经一阶差分后的数据, 原始数据及相关数据信息详见第 9 章例 9.4 中的介绍. 从图中可以看出数据中存在许多奇异值, 且后期数据波动大于前期, 怀疑数据中存在变点. 本例用本章两种均值变点检验方法检验这组数据中是否存在均值变点, 所有参数设置同 2.4.1 节. 算得两个检验统计量 Ξ_n 和 W_n 的值分别为 1.519 和 1.494, 在 0.05 检验水平下, Bootstrap 方法算得的临界值分别为 1.316 和 1.329. 这说明两种检验方法都认为数据中存在均值变点, 估计出的变点位置为 58. 计算发现第 58 个样本前后子样本的样本均值分别为 0.5 和 -0.66, 可以确认数据中存在均值变点, 但估计出的变点位置不太符合图形观察可得出的结论, 这与数据中存在多个变点, 导致单变点估计方法估计精度差有较大关系.

采用秩似然比扫描方法估计这组数据中的均值变点, 可估计出 3 个均值变点, 分别在第 46,111,234 个观测值处, 分割出的 4 段数据的平均值分别为 0.152, 2.092, 0.178, -0.726. 例 9.4 中将会介绍, 若用 ARCH 模型拟合这组数据, 则更适合在第 234 个样本处分开建模, 计算发现前 234 个数据的均值为 0.248, 而剩余 45 个样

本的均值为 -3.867, 这更符合直观观察结果.

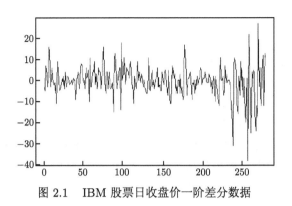

图 2.1　IBM 股票日收盘价一阶差分数据

2.5　小　　结

　　本章研究了方差无穷厚尾时间序列均值变点的检验和估计问题, 给出了检验均值变点的 CUSUM 统计量和 Wilcoxon 秩和统计量, 并分别构造了用于近似计算检验统计量临界值, 且可避免估计厚尾指数的 Bootstrap 方法, 模拟结果表明 Bootstrap 方法能够得到近似正确的临界值. 相比较而言, Wilcoxon 秩和检验统计量是检验方差无穷厚尾时间序列均值变点的一种更稳健和高效方法. 为估计均值单变点, 给出了一种 CUSUM-型估计量, 针对厚尾时间序列的奇异值对变点估计结果的影响, 还提出了一种截尾估计方法. 为估计均值多变点, 提出了一种秩似然比扫描方法. CUSUM-型估计量是传统的点估计方法, 而秩似然比扫描方法是从模型选择的角度估计变点, 两种方法分析变点问题的策略有很大不同. 从模拟实验结果看, 从模型选择的角度分析变点不仅具有估计精度更高的优势, 且不需要区分单变点和多变点问题, 这也是近年来变点分析发展的主流方向. 本章 2.1.1 节关于 CUSUM 检验和 2.2 节均值单变点估计的内容引自韩四儿 (2006), 读者还可查看 Jin 等 (2009a, 2009b), Han 和 Tian(2006), Wang 等 (2017), Qin 等 (2019) 了解更多关于方差无穷厚尾序列均值单变点检验和估计问题的研究. 2.1.2节和 2.3 节的内容是本书作者待发表的一些研究结果.

第 3 章 厚尾序列持久性变点的检验

在对金融时间序列进行统计分析时, 一个基本的假设是所研究的序列是平稳序列, 或者是非平稳序列. 然而由于诸多外在因素的影响, 序列的平稳性或者非平稳性在某个时刻可能会发生改变. 因平稳序列和非平稳序列具有许多不同的统计性质, 当序列的平稳性结构发生改变时, 如果继续按照原有的假设做统计分析, 将导致错误. 持久性变点恰好反映时间序列在某个时刻从平稳向非平稳, 或者从非平稳向平稳转变的问题.

本章讨论新息过程方差无穷情形下持久性变点的检验及估计问题.

3.1 持久性单变点的检验

3.1.1 $I(1)$ 到 $I(0)$ 变点的检验

考虑如下变点检验问题: 原假设为时间序列 $\{Y_t\}$ 在整个样本区间上是一个 $I(1)$ 过程, 即

$$H_0 : Y_t = r_0 + \varepsilon_t, \quad t = 1, \cdots, T,$$

其中 r_0 为常数, T 为样本容量, $\varepsilon_t = \varepsilon_{t-1} + e_t$, e_t 同假设 2.1中的序列 $\{X_t\}$, 为方差无穷厚尾序列, 即满足假设 3.1.

假设 3.1 序列 e_t 是严平稳的, 具有一维对称的边缘分布, 并且满足

$$T \times P(e_1/a_T \in \cdot) \xrightarrow{v} \psi(\cdot),$$

其中 a_T 定义为 $TP(|e_1| > a_T) \longrightarrow 1$, 测度 $\psi(\cdot)$ 定义为

$$2\psi(dx) = \kappa|x|^{-\kappa-1}I_{\{x<0\}}dx + \kappa x^{-\kappa-1}I_{\{x>0\}}dx.$$

再考虑备择假设: 时间序列 $\{Y_t\}$ 在时刻 $t = [T\tau_0]$ 由 $I(1)$ 过程变为 $I(0)$ 过程, 也即

$$H_1 : \quad Y_t = r_0 + \varepsilon_{0,t}, \qquad\qquad t = 1, \cdots, [T\tau_0];$$
$$Y_t = r_0 + \varepsilon_{0,[T\tau_0]} + \varepsilon_{1,t}, \quad t = [T\tau_0] + 1, \cdots, T,$$

其中 $\varepsilon_{0,t} = \rho_0\varepsilon_{0,t-1} + e_t$, $\rho_0 = 1$, 而 $\varepsilon_{1,t}$ 和 e_t 满足假设 3.1.

为检验上述假设检验问题, 采用如下比率统计量

$$\Xi_T(\tau) = \frac{[T\tau]^{-2}\sum_{t=1}^{[T\tau]}\left(\sum_{i=1}^{t}\hat{\varepsilon}_{0,i}\right)^2}{[T(1-\tau)]^{-2}\sum_{t=[T\tau]+1}^{T}\left(\sum_{i=[T\tau]+1}^{t}\hat{\varepsilon}_{1,i}\right)^2}, \tag{3.1}$$

其中 $\hat{\varepsilon}_{0,i}$, $i = 1,\cdots,[T\tau]$ 是样本 Y_t, $t = 1,\cdots,[T\tau]$ 对一个常数回归的最小二乘估计的残量; 而 $\hat{\varepsilon}_{1,i}$, $i = [T\tau]+1,\cdots,T$ 是样本 Y_t, $t = [T\tau]+1,\cdots,T$ 对一个常数回归的最小二乘估计的残量.

基于 (3.1) 可得到三个检验统计量: Andrews(1993) 的 maximum-chow 型统计量

$$\Xi_T = \max_{\tau\in\mathcal{T}}\Xi_T(\tau), \tag{3.2}$$

Hansen(1991) 的 mean-score 统计量

$$E\Xi_T\int_{\tau\in\mathcal{T}}\Xi_T(\tau)d\tau, \tag{3.3}$$

Andrews 和 Ploberger(1994) 的 mean-exponential 统计量

$$\log\exp(\Xi_T) = \log\left\{\int_{\tau\in\mathcal{T}}\exp(\Xi_T(\tau))d\tau\right\}. \tag{3.4}$$

其中 $\tau\in\mathcal{T}$, $\mathcal{T}$ 可取为 $[0,1]$ 上的任意一个紧子集.

上述比率统计量的极限分布由下述定理给出.

定理 3.1 若 e_t 满足假设 3.1, 则在原假设 H_0 成立时, 有

$$\Xi_T(\tau) \Rightarrow \frac{\tau^{-2}\int_0^{\tau}V(r)^2dr}{(1-\tau)^{-2}\int_{\tau}^{1}V(r-\tau)^2dr} := \Xi_{\infty}(\tau) \tag{3.5}$$

和

$$H(\Xi_T(\tau)) \Rightarrow H(\Xi_{\infty}(\tau)), \tag{3.6}$$

其中 $H(\cdot)$ 表示 (3.2)—(3.4) 中的统计量; 当 $r\in[0,\tau]$ 时,

$$V(r) = \int_0^r U(s)ds - r\tau^{-1}\int_0^{\tau}U(s)ds,$$

当 $r \in [\tau, 1]$ 时,

$$V(r - \tau) = \int_{\tau}^{r} U(s)ds - (r - \tau)(1 - \tau)^{-1} \int_{\tau}^{1} U(s)ds,$$

其中 $U(\cdot)$ 是 κ 稳定的 Lévy 过程, 符号 "$\Rightarrow$" 表示弱收敛.

证明: 注意到在原假设 H_0 下, $Y_i = r_0 + \sum_{j=1}^{i} e_j,\ i = 1, \cdots, [T\tau]$, 那么 Y_t 对一个常数回归的最小二乘估计的残量 $\hat{\varepsilon}_{0,i}$ 满足: $\hat{\varepsilon}_{0,i} = Y_i - [T\tau]^{-1} \sum_{i=1}^{[T\tau]} Y_i$, 因此

$$\hat{\varepsilon}_{0,i} = \sum_{j=1}^{i} e_j - [T\tau]^{-1} \sum_{i=1}^{[T\tau]} \sum_{j=1}^{i} e_j. \tag{3.7}$$

从而由引理 2.2 可得

$$T^{-1} a_T^{-1} \sum_{i=1}^{[Tr]} \hat{\varepsilon}_{0,i} \Rightarrow \int_{0}^{r} U(s)ds - r\tau^{-1} \int_{0}^{\tau} U(s)ds, \quad r \in [0, \tau]. \tag{3.8}$$

同理, $Y_i, i = [T\tau] + 1, \cdots, T$ 对一个常数回归的最小二乘估计的残量为

$$\hat{\varepsilon}_{1,i} = y_i - [T(1 - \tau)]^{-1} \sum_{i=[T\tau]+1}^{T} Y_i,$$

因此

$$\hat{\varepsilon}_{1,i} = \sum_{j=[T\tau]+1}^{i} e_j - [T(1 - \tau)]^{-1} \sum_{i=[T\tau]+1}^{T} \sum_{j=[T\tau]+1}^{i} e_j. \tag{3.9}$$

这样

$$T^{-1} a_T^{-1} \sum_{i=[T\tau]+1}^{[Tr]} \hat{\varepsilon}_{1,i} \Rightarrow \int_{\tau}^{r} U(s)ds - \frac{r - \tau}{1 - \tau} \int_{\tau}^{1} U(s)ds, \quad r \in [\tau, 1]. \tag{3.10}$$

直接利用连续映照定理可得 $\Xi_T(\tau) \Rightarrow \Xi_\infty(\tau)$ 及 $H(\Xi_T) \Rightarrow H(\Xi_\infty)$. $\square$

定理 3.2 若 e_t 满足假设 3.1, 则在备择假设 H_1 下, 当 $0 < \tau < \tau_0$ 时, $\Xi_T(\tau) = O_P(1)$; 当 $\tau_0 \leqslant \tau < 1$ 时, $\Xi_T(\tau) = O_P(T a_T^2)$. 这样, 如果 $[\tau_0, 1] \cap \mathcal{T} \neq \varnothing$, 那么 $H(\Xi_T) = O_P(T a_T^2)$.

证明: 若备择假设 H_1 成立, 由于当 $\tau < \tau_0$ 时, $\Xi_T(\tau)$ 的分子为

$$[T\tau]^{-2} \sum_{t=1}^{[T\tau]} \left(\sum_{i=1}^{t} \hat{\varepsilon}_{0,i} \right)^2 = O_p\left(T a_T^2 \right),$$

分母为

$$[T(1-\tau)]^{-2} \sum_{t=[T\tau]+1}^{T} \left(\sum_{i=[T\tau]+1}^{t} \hat{\varepsilon}_{1,i} \right)^2 = O_p(Ta_T^2(\tau_0 - \tau)),$$

并且分母依概率 1 不为零, 所以 $\Xi_T(\tau) = O_p(1)$.

而当 $\tau \geqslant \tau_0$ 时, 由于分子为

$$[T\tau]^{-2} \sum_{t=1}^{[T\tau]} \left(\sum_{i=1}^{t} \hat{\varepsilon}_{0,i} \right)^2 = O_p\left(Ta_T^2\right),$$

分母为

$$[T(1-\tau)]^{-2} \sum_{t=[T\tau]+1}^{T} \left(\sum_{i=[T\tau]+1}^{t} \hat{\varepsilon}_{1,i} \right)^2 = O_p(1).$$

所以 $\Xi_T(\tau) = O_p(Ta_T^2)$. 即当 $[\tau_0, 1] \cap \mathcal{T} \neq \varnothing$ 时, $\Xi_T = O_p(Ta_T^2)$. 进一步可知, $H(\Xi_T) = O_p(Ta_T^2)$. □

3.1.2 $I(0)$ 到 $I(1)$ 变点的检验

考虑如下变点检验问题: 原假设为时间序列 $\{Y_t\}$ 在整个样本区间上是一个 $I(0)$ 过程, 即

$$H_0 : Y_t = r_0 + \varepsilon_t, \quad t = 1, \cdots, T,$$

其中 r_0 为常数, ε_t 满足假设 3.1.

备择假设为时间序列 $\{Y_t\}$ 在时刻 $t = [T\tau_0]$ 由 $I(0)$ 过程变为 $I(1)$ 过程, 也即

$$\begin{aligned} H_1 : \quad & Y_t = r_0 + \varepsilon_{0,t}, \quad t = 1, \cdots, [T\tau_0]; \\ & Y_t = r_0 + \varepsilon_{1,t}, \quad t = [T\tau_0] + 1, \cdots, T, \end{aligned}$$

其中 $\varepsilon_{1,t} = \varepsilon_{1,t-1} + e_t$, 而 e_t 和 $\varepsilon_{0,t}$ 满足假设 3.1.

利用如下检验统计量检验从 $I(0)$ 到 $I(1)$ 变化持久性变点.

$$\Xi_T^{-1}(\tau) = \frac{[T(1-\tau)]^{-2} \sum_{t=[T\tau]+1}^{T} \left(\sum_{i=[T\tau]+1}^{t} \hat{\varepsilon}_{1,i} \right)^2}{[T\tau]^{-2} \sum_{t=1}^{[T\tau]} \left(\sum_{i=1}^{t} \hat{\varepsilon}_{0,i} \right)^2}, \tag{3.11}$$

其中 $\hat{\varepsilon}_{0,i}$, $i = 1, \cdots, [T\tau]$ 是 Y_t, $t = 1, \cdots, [T\tau]$ 对一个常数回归的最小二乘估计的残量; 而 $\hat{\varepsilon}_{1,i}$, $i = [T\tau] + 1, \cdots, T$ 是 Y_t, $t = [T\tau] + 1, \cdots, T$ 对一个常数回归的最小二乘估计的残量.

同上一节类似, 可定义三个检验统计量: maximum-chow 型统计量

$$\Xi_T^{-1} = \max_{\tau \in \mathcal{T}} \Xi_T^{-1}(\tau), \tag{3.12}$$

mean-score 统计量

$$E\Xi_T^{-1} = \int_{\tau \in \mathcal{T}} \Xi_T^{-1}(\tau) d\tau, \tag{3.13}$$

mean-exponential 统计量

$$\log \exp(\Xi_T^{-1}) = \log \left\{ \int_{\tau \in \mathcal{T}} \exp(\Xi_T^{-1}(\tau)) d\tau \right\}, \tag{3.14}$$

其中 $\tau \in \mathcal{T}$, $\mathcal{T}$ 可取为 $[0,1]$ 上的任意一个紧子集.

定理 3.3　若 ε_t 满足假设 3.1, 则当原假设 H_0 成立时, 有

$$\Xi_T^{-1}(\tau) \Rightarrow \Xi_\infty^{-1}(\tau) = \frac{(1-\tau)^{-2} \int_\tau^1 V(r-\tau)^2 dr}{\tau^{-2} \int_0^\tau V(r)^2 dr} \tag{3.15}$$

和

$$H(\Xi_T^{-1}(\tau)) \Rightarrow H(\Xi_\infty^{-1}(\tau)), \tag{3.16}$$

其中 $H(\cdot)$ 表示 (3.12)—(3.14) 中的统计量; 当 $r \in [0, \tau]$ 时,

$$V(r) = U(r) - r\tau^{-1} U(\tau),$$

当 $r \in [\tau, 1]$ 时,

$$V(r-\tau) = U(r) - U(\tau) - (r-\tau)(1-\tau)^{-1}\{U(1) - U(\tau)\},$$

其中 $U(\cdot)$ 是 κ 稳定的 Lévy 过程, 符号 "$\Rightarrow$" 表示弱收敛.

证明: $\Xi_T^{-1}(\tau)$ 可写为

$$\Xi_T^{-1}(\tau) = \frac{[T(1-\tau)]^{-2} \sum_{t=[T\tau]+1}^{T} \left(a_T^{-1} \sum_{i=[T\tau]+1}^{t} \hat{\varepsilon}_{1,i} \right)^2}{[T\tau]^{-2} \sum_{t=1}^{[T\tau]} \left(a_T^{-1} \sum_{i=1}^{t} \hat{\varepsilon}_{0,i} \right)^2}.$$

由对称性, 只考虑 $\Xi_T^{-1}(\tau)$ 的分母, 其分子类似处理.

由于在原假设 H_0 下, 有

$$\hat{\varepsilon}_{0,i} = y_i - \frac{1}{[T\tau]} \sum_{i=1}^{[T\tau]} y_i = \varepsilon_i - \frac{1}{[T\tau]} \sum_{i=1}^{[T\tau]} \varepsilon_i.$$

令 $t = [Tr]$, 则有

$$a_T^{-1} \sum_{i=1}^{t} \hat{\varepsilon}_{0,i} = a_T^{-1} \sum_{i=1}^{[Tr]} \varepsilon_i - \frac{[Tr]}{[T\tau]} a_T^{-1} \sum_{i=1}^{[T\tau]} \varepsilon_i \Rightarrow V(r) = U(r) - r\tau^{-1} U(\tau).$$

由此可得

$$[T\tau]^{-1} \sum_{t=1}^{[T\tau]} \left(a_T^{-1} \sum_{i=1}^{t} \hat{\varepsilon}_{0,i} \right)^2 \Rightarrow \tau^{-1} \int_0^{\tau} V(r)^2 dr.$$

这样容易得到 (3.15) 成立. 再由连续映照定理可得 (3.16) 成立. 定理 3.3 得证. □

定理 3.4 若假设 3.1 和假设 3.3 成立, 则在备择假设 H_1 下, 当 $0 < \tau < \tau_0$ 时, $\Xi_T^{-1}(\tau) = O_p(Ta_T^2)$; 当 $\tau_0 \leqslant \tau < 1$ 时, $\Xi_T^{-1}(\tau) = O_p(1)$. 这样, 如果 $[0, \tau_0] \cap \mathcal{T} \neq \varnothing$, 那么 $H(\Xi_T^{-1}(\tau)) = O_p(Ta_T^2)$.

证明: 定理 3.4 的证明与定理 3.2 的证明类似. □

3.1.3 方向未知变点的检验

前两节讨论了从 $I(1)$ 向 $I(0)$ 或从 $I(0)$ 向 $I(1)$ 变化持久性变点的检验, 但当持久性变点的变化方向未知时, 得到的检验不是一致检验. 本节考虑持久性变点变化方向未知的情况.

考虑如下假设检验问题: 原假设为时间序列 $\{Y_t\}$ 在整个样本区间上是一个 $I(1)$ 过程, 即

$$H_0 : Y_t = r_0 + \varepsilon_t, \quad t = 1, \cdots, T,$$

其中 r_0 为常数, $\varepsilon_t = \varepsilon_{t-1} + e_t$, e_t 满足假设 3.1.

备择假设为时间序列 $\{Y_t\}$ 在时刻 $t = [T\tau_0]$ 由 $I(1)$ 过程变为 $I(0)$ 过程, 或者在时刻 $t = [T\tau_0]$ 由 $I(0)$ 过程变为 $I(1)$ 过程, 也即

$$\begin{aligned} H_1 : \quad & Y_t = r_0 + \varepsilon_{0,t}, \quad t = 1, \cdots, [T\tau_0]; \\ & Y_t = r_0 + \varepsilon_{1,t}, \quad t = [T\tau_0] + 1, \cdots, T, \end{aligned}$$

或者

$$\begin{aligned} H_1' : \quad & Y_t = r_0 + \varepsilon_{1,t}, \quad t = 1, \cdots, [T\tau_0]; \\ & Y_t = r_0 + \varepsilon_{0,t}, \quad t = [T\tau_0] + 1, \cdots, T, \end{aligned}$$

其中 $\varepsilon_{1,t} = \varepsilon_{1,t-1} + e_t$, 而 e_t 和 $\varepsilon_{0,t}$ 满足假设 3.1.

当变化方向是从 $I(1)$ 过程变为 $I(0)$ 过程时, 由 3.1.1 节可知, 若采用检验统计量 $\Xi_T(\tau)$ 以及 $H(\Xi_T(\tau))$, 得到的检验是一致的. 但是当变化方向是从 $I(0)$ 过程变为 $I(1)$ 过程时, 可以证明 $\Xi_T(\tau) = o_p(1)$ 以及 $H(\Xi_T(\tau)) = o_p(1)$, 即检验不是一致的. 为此本节提出变化方向未知时持久性变点的一致检统计量为

$$H^*(\Xi_T(\tau)) = \max\{H(\Xi_T(\tau)), H(\Xi_T^{-1}(\tau))\}. \tag{3.17}$$

由于函数 $\max\{x, y\}$ 对每个变量都是连续的, 所以利用定理 3.1 及连续映照定理可得如下定理.

定理 3.5　在原假设 H_0 成立时, 有

$$H^*(\Xi_T(\tau)) = \max\{H(\Xi_\infty(\tau)), H(\Xi_\infty^{-1}(\tau))\}, \tag{3.18}$$

其中 $\Xi_T(\tau)$ 的定义见定理 3.1.

与定理 3.2 的证明类似可得如下定理.

定理 3.6　在备择假设 H_1 或 H_1' 成立的条件下, 若 $\tau_0 \in \mathcal{T}$, 则 $H^*(\Xi_T(\tau)) = O_p(Ta_T^2)$.

3.2　持久性单变点的估计

本节讨论持久性变点的估计问题, 令

$$\Lambda_T(\tau) = \frac{\displaystyle\sum_{t=1}^{[T\tau]} |\hat{\varepsilon}_{0,t}| / ([T\tau]a_T)}{\displaystyle\sum_{t=[T\tau]+1}^{T} |\hat{\varepsilon}_{1,t}| / [T(1-\tau)]}.$$

$I(1)$ 到 $I(0)$ 持久性变点 τ_0 的估计量定义为

$$\hat{\tau} = \arg\max_{\tau \in \mathcal{T}} \Lambda_T(\tau). \tag{3.19}$$

$I(0)$ 到 $I(1)$ 持久性变点 τ_1 的估计量定义为

$$\tilde{\tau} = \arg\min_{\tau \in \mathcal{T}} \Lambda_T(\tau).$$

为讨论变点估计量 $\hat{\tau}$ 和 $\tilde{\tau}$ 的渐近性质, 首先给出假设 3.2.

假设 3.2 若 $E|\varepsilon_{1,t}| < \infty$, 则 $m^{-1}\sum_{s=1}^{m}|\hat{\varepsilon}_{1,t+s}| \overset{p}{\longrightarrow} E|\varepsilon_{1,t}|$, 其中 $\hat{\varepsilon}_{1,t+1}, \cdots,$ $\hat{\varepsilon}_{1,t+m}$ $(t \in \{[T\tau_0], \cdots, T-m\}, m \leqslant [T(1-\tau_0)])$ 为平稳的随机变量序列.

定理 3.7 若假设 3.2 成立, 则有

$$(\hat{\tau} - \tau_0) = o_p(1), \quad (\tilde{\tau} - \tau_1) = o_p(1), \tag{3.20}$$

和

$$T(\hat{\tau} - \tau_0) = O_p(1), \quad T(\tilde{\tau} - \tau_1) = O_p(1). \tag{3.21}$$

证明: 这里仅给出 $I(1)$ 到 $I(0)$ 持久性变点估计量 $\hat{\tau}$ 一致性及收敛速度的证明, 估计量 $\tilde{\tau}$ 一致性及收敛速度的证明可类似证明. 令 $u(\tau_0)$ 是 τ_0 的一个开邻域, $\mathcal{U}$ 是包含这样的开邻域的集合. 为证明 $(\hat{\tau} - \tau_0) = o_p(1)$, 只需证明对每一个 $u(\tau_0) \in \mathcal{U}$, 及任意的 $\eta > 0$, 都有

$$\liminf_{T \to \infty} P\left\{ \sup_{\tau \in \mathcal{T} \backslash u(\tau_0)} \Lambda_T(\tau) - \Lambda_T(\tau_0) < \eta \right\} = 1 \tag{3.22}$$

成立. 注意到 $\Lambda_T(\tau_0)$ 的分子和分母都为 $O_p(1)$, 并且依概率 1 不为零, 所以 $P\{\Lambda_T(\tau_0) > 0\} = 1$ 并且 $\Lambda_T(\tau_0) = O_p(1)$.

令 δ 为任意的正数. 为证明 (3.20), 只需证明对任意的 $0 < \varepsilon < \delta$, 当 $\tau = \tau_0 + \varepsilon$ 或 $\tau = \tau_0 - \varepsilon$ 时, 有

$$\liminf_{T \to \infty} P\{\Lambda_T(\tau) - \Lambda_T(\tau_0) < \eta\} = 1. \tag{3.23}$$

首先考虑 $\tau = \tau_0 + \varepsilon$ 的情况. 此时 $\Lambda_T(\tau)$ 可改写成如下形式:

$$\Lambda_T(\tau) = \frac{([T\tau]a_T)^{-1}\left\{\sum_{t=1}^{[T\tau_0]}|\hat{\varepsilon}_{0,t}| + \sum_{t=[T\tau_0]+1}^{[T\tau]}|\hat{\varepsilon}_{0,t}|\right\}}{[T(1-\tau)]^{-1}\sum_{t=[T\tau]+1}^{T}|\hat{\varepsilon}_{1,t}|}$$

$$= ([T\tau]a_T)^{-1}\{O_p([T\tau_0]a_T) + O_p[T(\tau-\tau_0)]\}/O_p(1). \tag{3.24}$$

注意到 (3.24) 中起主导作用的项为

$$([T\tau]a_T)^{-1}\sum_{t=1}^{[T\tau_0]}|\hat{\varepsilon}_{0,t}| = ([T\tau]a_T)^{-1}\left\{O_p([T\tau_0]a_T)\right\}.$$

由于对任意的 $\varepsilon > 0$, 当 $\tau = \tau_0 + \varepsilon$ 时, 上式小于 $\Lambda_T(\tau_0)$ 的分子, 即

$$([T\tau]a_T)^{-1}\sum_{t=1}^{[T\tau_0]}|\hat{\varepsilon}_{0,t}| < ([T\tau_0]a_T)^{-1}\sum_{t=1}^{[T\tau_0]}|\hat{\varepsilon}_{0,t}|, \tag{3.25}$$

又由于在假设 3.2 成立时, (3.24) 的分母与 $\Lambda_T(\tau_0)$ 的分母是渐近等价的, 所以当 $\tau = \tau_0 + \varepsilon$ 时, 有 $\Lambda_T(\tau) < \Lambda_T(\tau_0)$.

　　接下来考虑 $\tau = \tau_0 - \varepsilon, \varepsilon \in (0, \delta)$ 的情形, 此时

$$\Lambda_T(\tau) = \frac{([T\tau]a_T)^{-1}\sum_{t=1}^{[T\tau]}|\hat{\varepsilon}_{0,t}|}{[T(1-\tau)]^{-1}\left\{\sum_{t=[T\tau]+1}^{[T\tau_0]}|\hat{\varepsilon}_{1,t}| + \sum_{t=[T\tau_0]+1}^{T}|\hat{\varepsilon}_{1,t}|\right\}}$$
$$= \frac{O_p(1)}{[T(1-\tau)]^{-1}(O_p([T\varepsilon]a_T) + O_p(1))}. \tag{3.26}$$

由于在 (3.26) 中, $[T(1-\tau)]^{-1}\sum_{t=[\tau T]+1}^{[T\tau_0]}|\hat{\varepsilon}_{1,t}|$ 是起主导作用的项, 所以

$$\Lambda_T(\tau) = [T(1-\tau)]O_p(([T\varepsilon]a_T)^{-1}),$$

因此当 $\tau = \tau_0 - \varepsilon$ 时, $\Lambda_T(\tau) < \Lambda_T(\tau_0)$. 这样可得到 (3.20).

　　为证明 (3.21), 定义 $U_T(\tau_0, C) = \{\tau : |T(\tau - \tau_0)| < C\}$, 其中 $C > 0$. 与 (3.20) 的证明类似可得: 存在 $C > 0$, 满足对任意的 $M > C$ 及任意的 $\eta > 0$, 当 $\tau T = \tau_0 T + M$ 或 $\tau T = \tau_0 T - M$ 时,

$$P\{\Lambda_T(\tau) - \Lambda_T(\tau_0) > 0\} < \eta.$$

这样 (3.21) 得以证明.　　　　　　　　　　　　　　　　　　　　　□

3.3　持久性多变点的检验和估计算法

　　本节研究时间序列 $Y_1, \cdots, Y_T$ 的方差无穷时持久性多变点的检验及估计问题. 考虑到实际数据不仅可能存在非零均值, 还可能带有时间趋势, 为此假定时间序列

$$Y_t = \mu_t + \varepsilon_t,$$

其中 $\mu_t = E(Y_t) = \theta'\gamma_t$ 是确定项, ε_t 是随机项, 且其新息过程 $\{e_t\}$ 满足假设 3.1. 当 $\gamma_t = 0$ 时 $\{Y_t\}$ 是零均值过程, 当 $\gamma_t = 1$ 时 $\{Y_t\}$ 含有非零均值, 而当 $\gamma_t = (1, t)'$

时 $\{Y_t\}$ 带有时间趋势项, 参数 θ 是 γ_t 的未知系数. 读者根据实际需要亦可考虑更复杂的确定项结构, 本节仅考虑这三种最常见的情况. 当 $\gamma_t = (1,t)'$ 时, 不论随机项 $\{\varepsilon_t\}$ 是 $I(0)$ 过程还是 $I(1)$ 过程, $\{Y_t\}$ 均是非平稳过程. 为了与 Y_t 只含均值项时所描述的平稳性和非平稳性问题一致, 当 $\varepsilon_t \sim I(0)$ 时本书仍记 $Y_t \sim I(0)$, 当 $\varepsilon_t \sim I(1)$ 时仍记 $Y_t \sim I(1)$. 此时可分别称 $\{Y_t\}$ 为去趋势平稳过程和去趋势单位根过程. 持久性多变点检验问题的原假设为

$$H_0: \ Y_t \sim I(0), \quad t = 1, \cdots, T,$$

备择假设为

$$H_1: \ \text{序列} \ \{Y_t\} \ \text{中至少存在一个持久性变点}.$$

3.3.1 滑动比检验

为保证持久性多变点的可分性, 假定相邻两个持久性变点之间至少存在 $[Th]$, $h \in (0,1/2)$ 个样本, 记 $\hat{\varepsilon}_{1,t}$ 是 Y_t 关于 $\gamma_t, t = [T\tau]+1, \cdots, [T\tau]+[Th]$ 做回归得到的最小二乘估计残量, $\hat{\varepsilon}_{0,t}$ 是 Y_t 关于 $\gamma_t, t = [T\tau]-[Th]+1, \cdots, [T\tau]$ 做回归得到的最小二乘估计残量. 当 $\gamma_t = 0$ 时令 $\hat{\varepsilon}_t = Y_t$. 采用如下修正的滑动比统计量检验上述假设检验问题.

$$R_{Th}(\tau) = \frac{\hat{\sigma}_0^2(\tau) \sum_{t=[T\tau]+1}^{[T\tau]+[Th]} \left(\sum_{i=[T\tau]+1}^{t} \hat{\varepsilon}_{1,i}\right)^2}{\hat{\sigma}_1^2(\tau) \sum_{t=[T\tau]-[Th]+1}^{[T\tau]} \left(\sum_{i=[T\tau]-[Th]+1}^{t} \hat{\varepsilon}_{0,i}\right)^2}, \quad h < \tau \leqslant 1-h, \quad (3.27)$$

其中

$$\hat{\sigma}_0^2(\tau) = \frac{1}{[Th]} \sum_{t=[T\tau]-[Th]+1}^{[T\tau]} \hat{\varepsilon}_{0,t}^2, \quad \hat{\sigma}_1^2(\tau) = \frac{1}{[Th]} \sum_{t=[T\tau]+1}^{[T\tau]+[Th]} \hat{\varepsilon}_{1,t}^2.$$

注 3.8 称 $\hat{\sigma}_0^2(\tau)/\hat{\sigma}_1^2(\tau)$ 为修正因子, 其目的是防止未修正的滑动比检验统计量在检验序列相关性较强时出现严重水平失真的问题.

定理 3.9 若假设 3.1 成立, 则在原假设 H_0 下有

$$R_{Th}(\tau) \Rightarrow \frac{\left(\tilde{U}(\tau) - \tilde{U}(\tau-h)\right) \int_\tau^{\tau+h} (V_{j,1}(r))^2 \, dr}{\left(\tilde{U}(\tau+h) - \tilde{U}(\tau)\right) \int_{\tau-h}^{\tau} (V_{j,0}(r))^2 \, dr} \equiv R_\infty(\tau), \quad (3.28)$$

其中 $j = 1, 2$ 和 3 分别代表 $\gamma_t = 0, \gamma_t = 1$ 和 $\gamma_t = (1, t)'$,

$$V_{1,1}(r) = U(r) - U(\tau); \quad V_{1,0} = U(r) - U(\tau - h),$$

$$V_{2,1}(r) = U(r) - U(\tau) - (r - \tau)h^{-1}(U(\tau + h) - U(\tau)),$$

$$V_{2,0}(r) = U(r) - U(\tau - h) - (r - \tau + h)h^{-1}(U(\tau) - U(\tau - h)),$$

$$V_{3,1}(r) = (U(r) - U(\tau)) - K_1^{-1}(r - \tau)\{4((\tau + h)^3 - \tau^3) - 6h(2\tau + h)$$
$$+ 3h(2 - 2\tau - h)(\tau + r)\}(U(\tau + h) - U(\tau))$$
$$+ 6K_1^{-1}h(r - \tau)(r - \tau - h)\int_\tau^{\tau + h} U(s)ds,$$

$$V_{3,0}(r) = (U(r) - U(\tau)) - K_2^{-1}(r - \tau + h)\{4(\tau^3 - (\tau - h)^3) - 6h(2\tau - h)$$
$$+ 3h(2 - 2\tau + h)(r + \tau - h)\}(U(\tau) - U(\tau - h))$$
$$+ 6K_2^{-1}h(r - \tau)(r - \tau + h)\int_{\tau - h}^\tau U(s)ds,$$

$$K_1 = 4h^2(3\tau^2 + 3\tau h + h^2) - 3h^2(2\tau + h)^2,$$

$$K_2 = 4h^2(3\tau^2 - 3\tau h + h^2) - 3h^2(2\tau - h)^2.$$

证明: 令 $t = [Tr]$, 若 $\gamma_t = 0$, 则

$$a_T^{-1}\sum_{i=[T\tau]+1}^{[Tr]}\hat{\varepsilon}_{1,i} = a_T^{-1}\sum_{i=[T\tau]+1}^{[Tr]} e_i \Rightarrow U(r) - U(\tau) \equiv V_{1,1}(r), \quad (3.29)$$

$$a_T^{-1}\sum_{i=[T\tau]-[Th]+1}^{[Tr]}\hat{\varepsilon}_{0,i} = a_T^{-1}\sum_{i=[T\tau]-[Th]+1}^{[Tr]} e_i$$
$$\Rightarrow U(r) - U(\tau - h) \equiv V_{1,0}(r), \quad (3.30)$$

$$a_T^{-2}[Th]\hat{\sigma}_0^2 = a_T^{-2}\sum_{i=[T\tau]-[Th]+1}^{[T\tau]} e_i^2 \Rightarrow \tilde{U}(\tau) - \tilde{U}(\tau - h), \quad (3.31)$$

$$a_T^{-2}[Th]\hat{\sigma}_1^2 = a_T^{-2}\sum_{i=[T\tau]+1}^{[T\tau]+[Th]} e_i^2 \Rightarrow \tilde{U}(\tau + h) - \tilde{U}(\tau). \quad (3.32)$$

若 $\gamma_t = 1$,

$$a_T^{-1}\sum_{i=[T\tau]+1}^{[Tr]}\hat{\varepsilon}_{1,i} = a_T^{-1}\left(\sum_{i=[T\tau]+1}^{[Tr]} e_i - [Th]^{-1}\sum_{i=[T\tau]+1}^{[Tr]}\sum_{j=[T\tau]+1}^{[T\tau]+[Th]} e_j\right)$$
$$\Rightarrow U(r) - U(\tau) - (r - \tau)h^{-1}(U(\tau + h) - U(\tau))$$

$$\equiv V_{2,1}(r), \tag{3.33}$$

$$a_T^{-1} \sum_{i=[T\tau]-[Th]+1}^{[Tr]} \hat{\varepsilon}_{0,i} = a_T^{-1} \left(\sum_{i=[T\tau]-[Th]+1}^{[Tr]} e_i - [Th]^{-1} \sum_{i=[T\tau]-[Th]+1}^{[Tr]} \sum_{j=[T\tau]-[Th]+1}^{[T\tau]} e_j \right)$$

$$\Rightarrow U(r) - U(\tau - h) - (r - \tau + h)h^{-1}(U(\tau) - U(\tau - h))$$

$$\equiv V_{2,0}(r), \tag{3.34}$$

$$a_T^{-2}[Th]\hat{\gamma}_0^2 = a_T^{-2} \sum_{i=[T\tau]-[Th]+1}^{[T\tau]} e_i^2 - \frac{1}{[Th]} a_T^{-2} \left(\sum_{j=[T\tau]-[Th]+1}^{[T\tau]} e_j \right)^2$$

$$\Rightarrow \tilde{U}(\tau) - \tilde{U}(\tau - h), \tag{3.35}$$

$$a_T^{-2}[Th]\hat{\gamma}_1^2 = a_T^{-2} \sum_{i=[T\tau]+1}^{[T\tau]+[Th]} e_i^2 - \frac{1}{[Th]} a_T^{-2} \left(\sum_{j=[T\tau]+1}^{[T\tau]+[Th]} e_j \right)^2$$

$$\Rightarrow \tilde{U}(\tau + h) - \tilde{U}(\tau), \tag{3.36}$$

若 $\gamma_t = (1, t)'$, 令 $\theta = (\beta_0, \beta_1)'$, 则根据最小二乘估计的定义有

$$\begin{pmatrix} \hat{\beta}_0 - \beta \\ \hat{\beta}_1 - \beta_1 \end{pmatrix} = \begin{pmatrix} \sum 1 & \sum t \\ \sum t & \sum t^2 \end{pmatrix}^{-1} \begin{pmatrix} \sum \varepsilon_t \\ \sum t\varepsilon_t \end{pmatrix}$$

$$= \begin{vmatrix} \sum 1 & \sum t \\ \sum t & \sum t^2 \end{vmatrix}^{-1} \begin{pmatrix} \left(\sum t^2\right)\left(\sum \varepsilon_t\right) - \left(\sum t\right)\left(\sum t\varepsilon_t\right) \\ -\left(\sum t\right)\left(\sum \varepsilon_t\right) + \left(\sum 1\right)\left(\sum t\varepsilon_t\right) \end{pmatrix}.$$

若用样本 $Y_{[T\tau]-[Th]+1}, \cdots, Y_{[T\tau]}$ 估计参数 θ 时, 上式中 $\displaystyle\sum = \sum_{t=[T\tau]-[Th]+1}^{[T\tau]}$, 而若

用样本 $Y_{[T\tau]+1}, \cdots, Y_{[T\tau]+[Th]}$ 估计参数 θ 时, 上式中 $\displaystyle\sum = \sum_{t=[T\tau]+1}^{[T\tau]+[Th]}$, 从而

$$a_T^{-1} \sum_{i=[T\tau]+1}^{[Tr]} \hat{\varepsilon}_{1,i} = a_T^{-1} \sum_{i=[T\tau]+1}^{[Tr]} \left(e_i - (\hat{\beta}_0 - \beta_0) - (\hat{\beta}_1 - \beta_1)i \right)$$

$$\Rightarrow U(r) - U(\tau) - K_1^{-1}(r - \tau)\{4((\tau + h)^3 - \tau^3) - 6h(2\tau + h)$$

$$+ 3h(2 - 2\tau - h)(\tau + r)\}(U(\tau + h) - U(\tau))$$

$$+ 6K_1^{-1}h(r - \tau)(r - \tau - h) \int_\tau^{\tau+h} U(s)ds$$

$$\equiv V_{3,1}(r), \tag{3.37}$$

$$a_T^{-1} \sum_{i=[T\tau]-[Th]+1}^{[Tr]} \hat{\varepsilon}_{0,i} \Rightarrow U(r) - U(\tau) - K_2^{-1}(r-\tau+h)\{4(\tau^3-(\tau-h)^3)$$

$$-6h(2\tau-h)+3h(2-2\tau+h)(r+\tau-h)\}(U(\tau)$$

$$-U(\tau-h))+6K_2^{-1}h(r-\tau)(r-\tau+h)\int_{\tau-h}^{\tau}U(s)ds$$

$$\equiv V_{3,0}(r), \tag{3.38}$$

其中

$$K_1 = 4h^2(3\tau^2+3\tau h+h^2)-2h^2(2\tau+h)^2, \tag{3.39}$$

$$K_2 = 4h^2(3\tau^2-3\tau h+h^2)-2h^2(2\tau-h)^2. \tag{3.40}$$

由上述证明可见 $\hat{\beta}_0 - \beta_0 = O_p(a_T T^{-1})$, $\hat{\beta}_1 - \beta_1 = O_p(a_T T^{-2})$. 因此

$$a_T^{-2}[Th]\hat{\sigma}_0^2 = a_T^{-2} \sum_{i=[T\tau]-[Th]+1}^{[T\tau]} e_i^2 + O_p(T^{-1}) \Rightarrow \tilde{U}(\tau)-\tilde{U}(\tau-h). \tag{3.41}$$

$$a_T^{-2}[Th]\hat{\sigma}_1^2 = a_T^{-2} \sum_{i=[T\tau]+1}^{[T\tau]+[Th]} e_i^2 + O_p(T^{-1}) \Rightarrow \tilde{U}(\tau+h)-\tilde{U}(\tau). \tag{3.42}$$

联合 (3.29)—(3.42), 由连续映照定理和函数的连续性即可得定理 3.9 的证明. □

定理 3.9 表明, 对给定的检验水平 α 和区间 $\Omega = [h, 1-h]$, 在原假设 H_0 下, 可以找到两个临界值 $c_1 = c_1(\alpha)$ 和 $c_2 = c_2(\alpha)$ 使得

$$P\{\min_{\tau\in\Omega} R_{Th}(\tau) < c_1\} = P\{\max_{\tau\in\Omega} R_{Th}(\tau) > c_2\} = \alpha.$$

下述定理证明了上述检验方法的一致性.

定理 3.10　在备择假设 H_1 下, 当序列 $\{Y_t\}$ 存在从 $I(1)$ 向 $I(0)$ 变化的持久性变点时有

$$P\{\lim_{T\to\infty} \min_{\tau\in\Omega} R_{Th}(\tau) < c_1\} = 1;$$

当存在从 $I(0)$ 向 $I(1)$ 变化的持久性变点时有

$$P\{\lim_{T\to\infty} \max_{\tau\in\Omega} R_{Th}(\tau) > c_2\} = 1.$$

证明: 由于在两个持久性变点之间至少存在 $[Th]$ 个样本, 因此对任意一个持久性变点 τ_0, 在区间 $\Omega = (\tau_0 - 2h, \tau_0 + 2h) \cap [0, 1]$ 不会存在和变点 τ_0 同方向的持久性变点. 因此, 对从 $I(0)$ 向 $I(1)$ 变化的持久性变点 τ_0, 只需在区间 $\Omega = (\tau_0 - 2h, \tau_0 + 2h) \cap [0, 1]$ 上证明

$$P\{\lim_{T \to \infty} \max_{\tau \in \Omega} \Xi_{Th}(\tau) > c_2\} = 1;$$

而若 τ_0 是从 $I(1)$ 向 $I(0)$ 变化的持久性变点时, 只需证明

$$P\{\lim_{T \to \infty} \min_{\tau \in \Omega} \Xi_{Th}(\tau) < c_1\} = 1.$$

若序列 $\{Y_t\}$ 在 τ_0 处产生从 $I(1)$ 向 $I(0)$ 变化的持久性变点, 则由引理 2.2, 当 $\tau - h < \tau_0 \leqslant \tau$ 时有

$$\sum_{i=[T\tau]+1}^{t} \hat{\varepsilon}_{1,i} = O_p(a_T), \quad \hat{\sigma}_0^2(\tau) = O_p(a_T^2),$$

$$\sum_{i=[T\tau]-[Th]+1}^{t} \hat{\varepsilon}_{0,i} = O_p(Ta_T), \quad \hat{\sigma}_1^2(\tau) = O_p(T^{-1}a_T^2).$$

从而由连续映照定理可知统计量 $R_{Th}(\tau)$ 的分子为

$$\hat{\sigma}_0^2(\tau) \sum_{t=[T\tau]+1}^{[T\tau]+[Th]} \left(\sum_{i=[T\tau]+1}^{t} \hat{\varepsilon}_{1,i} \right)^2 = O_p(Ta_T^4),$$

而分母为

$$\hat{\sigma}_1^2(\tau) \sum_{t=[T\tau]-[Th]+1}^{[T\tau]} \left(\sum_{i=[T\tau]-[Th]+1}^{t} \hat{\varepsilon}_{0,i} \right)^2 = O_p(T^2a_T^4).$$

因此

$$R_{Th}(\tau) = O_p(T^{-1}). \tag{3.43}$$

同理, 若序列 $\{Y_t\}$ 在 τ_0 处产生从 $I(0)$ 向 $I(1)$ 变化的持久性变点, 则当 $\tau \leqslant \tau_0 < \tau + h$ 时有

$$\sum_{i=[T\tau_0]+1}^{t} \hat{\varepsilon}_{1,i} = O_p(Ta_T), \quad \hat{\sigma}_0^2(\tau) = O_p(T^{-1}a_T^2),$$

$$\sum_{i=[T\tau]-[Th]+1}^{t} \hat{\varepsilon}_{0,i} = O_p(a_T), \quad \hat{\sigma}_1^2(\tau) = O_p(a_T^2).$$

从而由连续映照定理可知统计量 $R_{Th}(\tau)$ 的分子为

$$\hat{\sigma}_0^2(\tau) \sum_{t=[T\tau]+1}^{[T\tau]+[Th]} \left(\sum_{i=[T\tau]+1}^{t} \hat{\varepsilon}_{1,i} \right)^2 = O_p(T^2 a_T^4),$$

而分母为

$$\hat{\sigma}_1^2(\tau) \sum_{t=[T\tau]-[Th]+1}^{[T\tau]} \left(\sum_{i=[T\tau]-[Th]+1}^{t} \hat{\varepsilon}_{0,i} \right)^2 = O_p(T a_T^4).$$

因此

$$R_{Th}(\tau) = O_p(T). \tag{3.44}$$

联合 (3.43) 和 (3.44), 即得 $\gamma_t = 1$ 时统计量 $R_{Th}(\tau)$ 一致性的证明, 关于 $\gamma_t = 0$ 和 $\gamma_t = (1,t)'$ 的情况, 经同样步骤可以证明, 此处略. 定理 3.10 证毕. □

3.3.2 检验和估计算法

本节给出一种进行持久性多变点估计和检验的算法, 根据滑动比率检验方法, 显然可用

$$\tilde{\tau} = \arg\max_{\tau} \Lambda_h(\tau)$$

作为从 $I(0)$ 到 $I(1)$ 持久性变点的估计, 可用

$$\tilde{\lambda} = \arg\min_{\tau} \Lambda_h(\tau),$$

作为从 $I(1)$ 到 $I(0)$ 持久性变点的估计, 其中

$$\Lambda_h(\tau) = \frac{[Th]^{-1} \sum_{t=[T\tau]+1}^{[T\tau]+[Th]} |\hat{\varepsilon}_{1,t}|}{\sum_{t=[T\tau]-[Th]+1}^{[T\tau]} |\hat{\varepsilon}_{0,t}|}.$$

但根据模拟试验发现, 上述估计方法的估计精度不高. 为提高估计的精度, 令 $\tilde{\tau}$ 和 $\tilde{\lambda}$ 为真实变点的粗估计. 用估计量

$$\hat{\tau} = \arg\max_{\tau \in D(\tilde{\tau})} \hat{\Lambda}_{\tilde{\tau}}(\tau) \tag{3.45}$$

替换粗估计 $\tilde{\tau}$. 这里

$$\hat{\Lambda}_{\tilde{\tau}}(\tau) = \frac{\displaystyle\sum_{t=[T\tau]+1}^{[T\tilde{\tau}]+[Th]} |\hat{\varepsilon}_{1,t}|/[T(\tilde{\tau}+h-\tau)]^2}{\displaystyle\sum_{t=[T\tilde{\tau}]-[Th]+1}^{[T\tau]} |\hat{\varepsilon}_{0,t}|/[T(\tau-\tilde{\tau}+h)]},$$

而

$$D(\tilde{\tau}) = [\tilde{\tau}-h+2h\delta, \tilde{\tau}+h-2h\delta]$$

是一个关于某个常数 $\delta > 0$ 的闭区间. 由此可以得到一个关于真实变点的更精确估计. 同理, 可用估计量

$$\hat{\lambda} = \arg\min_{\tau \in D(\tilde{\lambda})} \hat{\Lambda}_{\tilde{\lambda}}(\tau) \tag{3.46}$$

替换粗估计 $\tilde{\lambda}$.

注 3.11 上述两步估计的基本思想是首先用粗估计方法确定一个只包含一个变点的子区间, 然后在子区间上用 Kim (2000) 所用的单个持久性变点的估计方法重新估计变点.

综上, 可用下述步骤估计和检验持久性多变点.

步骤 1 (1) 令 $A_1 = [h, 1-h]$, 若 $\max\limits_{\tau \in A_1}\{R_{Th}(\tau)\} > c_2$, 则记 $\tilde{\tau}_1 = \arg\max\limits_{\tau \in A_1} \Lambda_h(\tau)$, $\hat{\tau}_1 = \arg\max\limits_{\tau \in D(\tilde{\tau}_1)} \hat{\Lambda}_{\tilde{\tau}_1}(\tau)$, 否则令 $\hat{\tau}_1 = 0$.

(2) 令 $B_1 = A_1 - (\hat{\tau}_1 - h, \hat{\tau}_1 + h)$, 若 $\min\limits_{\tau \in B_1}\{R_{Th}(\tau)\} < c_1$, 则记 $\tilde{\lambda}_1 = \arg\min\limits_{\tau \in B_1} \Lambda_h(\tau)$, $\hat{\lambda}_1 = \arg\min\limits_{\tau \in D(\tilde{\lambda}_1)} \hat{\Lambda}_{\tilde{\lambda}_1}(\tau)$, 否则令 $\hat{\lambda}_1 = 0$.

(3) 若 $\hat{\tau}_1 = 0$ 或 $\hat{\lambda}_1 = 0$, 则跳到步骤 4.

步骤 2 (1) 令 $A_2 = B_1 - (\hat{\lambda}_1 - h, \hat{\lambda}_1 + h)$, 若 $\max\limits_{\tau \in A_2}\{R_{Th}(\tau)\} > c_2$, 则记 $\tilde{\tau}_2 = \arg\max\limits_{\tau \in A_2} \Lambda_h(\tau)$, $\hat{\tau}_2 = \arg\max\limits_{\tau \in D(\tilde{\tau}_2)} \hat{\Lambda}_{\tilde{\tau}_2}(\tau)$, 否则令 $\hat{\tau}_2 = 0$.

(2) 令 $B_2 = A_2 - (\hat{\tau}_2 - h, \hat{\tau}_2 + h)$, 若 $\min\limits_{\tau \in B_2}\{R_{Th}(\tau)\} < c_1$, 则记 $\tilde{\lambda}_2 = \arg\min\limits_{\tau \in B_2} \Lambda_h(\tau)$, $\hat{\lambda}_2 = \arg\min\limits_{\tau \in D(\tilde{\lambda}_2)} \hat{\Lambda}_{\tilde{\lambda}_2}(\tau)$, 否则令 $\hat{\lambda}_2 = 0$.

(3) 若 $\hat{\tau}_2 = 0$ 或 $\hat{\lambda}_2 = 0$, 则跳到步骤 4.

步骤 3 采用和步骤 2 相同的方法在剩余的区间上继续进行变点检验, 直到不能再发现变点时停止.

步骤 4 令 $H = \{\hat{\tau}_i > 0, \ i = 1, 2, \cdots\}$, $G = \{\hat{\lambda}_i > 0, \ i = 1, 2, \cdots\}$, 并得出结论: 集合 H 中的每一个元素是一个从 $I(0)$ 向 $I(1)$ 变化的持久性变点; 集

合 G 中的每一个元素是一个从 $I(1)$ 向 $I(0)$ 变化的持久性变点.

显然, 上述计算步骤经过有限步后会停止. 由于假定在相邻两个持久性变点之间至少存在 $[Th]$ 个样本, 且若用 $\#H$ 表示集合 H 中的元素个数, 则 $|\#H - \#G| \leqslant 1$, 因此可以用上述检验和估计算法找到所有的变点, 且能够确定持久性变点的变化方向. 在上述计算步骤中用到的临界值 c_1 和 c_2 可用下一节所给的 Bootstrap 方法确定.

3.4　持久性变点的 Bootstrap 检验

本章给出的持久性单变点及多变点检验统计量的极限分布都依赖于厚尾指数 κ, 为得到检验统计量的临界值并避免估计 κ, 本节分别给出 $I(0)$ 原假设和 $I(1)$ 原假设下持久性单变点 Bootstrap 检验方法, 对于多变点的情况读者可以类似构造.

3.4.1　$I(0)$ 原假设下的 Bootstrap 检验

步骤 1　基于样本 $Y_1, \cdots, Y_T$ 首先计算残量 $\hat{\varepsilon}_t = Y_t - \hat{r}_0, t = 1, \cdots, T$, 其中 $\hat{r}_0 = \dfrac{1}{T}\sum\limits_{t=1}^{T} Y_t$ 是样本均值.

步骤 2　对正整数 $m \leqslant T$, 从残量 $\hat{\varepsilon}_t, t = 1, \cdots, T$ 中抽取 Bootstrap 样本: $\widetilde{\varepsilon}_t, t = 1, \cdots, m$.

步骤 3　构造 Bootstrap 过程:

$$\widetilde{y}_t = \hat{r}_0 + \widetilde{\varepsilon}_t, \quad t = 1, \cdots, m.$$

并计算 Bootstrap 比率检验统计量:

$$\widetilde{\Xi}_m^{-1}(\tau) = \frac{[m(1-\tau)]^{-2} \sum\limits_{t=[m\tau]+1}^{m} \left(\sum\limits_{i=[m\tau]+1}^{t} \widetilde{\varepsilon}_{1,i} \right)^2}{[m\tau]^{-2} \sum\limits_{t=1}^{[m\tau]} \left(\sum\limits_{i=1}^{t} \widetilde{\varepsilon}_{0,i} \right)^2},$$

其中 $\widetilde{\varepsilon}_{0,i}, i = 1, \cdots, [m\tau]$ 是样本 $\widetilde{y}_t, t = 1, \cdots, [m\tau]$ 对一个常数回归的最小二乘估计的残量; 而 $\widetilde{\varepsilon}_{1,i}, i = [m\tau]+1, \cdots, m$ 是样本 $\widetilde{y}_t, t = [m\tau]+1, \cdots, m$ 对一个常数回归的最小二乘估计的残量.

步骤 4　对步骤 2 和步骤 3 重复 B 次, 可得到 $\widetilde{\Xi}_m^{-1}(\tau)$ 的经验分布及经验分位数, 若 $\Xi_T^{-1}(\tau)$ 大于 $\widetilde{\Xi}_m^{-1}(\tau)$ 的 $1-\alpha$ 经验分位数, 则拒绝原假设 H_0, 否则不拒绝 H_0.

为得到 Bootstrap 比率检验统计量 $\widetilde{\Xi}_m^{-1}(\tau)$ 的分布函数的依概率收敛性, 采用 Athreya(1987) 在研究具有无穷方差的时间序列的均值估计时关于 Bootstrap 样本容量 $m = m(T)$ 的假设条件.

假设 3.3 当 $T \longrightarrow \infty$ 时, $m \longrightarrow \infty$ 且 $m/T \longrightarrow 0$.

为证明的需要, 记 $\mathcal{E} = \sigma(\hat{\varepsilon}_t, 1 \leqslant t \leqslant T)$ 表示 $\hat{\varepsilon}_t$ 张成的 σ 域, $P_{\mathcal{E}}$ 为关于 $\mathcal{E}$ 的条件概率. 由于在原假设 H_0 成立时, $\hat{\varepsilon}_t = Y_t - \dfrac{1}{T}\sum_{t=1}^{T} Y_t$, 所以当从 $\hat{\varepsilon}_1, \cdots, \hat{\varepsilon}_T$ 中抽取 Bootstrap 样本 $\widetilde{\varepsilon}_t$ 时, 就需要相应地抽取一个不可观测的随机变量, 记为 $\underline{\varepsilon}_t$.

定理 3.12 若假设 3.1 和假设 3.3 成立, 则在 $I(0)$ 原假设下, 对每一个实数 x, 有

$$P_{\mathcal{E}}(\widetilde{\Xi}_m^{-1}(\tau) \leqslant x) \xrightarrow{p} P(\Xi_\infty^{-1}(\tau) \leqslant x) \tag{3.47}$$

和

$$P_{\mathcal{E}}(H(\widetilde{\Xi}_m^{-1}(\tau)) \leqslant x) \xrightarrow{p} P(H(\Xi_\infty^{-1}(\tau)) \leqslant x). \tag{3.48}$$

为证明定理 3.12, 首先给出如下引理.

引理 3.13 令

$$U_m(\tau) = a_m^{-1} \sum_{i=1}^{[m\tau]} \underline{\varepsilon}_i, \quad 0 \leqslant \tau \leqslant 1,$$

则在 $I(0)$ 原假设及 $\mathcal{E}$ 下, 有

$$U_m \Rightarrow U. \tag{3.49}$$

证明: 为证明 (3.49), 需证明对任意的正整数 $1 \leqslant k < \infty$,

$$(U_m(\tau_1), U_m(\tau_2), \cdots, U_m(\tau_k)) \Rightarrow (U(\tau_1), U(\tau_2), \cdots, U(\tau_k)),$$

而且 U_m 是一致胎紧的.

当 $k = 1$ 时, 首先证明

$$P_{\mathcal{E}}\left(a_m^{-1} \sum_{i=1}^{[m\tau]} \underline{\varepsilon}_i \leqslant x\right) \xrightarrow{p} P(U(\tau) \leqslant x). \tag{3.50}$$

注意到在条件 $\mathcal{E}$ 下, $\underline{\varepsilon}_1, \cdots, \underline{\varepsilon}_m$ 是独立同分布的随机变量序列, 分布函数为

$$F_T(x) = \frac{1}{T} \sum_{i=1}^{T} I_{\{\varepsilon_i \leqslant x\}}.$$

由 Resnick (1986) 命题 3.4, 为证明 (3.50), 只需证明对任意 $x > 0$, 有

$$m(1 - F_T(xa_m)) \xrightarrow{p} \frac{1}{2} x^{-\kappa} \tag{3.51}$$

和

$$m(F_T(-xa_m)) \xrightarrow{p} \frac{1}{2} x^{-\kappa} \tag{3.52}$$

成立. 由于 ε_1 属于 κ 稳定分布的吸收域, 所以它的分布函数 F 满足

$$m(1 - F(xa_m)) \longrightarrow \frac{1}{2} x^{-\kappa} \tag{3.53}$$

和

$$m(F(-xa_m)) \longrightarrow \frac{1}{2} x^{-\kappa}. \tag{3.54}$$

另一方面

$$EF_T(x) = \frac{1}{T} \sum_{i=1}^{T} EI_{\{\varepsilon_i \leqslant x\}} = F(x), \tag{3.55}$$

并且由 (3.53) 和假设 3.3 可得, 存在常数 C 满足

$$\text{Var}\{m(1 - F_T(xa_m))\} \leqslant Cm^2 T^{-1}(1 - F(xa_m)) \longrightarrow 0. \tag{3.56}$$

联合 (3.53), (3.55) 和 (3.56), 可得 (3.51). (3.52) 类似可得. 因此 (3.50) 成立.

注意到 $P(U(\tau) \leqslant x)$ 是连续的, 所以由 (3.50) 可得

$$U_m(\tau) \Rightarrow U(\tau).$$

当 $k = 2$ 时, 令 $\tau_1 < \tau_2$, 由于 $U_m(\tau_1)$ 和 $U_m(\tau_2) - U_m(\tau_1)$ 是独立的, 所以有

$$(U_m(\tau_1), U_m(\tau_2) - U_m(\tau_1)) \Rightarrow (U(\tau_1), U(\tau_2) - U(\tau_1)),$$

这样

$$(U_m(\tau_1), U_m(\tau_2)) \Rightarrow (U(\tau_1), U(\tau_2)).$$

类似地, 当 $2 < k < \infty$ 时,

$$(U_m(\tau_1), U_m(\tau_2), \cdots, U_m(\tau_k)) \Rightarrow (U(\tau_1), U(\tau_2), \cdots, U(\tau_k)).$$

现证明 $U_m(\tau)$ 是一致胎紧的. 由林正炎等 (2001) 第 4 章定理 7.5 可知, 为证明一致胎紧性, 只需证明

$$\lim_{h \to 0} \limsup_{T \to \infty} P_{\mathcal{E}} \left\{ \sup_{|s-\tau| \leqslant h} |U_m(s) - U_m(\tau)| \geqslant \delta \right\} = 0. \tag{3.57}$$

由切比雪夫不等式, 可得

$$\xi_T = P_{\mathcal{E}}\left\{ a_m^{-1}\left| \sum_{i=[mlh]+1}^{[m(l+1)h]} \varepsilon_i \right| \geqslant \frac{\delta}{8} \right\} \leqslant \frac{[mh]}{\delta^2 a_m^2}\mathrm{Var}_{\mathcal{E}}(\underline{\varepsilon}_1) = \frac{a_T^2[mh]}{\delta^2 a_m^2 a_T^2}\frac{1}{T}\sum_{i=1}^{T}\varepsilon_i^2.$$

利用文献 Bingham 等 (1987) 的定理 1.5.6, 对任意的 $\eta > 0$, 存在 $x_0 = x_0(\eta)$ 满足 $m > x_0$, $L(T)/L(m) \leqslant 2(T/m)^\eta$. 再由假设 3.3,

$$\xi_T \leqslant \left(\frac{m}{T}\right)^{1-2/\kappa}\frac{L(T)}{L(m)}a_T^{-2}\sum_{i=1}^{T}\varepsilon_i^2 = O_p(1)h\left(\frac{m}{T}\right)^{1-2/\kappa-2\eta} \longrightarrow 0.$$

利用 Ottaviani 不等式,

$$\limsup_{T\to\infty} P_{\mathcal{E}}\left\{ \sup_{|s-\tau|\leqslant h}|U_m(s) - U_m(\tau)| \geqslant \delta \right\}$$

$$\leqslant \sum_{l<1/h}\limsup_{T\to\infty}P_{\mathcal{E}}\left\{ \sup_{lh<\tau\leqslant(l+1)h} a_m^{-1}\left|\sum_{i=[mlh]+1}^{[m\tau]}\varepsilon_i\right| \geqslant \frac{\delta}{4} \right\}$$

$$\leqslant \sum_{l<1/h}\limsup_{T\to\infty}P_{\mathcal{E}}\left\{ a_m^{-1}\left|\sum_{i=[mlh]+1}^{[m(l+1)h]}\varepsilon_i\right| \geqslant \frac{\delta}{8} \right\}\left(1 - O_p(1)h\left(\frac{m}{T}\right)^{1-2/\kappa-2\eta}\right)^{-1}$$

$$\leqslant \lim_{T\to\infty}O_p(1)\left(\frac{m}{T}\right)^{1-2/\kappa-2\eta}\left(1 - O_p(1)h\left(\frac{m}{T}\right)^{1-2/\kappa-2\eta}\right)^{-1} = 0.$$

因此 (3.57) 成立. 引理证毕. □

定理 3.12 的证明 由于 $\widetilde{\Xi}_m^{-1}(\tau)$ 可写为

$$\widetilde{\Xi}_m^{-1}(\tau) = \frac{(1-\tau)[m(1-\tau)]^{-1}\sum_{t=[m\tau]+1}^{m}\left(a_m^{-1}\sum_{i=[m\tau]+1}^{t}\widetilde{\varepsilon}_{1,i}\right)^2}{\tau[m\tau]^{-1}\sum_{t=1}^{[m\tau]}\left(a_m^{-1}\sum_{i=1}^{t}\widetilde{\varepsilon}_{0,i}\right)^2}.$$

由对称性, 只证明 $\widetilde{\Xi}_m^{-1}(\tau)$ 的分母, 其分子可类似证得. 由于 $\widetilde{\varepsilon}_t = \varepsilon_t - \frac{1}{T}\sum_{t=1}^{T}\varepsilon_t$, 因此, 当 $i = 1,\cdots,[m\tau]$ 时,

$$\widetilde{\varepsilon}_{0,i} = \widetilde{y}_i - \frac{1}{[m\tau]}\sum_{i=1}^{[m\tau]}\widetilde{y}_i = \widetilde{\varepsilon}_i - \frac{1}{[m\tau]}\sum_{i=1}^{[m\tau]}\widetilde{\varepsilon}_i = \varepsilon_i - \frac{1}{[m\tau]}\sum_{i=1}^{[m\tau]}\varepsilon_i.$$

由于对任意的 $t = [mr] < [m\tau]$, 有

$$\frac{1}{a_m} \sum_{i=1}^{[mr]} \widetilde{\varepsilon}_{0,i} = \frac{1}{a_m} \sum_{i=1}^{[mr]} \underline{\varepsilon}_i - \frac{[mr]}{a_m [m\tau]} \sum_{i=1}^{[m\tau]} \underline{\varepsilon}_i, \tag{3.58}$$

由引理 3.13 及连续映照定理

$$[\tau m]^{-1} \sum_{t=1}^{[m\tau]} \left(a_m^{-1} \sum_{i=1}^{t} \widetilde{\varepsilon}_{0,i} \right)^2 \Rightarrow \tau^{-1} \int_0^\tau V(r)^2 dr.$$

这样 (3.47) 得证. 应用连续映照定理可得 (3.48) 成立.　　　　　　　□

定理 3.14　若假设 3.1 和假设 3.3 成立, 则在 3.1.2 节备择假设 H_1 下, $\widetilde{\Xi}_m^{-1}(\tau) = O_P(1)$ 及 $H(\widetilde{\Xi}_m^{-1}(\tau)) = O_p(1)$.

证明: 注意到在备择假设 H_1 下,

$$\hat{\varepsilon}_t = \begin{cases} \varepsilon_{0,t} - \dfrac{1}{T} \sum_{t=1}^{[T\tau_0]} \varepsilon_{0,t} - \dfrac{1}{T} \sum_{t=[T\tau_0]+1}^{T} \varepsilon_{1,t}, & t \leqslant [T\tau_0], \\ \varepsilon_{1,t} - \dfrac{1}{T} \sum_{t=1}^{[T\tau_0]} \varepsilon_{0,t} - \dfrac{1}{T} \sum_{t=[T\tau_0]+1}^{T} \varepsilon_{1,t}, & t > [T\tau_0]. \end{cases}$$

令 $\overline{\widetilde{\varepsilon}}_0 = \dfrac{1}{[m\tau]} \sum_{i=1}^{[m\tau]} \widetilde{\varepsilon}_i$, 则当 $i = 1, \cdots, [m\tau]$ 时,

$$\widetilde{\varepsilon}_{0,i} = \widetilde{y}_i - \frac{1}{[m\tau]} \sum_{i=1}^{[m\tau]} \widetilde{y}_i$$

$$= \begin{cases} \varepsilon_{0,i} - \dfrac{1}{T} \sum_{t=1}^{[T\tau_0]} \varepsilon_{0,t} - \dfrac{1}{T} \sum_{t=[T\tau_0]+1}^{T} \varepsilon_{1,t} - \overline{\widetilde{\varepsilon}}_0, & \widetilde{\varepsilon}_i \in A_1, \\ \varepsilon_{1,i} - \dfrac{1}{T} \sum_{t=1}^{[T\tau_0]} \varepsilon_{0,t} - \dfrac{1}{T} \sum_{t=[T\tau_0]+1}^{T} \varepsilon_{1,t} - \overline{\widetilde{\varepsilon}}_0, & \widetilde{\varepsilon}_i \in A_2. \end{cases}$$

其中 $A_1 = \{\hat{\varepsilon}_i, i = 1, \cdots, [T\tau_0]\}$, $A_2 = \{\hat{\varepsilon}_i, i = [T\tau_0] + 1, \cdots, T\}$.

由于 $\sum_{i=1}^{t} \varepsilon_{0,i} = O_p(m)$, $\sum_{i=1}^{t} \varepsilon_{1,i} = O_p(a_m m)$, 所以 $\sum_{i=1}^{t} \widetilde{\varepsilon}_{0,i} = O_p(a_m m)$, 进一步可知, $\widetilde{\Xi}_m^{-1}(\tau)$ 的分母

$$\frac{1}{[m\tau]^2} \sum_{t=1}^{[m\tau]} \left(\sum_{i=1}^{t} \widetilde{\varepsilon}_{0,i} \right)^2 = O_p(a_m^2 m).$$

由对称性可知, $\widetilde{\Xi}_m^{-1}(\tau)$ 的分子

$$\frac{1}{[m(1-\tau)]^2} \sum_{t=[m\tau]+1}^{m} \left(\sum_{i=[m\tau]+1}^{t} \widetilde{\varepsilon}_{1,i} \right)^2 = O_p(a_m^2 m).$$

因此 $\widetilde{\Xi}_m^{-1}(\tau) = O_p(1)$ 及 $H(\widetilde{\Xi}_m^{-1}(\tau)) = O_p(1)$. 定理 3.14 得证. $\qquad\square$

注 3.15 定理 3.12 意味着 Bootstrap 检验的经验水平渐近于真实的检验水平, 而定理 3.4 和定理 3.14 则说明检验是一致的.

3.4.2 $I(1)$ 原假设下的 Bootstrap 检验

步骤 1 基于样本 $Y_1, \cdots, Y_T$ 首先计算最小二乘估计残量 $\hat{\varepsilon}_t, t = 1, \cdots, T$, 再对残量做一阶差分, 即

$$\hat{e}_t = \hat{\varepsilon}_t - \hat{\varepsilon}_{t-1}, \quad t = 2, \cdots, T,$$

最后得到中心化的残差

$$\tilde{e}_j = \hat{e}_j - \frac{1}{T-1} \sum_{i=2}^{T} \hat{e}_i, \quad 2 \leqslant j \leqslant T.$$

步骤 2 对某个固定的常数 $m \leqslant T$, 从中心化残差 $\{\tilde{e}_j, j = 2, \cdots, T\}$ 中抽出 Bootstrap 样本 $\{e_i^*, i = 1, \cdots, m+1\}$, 并由此得到

$$\varepsilon_i^* = \varepsilon_{i-1}^* + e_i^*, \quad i = 1, \cdots, m,$$

其中 $\varepsilon_0^* = 0$.

步骤 3 构造 Bootstrap 过程

$$Y_i^* = \hat{r}_0 + \varepsilon_i^*, \quad i = 1, \cdots, m,$$

并计算统计量

$$\widetilde{\Xi}_m(\tau) = \frac{[m\tau]^{-2} \sum_{t=1}^{[m\tau]} \left(\sum_{i=1}^{t} \hat{\varepsilon}_{0,i}^* \right)^2}{[m(1-\tau)]^{-2} \sum_{t=[m\tau]+1}^{m} \left(\sum_{i=[m\tau]+1}^{t} \hat{\varepsilon}_{1,i}^* \right)^2}, \tag{3.59}$$

其中 $\hat{\varepsilon}_{0,i}^*$ 是 Bootstrap 样本 Y_i^*, $i = 1, \cdots, [m\tau]$ 关于一个常数做回归得到的最小二乘残量, $\hat{\varepsilon}_{1,i}^*$ 是 Y_i, $i = [m\tau]+1, \cdots, m$ 关于一个常数做回归得到的最小二乘残量.

步骤 4　重复步骤 2 和步骤 3 B 次, 并用统计量 $\widetilde{\Xi}_m(\tau)$ 的分位数近似统计量 $\Xi_T(\tau)$ 的临界值.

定理 3.16　若假设 3.1 和单位根原假设成立, 则对任意实数 x 有

$$P_{\mathcal{E}}(\widetilde{\Xi}_m(\tau) \leqslant x) \xrightarrow{p} P(\Xi_T(\tau) \leqslant x).$$

证明: 定理 3.16 的证明类似于定理 3.12.　　　　　　　　　　　　　　　□

定理 3.17　若假设 3.1 成立, 则在 3.1.1 节备择假设 H_1 下有

$$\widetilde{\Xi}_m(\tau) = O_p(1).$$

证明: 由步骤 2 和步骤 3 的构造过程可知, 不论序列中是否存在持久性变点, 也不论持久性变点变化方向如何, Bootstrap 样本 $Y_i^* \sim I(1), i = 1, \cdots, m$. 因此, 对任意的 $\tau \in (0,1)$, 残量 $\varepsilon_{1,i}^* = O_p(a_m) = \hat{\varepsilon}_{0,i}^*$. 从而根据连续映照定理可知统计量 $\widetilde{\Xi}_m(\tau)$ 的分子和分母均为 $O_p(ma_m^2)$. 定理 3.17 证毕.　　　□

3.5　数值模拟与实例分析

3.5.1　数值模拟

例 3.1 ($I(0)$ 到 $I(1)$ 单变点检验)　取 $I(0)$ 原假设下的数据生成过程为

$$y_t = r_0 + \varepsilon_t, \quad \varepsilon_t = \rho\varepsilon_{t-1} + e_t, \quad t = 1, 2, \cdots, T,$$

其中 $\rho = 0.3$, e_t 满足假设 3.1. 备择假设下的数据生成过程取为

$$\begin{aligned}
& y_t = r_0 + \varepsilon_t, \quad t = 1, 2, \cdots, T \\
& \varepsilon_t = \rho_0\varepsilon_{t-1} + e_t, \quad t = 1, \cdots, [T\tau_0], \\
& \varepsilon_t = \rho_1\varepsilon_{t-1} + e_t, \quad t = [T\tau_0] + 1, \cdots, T,
\end{aligned}$$

其中 $\rho_0 = 0.3$ 和 $\rho_1 = 1$, e_t 满足假设 3.1.

取 $\mathcal{T} = [0.2, 0.8]$, $m = [(\log T)^2]$, $\tau_0 = 0.25, 0.5, 0.75$, 厚尾指数为 $\kappa = 1.97, 1.43, 1.19$. 在样本容量 $T = 200, 500$ 下, 分别做 5000 次模拟试验, 每次模拟时的 Bootstrap 次数为 300 次, 试验得到的 maximum-Chow(MX) 检验, mean-score(MN) 检验和 mean-exponential(EX) 检验的经验水平值和经验势函数值在表 3.1—表 3.3 中给出. 在三个表中还给出了 Bootsrap 检验与渐近检验的对比结果, 其中括号外的数值是 Bootsrap 检验的结果, 而括号内的数值是渐近检验的结果. 渐近检验的 α 分位数是由 5000 次随机模拟得到的.

从表 3.1—表 3.3 中可以看出, Bootstrap 检验的经验水平值比渐近检验的经验水平值更接近于检验的显著性水平, 而且有较高的经验势函数值, 尤其是在 $\kappa = 1.19$ 时更为明显. 这可能是由于当厚尾指数 κ 接近于 1 时, 时间序列 y_t 有更多的 "奇异" 值, 这些 "奇异" 值会直接影响到渐近检验的结果, 而 Bootstrap 检验则会在很大程度上避开 "奇异" 值的影响, 因此检验效果也更好一些.

更为明显的是, 当 τ_0 越小时, Bootstrap 检验的经验势函数值越大, 这是由于假设检验的备择假设是序列 y_t 从 $I(0)$ 过程向 $I(1)$ 过程变化的, τ_0 越小, 序列 y_t 含有 $I(0)$ 的成分越多, 因此经验势函数值越大.

另外, 当样本容量增大时, Bootstrap 检验的经验势函数值增大, 这与在 3.4 节讨论的 Bootstrap 检验是一致检验的结论相吻合.

表 3.1 $\kappa = 1.97$ 时检验统计量 $\Xi_T^{-1}(\tau)$ 的经验水平与经验势

α	$T = 200$			$T = 500$		
	MX	MN	EX	MX	MN	EX
	(a) 经验水平值 $(\rho = 0, r = 0.1)$					
0.01	0.0140(0.0200)	0.0060(0.0320)	0.0140(0.0220)	0.0114(0.0105)	0.0081(0.0215)	0.0176(0.0120)
0.025	0.0200(0.0320)	0.0260(0.0440)	0.0200(0.0320)	0.0254(0.0213)	0.0260(0.0327)	0.0268(0.0217)
0.05	0.0460(0.0780)	0.0420(0.0760)	0.0780(0.0780)	0.0489(0.0681)	0.0523(0.0667)	0.0685(0.0793)
0.1	0.1100(0.1220)	0.1080(0.1300)	0.1220(0.1240)	0.1312(0.1476)	0.1007(0.1651)	0.1145(0.1353)
τ_0	MX	MN	EX	MX	MN	EX
	(b) 经验势函数值 $(\alpha = 0.05)$					
0.25	1.0000(1.0000)	0.9860(0.9800)	1.0000(1.0000)	1.0000(1.0000)	1.0000(1.0000)	1.0000(1.0000)
0.5	0.9980(0.9960)	0.9980(0.9860)	0.9980(0.9860)	1.0000(0.9872)	1.0000(0.9872)	1.0000(0.9873)
0.75	0.9970(0.9940)	0.9960(0.9760)	0.9920(0.9920)	0.9983(0.9917)	0.9937(0.9876)	0.9918(0.9918)

表 3.2 $\kappa = 1.43$ 时检验统计量 $\Xi_T^{-1}(\tau)$ 的经验水平与经验势

α	$T = 200$			$T = 500$		
	MX	MN	EX	MX	MN	EX
	(a) 经验水平值 $(\rho = 0, r = 0.1)$					
0.01	0.0500(0.0080)	0.0460(0.0100)	0.0500(0.0280)	0.0461(0.0091)	0.0445(0.0100)	0.0412(0.0219)
0.025	0.0620(0.0280)	0.0560(0.0280)	0.0620(0.0280)	0.0436(0.0347)	0.0368(0.0297)	0.0567(0.0278)
0.05	0.0840(0.0460)	0.0880(0.0660)	0.0840(0.0620)	0.0538(0.0379)	0.0563(0.0617)	0.0641(0.0637)
0.1	0.1180(0.1060)	0.1260(0.1320)	0.1180(0.1160)	0.1037(0.1154)	0.1346(0.1379)	0.1346(0.1379)
τ_0	MX	MN	EX	MX	MN	EX
	(b) 经验势函数值 $(\alpha = 0.05)$					
0.25	0.9360(0.8780)	0.9020(0.8840)	0.9360(0.8780)	0.9437(0.8891)	0.9245(0.8958)	0.9478(0.8910)
0.5	0.9340(0.8420)	0.7200(0.9380)	0.9340(0.9400)	0.9421(0.8420)	0.8136(0.8351)	0.9417(0.9400)
0.75	0.7720(0.6620)	0.8040(0.7470)	0.7720(0.6620)	0.8735(0.7757)	0.8161(0.7569)	0.7923(0.7158)

表 3.3　$\kappa = 1.19$ 时检验统计量 $\Xi_T^{-1}(\tau)$ 的经验水平与经验势

	$T=200$			$T=500$		
α	MX	MN	EX	MX	MN	EX
	(a) 经验水平值 ($\rho=0, r=0.1$)					
0.01	0.0060(0.1740)	0.0060(0.1440)	0.0360(0.1740)	0.0084(0.1210)	0.0084(0.1210)	0.0135(0.1348)
0.025	0.0200(0.2160)	0.0180(0.1860)	0.0360(0.2160)	0.0257(0.0231)	0.0198(0.0269)	0.0268(0.0260)
0.05	0.0400(0.2500)	0.0400(0.2260)	0.0400(0.2500)	0.0500(0.1372)	0.0565(0.1258)	0.0613(0.1597)
0.1	0.1080(0.3060)	0.1060(0.3020)	0.1080(0.3080)	0.1237(0.2160)	0.1048(0.2189)	0.1048(0.2189)
τ_0	MX	MN	EX	MX	MN	EX
	(b) 经验势函数值 ($\alpha = 0.05$)					
0.25	0.9500(0.8060)	0.9400(0.7560)	0.9500(0.8060)	0.9681(0.8159)	0.9670(0.7376)	0.9614(0.7546)
0.5	0.9420(0.7240)	0.9540(0.7900)	0.9420(0.7240)	0.9325(0.7476)	0.9317(0.8100)	0.9102(0.7100)
0.75	0.8400(0.5200)	0.8580(0.6100)	0.8400(0.5200)	0.8576(0.5476)	0.8613(0.5103)	0.8478(0.5270)

例 3.2 (持久性多变点检验及估计)　考虑如下 ARMA(1,1) 模型

$$y_t = r_0 + \varepsilon_t, \quad \varepsilon_t = \rho\varepsilon_{t-1} + e_t + \beta e_{t-1}, \quad t = 1, \cdots, T. \tag{3.60}$$

取参数 $r_0 = 0.1$, $\beta = 0.5$, 假定噪声过程 $\{e_t\}$ 满足假设 3.1, 厚尾指数 κ 分别取值 $\{1.14, 1.43, 1.87, 2\}$. 通过模拟试验发现, 取重抽样样本量 $m = 4T/\log(T)$ 比较合适, 令重抽样次数为 $B = 500$, 在 5% 检验水平下做模拟, 循环次数为 2500.

为检验经验水平, 相关系数 ρ 分别取值 0, 0.5 和 0.9, 模拟结果见表 3.4. 由表可见, 即便在 $\rho = 0.9$ 时, 经验水平亦很接近给定的检验水平. 这说明修正的滑动比率方法能够很好地控制经验水平. 通过比较不同厚尾指数下的经验水平可见, 厚尾指数对经验水平的影响不是很明显, 这主要归功于 Bootstrap 重抽样方

表 3.4　滑动比检验统计量 $R_{Th}(\tau)$ 在 5% 检验水平下的经验水平 (%)

T		$h \setminus \rho$	$\kappa = 1.14$			$\kappa = 1.43$			$\kappa = 1.87$			$\kappa = 2$		
			0	0.5	0.9	0	0.5	0.9	0	0.5	0.9	0	0.5	0.9
200	max	0.2	6.1	5.5	7.7	5.2	5.6	7.0	5.8	5.1	3.5	6.6	4.8	3.3
		0.3	5.1	4.9	6.9	5.0	4.1	5.4	5.0	4.8	4.1	5.0	4.5	3.6
	min	0.2	5.8	5.5	6.9	4.9	4.2	5.5	5.2	4.6	4.6	6.4	5.1	3.7
		0.3	5.2	4.5	4.1	5.2	4.6	3.9	5.0	4.2	2.9	4.4	4.0	3.1
500	max	0.2	5.7	5.1	5.9	5.4	5.1	5.9	5.9	4.8	3.8	5.6	4.8	2.6
		0.3	5.4	4.9	5.6	6.0	5.8	5.3	6.0	5.5	4.8	6.2	5.0	2.9
	min	0.2	4.8	4.5	6.5	5.6	4.9	4.7	5.7	4.9	3.4	5.9	4.1	2.8
		0.3	4.7	4.2	4.7	4.7	3.9	3.8	4.4	3.8	2.6	6.4	5.4	3.1

法. 但样本量对更好地控制经验水平的影响不是很明显.

为模拟经验势, 考虑如下四种持久性变点模型.

I: ρ 在时刻 $t = [T\tau], \tau = 0.5$ 处由 0.3 变为 1, 即模型 I 是含有一个从 $I(0)$ 过程向 $I(1)$ 过程变化持久性变点的单变点模型.

II: ρ 在时刻 $t = [T\tau], \tau = 0.5$ 处由 1 变为 0.3, 即模型 II 是含有一个从 $I(1)$ 过程向 $I(0)$ 过程变化持久性变点的单变点模型.

III: ρ 在时刻 $t = [T\tau_1], \tau_1 = 0.3$ 处由 1 变为 0.3, 再在时刻 $t = [T\tau_2], \tau_2 = 0.65$ 处由 0.3 变为 1, 即模型 III 是一个含有 $I(1) \to I(0) \to I(1)$ 持久性多变点的模型.

IV: ρ 在时刻 $t = [T\tau_1], \tau_1 = 0.3$ 处由 0.5 变为 1, 再在时刻 $t = [T\tau_2], \tau_2 = 0.65$ 处由 1 变为 0.5, 即模型 IV 是一个含有 $I(0) \to I(1) \to I(0)$ 持久性多变点的模型.

表 3.5 给出了上述四种变点模型下的经验势, 由表可以得出如下结论. 首先, 经验势随着样本量的增大或者窗宽参数的增大而提高, 这和例 3.1 中的结论相同, 是因为所给检验方法都是一致检验. 其次, 经验势随着厚尾指数的增大而提高. 最后, 当变点落在样本中间位置附近时, 检验效果最佳, 随着跳跃度的增大, 经验势随之提高, 这符合变点检验中的一般结论.

表 3.5 滑动比检验统计量 $R_{Th}(\tau)$ 在四种变点模型下的经验势 (%)

T		$h \setminus \kappa$	max				min			
			1.14	1.43	1.87	2	1.14	1.43	1.87	2
200	I	0.2	47.48	49.28	52.36	53.30	3.84	2.92	2.12	2.68
		0.3	75.52	76.12	76.56	76.84	2.64	1.56	0.96	0.90
	II	0.2	4.16	2.80	2.42	2.26	49.76	52.36	57.28	58.64
		0.3	4.20	2.78	1.26	0.48	73.96	74.60	75.68	76.80
	III	0.2	51.28	51.98	52.76	53.04	46.36	47.84	50.76	51.72
		0.3	57.96	58.60	59.02	59.64	49.86	45.88	45.48	46.52
	IV	0.2	31.64	32.04	32.68	33.72	33.20	34.16	34.68	35.88
		0.3	31.20	30.88	28.92	28.56	36.36	37.04	39.32	40.60
500	I	0.2	85.52	86.84	87.44	88.04	6.08	3.62	2.52	2.76
		0.3	94.40	94.72	95.48	96.16	5.08	2.36	0.92	0.78
	II	0.2	6.84	4.60	2.72	2.36	88.40	89.28	90.16	91.68
		0.3	7.76	3.56	1.20	0.88	94.84	95.24	96.28	96.40
	III	0.2	84.48	85.16	86.08	86.40	87.88	88.16	88.20	89.52
		0.3	90.20	90.60	91.36	91.80	88.16	89.36	90.24	90.40
	IV	0.2	68.23	69.64	70.68	71.72	75.20	76.16	76.68	77.88
		0.3	64.76	64.20	65.40	65.32	77.28	78.52	79.16	79.44

表 3.6　模型 I 和 II 下变点估计的均值和标准差

T	$h \setminus \kappa$		I				II			
			1.14	1.43	1.87	2	1.14	1.43	1.87	2
200	0.2	$\hat{\tau}$	0.5291	0.5407	0.5468	0.5494	0.55576	0.5436	0.5299	0.5248
		$se(\hat{\tau})$	0.1392	0.1290	0.1073	0.1005	0.0981	0.0923	0.0778	0.0739
	0.3	$\hat{\tau}$	0.5119	0.5211	0.5304	0.5283	0.5843	0.5661	0.5474	0.5385
		$se(\hat{\tau})$	0.1233	0.1120	0.0970	0.0893	0.0873	0.0767	0.0755	0.0664
500	0.2	$\hat{\tau}$	0.5224	0.5272	0.5261	0.5234	0.5574	0.5431	0.5343	0.5282
		$se(\hat{\tau})$	0.1154	0.1003	0.0806	0.0704	0.0653	0.0535	0.0518	0.0494
	0.3	$\hat{\tau}$	0.4996	0.5094	0.5122	0.5107	0.5768	0.5612	0.5483	0.5455
		$se(\hat{\tau})$	0.1025	0.0872	0.0718	0.0651	0.0736	0.0633	0.0585	0.0541

　　为检验变点估计效果, 分别计算变点估计的经验均值和标准差. 表 3.6 是上述持久性变点模型 I 和 II 的模拟结果, 表 3.7 是模型 III 和 IV 的模拟结果. 由表可以看出, 随着样本量的增大, 变点估计值逐渐接近于真实值, 且厚尾指数越大, 估计的标准差越小. 这是因为厚尾指数越大, 异常值越少的缘故. 此外还可看出, 随着厚尾指数的增大, 当发生从 $I(0)$ 向 $I(1)$ 变化的持久性变点时, 变点估计的偏差逐渐增加, 但当发生从 $I(1)$ 向 $I(0)$ 变化的持久性变点时, 变点估计的偏差逐渐降低.

表 3.7　模型 III 和 IV 下变点估计的均值和标准差

T	$h \setminus \kappa$		III				IV			
			1.14	1.43	1.87	2	1.14	1.43	1.87	2
200	0.2	$\hat{\tau}_1$	0.4154	0.3862	0.3553	0.3457	0.3862	0.3837	0.3701	0.3640
		$se(\hat{\tau}_1)$	0.1478	0.1342	0.1083	0.0940	0.1534	0.1437	0.1160	0.1091
		$\hat{\tau}_2$	0.5889	0.6091	0.6312	0.6344	0.6647	0.6693	0.6739	0.6676
		$se(\hat{\tau}_2)$	0.1810	0.1696	0.1476	0.1438	0.1518	0.1207	0.0884	0.0762
	0.3	$\hat{\tau}_1$	0.3724	0.3482	0.3242	0.3161	0.3725	0.3616	0.3535	0.3498
		$se(\hat{\tau}_1)$	0.1026	0.0842	0.0675	0.0641	0.1511	0.1299	0.1083	0.0989
		$\hat{\tau}_2$	0.6444	0.6610	0.6718	0.6730	0.6664	0.6746	0.6702	0.6662
		$se(\hat{\tau}_2)$	0.1047	0.0953	0.0791	0.0732	0.1436	0.1159	0.0885	0.0832
500	0.2	$\hat{\tau}_1$	0.3803	0.3596	0.3408	0.3323	0.3426	0.3372	0.3322	0.3309
		$se(\hat{\tau}_1)$	0.1178	0.0970	0.0741	0.0559	0.1153	0.1001	0.0806	0.0778
		$\hat{\tau}_2$	0.6171	0.6383	0.6456	0.6526	0.6888	0.6890	0.6807	0.6757
		$se(\hat{\tau}_2)$	0.1421	0.1279	0.1026	0.0854	0.0948	0.0695	0.0557	0.0476
	0.3	$\hat{\tau}_1$	0.3524	0.3343	0.3214	0.3178	0.3223	0.3195	0.3206	0.3212
		$se(\hat{\tau}_1)$	0.0794	0.0624	0.0482	0.0481	0.1035	0.0889	0.0712	0.0659
		$\hat{\tau}_2$	0.6430	0.6578	0.6593	0.6628	0.6928	0.6852	0.6732	0.6703
		$se(\hat{\tau}_2)$	0.0837	0.0710	0.0601	0.0581	0.0884	0.0701	0.0576	0.0570

3.5.2 实例分析

例 3.3 分析沪深股市股票京东方 A（股票代码 000725）从 2010 年 10 月 26 日至 2010 年 11 月 9 日的每 5 分钟收盘价数据, 共 528 个观测值, 数据见图 3.1. 从中可以看出数据中存在一些异常值. 许多学者认为这类高频数据适合用厚尾分布刻画, 用 Mandebrot(1963) 的粗估计方法估计出的厚尾指数 $\kappa = 1.86$. 此外, 观察发现两条竖线中间的数据相对于两边的数据变化较为平稳, 怀疑其中存在持久性多变点, 用滑动比方法做多变点检验和估计. 取 Bootstrap 重抽样样本量 $m = 4T/\log(T)$, 循环次数 $B = 500$, 窗宽参数 $h = 0.2$, Bootstrap 方法算得的 5% 及 95% 分位数分别为 0.0414 和 23.848. 滑动比检验统计量在第 301 个样本点处 (左边竖线) 达到最小值 0.0363, 在第 415 个样本点处 (右边竖线) 达到最大值 30.6805, 这说明数据在第 301 个观测值处由 $I(1)$ 过程变成了 $I(0)$ 过程, 而在第 415 个观测值处由 $I(0)$ 过程变成了 $I(1)$ 过程.

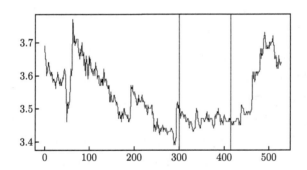

图 3.1　京东方 A 从 2010 年 10 月 26 日至 2010 年 11 月 9 日每 5 分钟收盘价

例 3.4 分析美国 1952 年 5 月至 1977 年 4 月共 300 个通货膨胀数据, 数据见图 3.2. 虽然这组数据中看不出明显的异常值, 但本章的方法对非厚尾序列仍

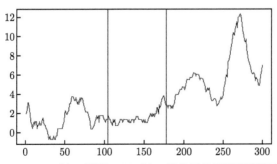

图 3.2　1952 年 5 月至 1977 年 4 月美国月度通货膨胀率

然有效, 所以继续用滑动比方法做持久性多变点检验和估计. 继续用例 3.3 中的
参数设置, 算得的 5% 及 95% 分位数分别 0.0492 和 21.469 , 而滑动比率统计
量 $R_{Th}(\tau)$ 在区间 $\tau \in [0.2, 0.8]$ 上的最大值和最小值分别为 22.6937 和 0.0482.
这说明数据中同时存在从 $I(0)$ 过程向 $I(1)$ 过程和从 $I(1)$ 过程向 $I(0)$ 过程变化
的持久性变点. 估计得从 $I(0)$ 过程向 $I(1)$ 过程变化的持久性变点在第 157 个样
本, 即 1965 年 5 月处 (右边竖线), 从 $I(1)$ 过程向 $I(0)$ 过程变化的持久性变点在
第 87 个样本, 即 1959 年 7 月处 (左边竖线).

3.6　小　　结

本章介绍了厚尾序列持久性变点的检验和估计问题. 不同于均值变点检验不
受变点前后序列均值是变大还是变小的影响, 持久性变点需要考虑变点的变化方
向, 因为平稳序列和非平稳序列统计性质有很大差异. 这种差异导致我们在分析
同一个方向变化的持久性变点时, 需在 $I(0)$ 过程原假设和 $I(1)$ 过程原假设下分
别做讨论. 为了计算检验统计量的临界值, 构造了两种原假设下的 Bootstrap 方
法, 并在 Bootstrap 重抽样样本量 m 与样本量 T 满足 $m \to \infty, m/T \to 0$ 的条件
下证明了 Bootstrap 方法的渐近一致性. 理论结果给实际应用带来的一个问题是
如何选择 Bootstrap 重抽样样本量 m. 本章模拟试验中给定的 m 值都是经过试
验选定的, 而根据大量模拟的经验, 取 $m = T$ 时虽不能满足定理条件, 但能够更
好地控制经验水平, 在后续变点监测章节中还将看到 m 的选择对检验结果带来的
影响. 本章 3.1 节和 3.2 节的内容改编自韩四儿 (2006),3.3 节及 3.4 节的主要内
容来自 Chen 等 (2012a). 基于 3.3 节滑动比方法检验和估计轻尾时间序列持久性
多变点的研究可见 Chen 和 Tian(2012).

第 4 章 长记忆时间序列均值及方差变点的检验

假定时间序列 $\{Y_t, t = 1, 2, \cdots\}$ 可以分解为

$$Y_t = \mu_t + \sigma_t X_t, \quad t = 1, 2, \cdots, n, \tag{4.1}$$

其中 $\mu_t = E(Y_t)$ 是期望函数, $\sigma_t^2 = \mathrm{Var}(Y_t)$ 是方差函数, n 为样本容量. 随机项 $X_t \sim I(d)$, $d \in [0, 0.5)$ 是满足引理 1.5 条件的平稳长记忆时间序列. 本章研究序列 $\{Y_t\}$ 中均值变点及方差变点的检验问题.

4.1 均值变点的检验

本节研究模型 (4.1) 均值变点的检验问题, 不失一般性, 假定方差函数 $\sigma_t^2 = 1$. 原假设为序列 $\{Y_t\}$ 在整个样本区间不存在均值变点, 即

$$H_0 : \mu_t = \mu_0, \quad t = 1, 2, \cdots, n. \tag{4.2}$$

备择假设为 $\{Y_t\}$ 存在一个均值变点 k^*, 即

$$
\begin{aligned}
H_1 : \mu_t &= \mu_0, & t &= 1, \cdots, k^*, \\
\mu_t &= \mu_0 + \Delta_a, & t &= k^* + 1, \cdots, n,
\end{aligned} \tag{4.3}
$$

其中 $\mu_0, \Delta_a \neq 0$ 是未知常数, k^* 为未知变点.

记

$$S_t(j, k) = \sum_{i=j}^{t} (Y_i - \bar{Y}_{j,k}), \quad \bar{Y}_{j,k} = \frac{1}{k - j + 1} \sum_{t=j}^{k} Y_t.$$

检验均值变点的统计量定义为

$$G_n = \max_{n\lambda \leqslant k \leqslant n - n\lambda} \frac{\sqrt{n} \left| \bar{Y}_{1,k} - \bar{Y}_{k+1,n} \right|}{n^{-1} \left\{ \sum_{t=1}^{k} S_t^2(1, k) + \sum_{t=k+1}^{n} S_t^2(k+1, n) \right\}^{1/2}}, \tag{4.4}$$

其中 $0 < \lambda < \dfrac{1}{2}$. 当统计量 G_n 的值大于给定的临界值时认为数据中存在均值变点.

定理 4.1　在原假设 H_0 下, 当 $n \to \infty$ 时有

$$G_n \Rightarrow \sup_{\lambda \leqslant r \leqslant 1-\lambda} \frac{|W_d(r)/r - (W_d(1) - W_d(r))/(1-r)|}{\left\{ \int_0^r B_d(s;0,r)^2 ds + \int_r^1 B_d(s;r,1) ds \right\}^{1/2}},$$

其中 $B_d(s;r_1,r_2) = W_d(s) - W_d(r_1) - \{W_d(r_2) - W_d(r_1)\}(s-r_1)/(r_2-r_1), s \in [r_1,r_2], 0 \leqslant r_1 < r_2 \leqslant 1, W_d(0) = 0$.

证明: 令 $k = [nr], t = [ns], 0 < s, r < 1$, 则当原假设 H_0 成立时, 由引理 1.5 有

$$n^{\frac{1}{2}-d}|\bar{Y}_{1,k} - \bar{Y}_{k+1,n}| = n^{-\frac{1}{2}-d}\left| \frac{n}{[nr]}\sum_{i=1}^{[nr]} X_i - \frac{n}{n-[nr]}\sum_{i=[nr]+1}^{n} X_i \right|$$

$$\Rightarrow \kappa|r^{-1}W_d(r) - (1-r)^{-1}(W_d(1) - W_d(r))|, \tag{4.5}$$

$$n^{-2-2d}\sum_{t=1}^{k} S_t^2(1,k) = n^{-1}\sum_{t=1}^{[nr]}\left(n^{-\frac{1}{2}-d}\sum_{i=1}^{[ns]} X_i - \frac{[ns]}{[nr]}n^{-\frac{1}{2}-d}\sum_{i=1}^{[nr]} X_i \right)^2$$

$$\Rightarrow \kappa^2 \int_0^r \left(W_d(s) - sr^{-1}W_d(r) \right)^2 ds. \tag{4.6}$$

同理

$$n^{-2-2d}\sum_{t=k+1}^{n} S_t^2(k+1,n)$$

$$\Rightarrow \kappa^2 \int_r^1 \left[(W_d(s) - W_d(r)) - \frac{s-r}{1-r}(W_d(1) - W_d(r)) \right]^2 ds. \tag{4.7}$$

结合 (4.5)—(4.7), 由连续映照定理既得定理 4.1 的证明.　　　　　　□

定理 4.2　在备择假设 H_1 下, 若 $k^* = [n\tau] \in [n\lambda, n-n\lambda]$, 则当 $n^{\frac{1}{2}-d}\Delta_a \to \infty$ 时有

$$G_n \xrightarrow{p} \infty.$$

证明: 在备择假设 H_1 下, 当 $k^* = k$ 时,

$$n^{\frac{1}{2}-d}|\bar{Y}_{1,k} - \bar{Y}_{k+1,n}| = n^{-\frac{1}{2}-d}\left| \frac{n}{[nr]}\sum_{i=1}^{[nr]} X_i - \frac{n}{n-[nr]}\sum_{i=[nr]+1}^{n} X_i - n\Delta_a \right|$$

$$= |O_p(1) - n^{\frac{1}{2}-d}\Delta_a|$$

$$\xrightarrow{p} \infty, \tag{4.8}$$

而根据定理 4.1 的证明可知, 当 $k^* = k$ 时, 结论 (4.6) 和 (4.7) 仍然成立, 即统计量 G_n 的分母为 $O_p(n^d)$, 这意味着此时统计量依概率发散到无穷. 又因为统计量 G_n 中的变量 k 满足 $n\lambda \leqslant k \leqslant n - n\lambda$, 所以对任意变点 $k^* \in (n\lambda, n - n\lambda)$, 定理 4.2 的结论始终成立. □

4.2 趋势项变点的检验

在 4.1 节的讨论中, 仅考虑了模型 (4.1) 中的确定项 μ_t 是否是一个常数的情况. 由于实际数据中有可能还带有时间趋势项, 即 $\mu_t = \theta'_t \gamma_t, \gamma_t = (1, t)', \theta_t = (\beta_{0t}, \beta_{1,t})'$ 的情况, 为此本节研究趋势项变点的检验问题. 趋势项变点检验原假设为

$$H_0 : \theta_t = \theta_0 = (\beta_0, \beta_1)', \quad t = 1, 2, \cdots, n, \tag{4.9}$$

备择假设为

$$H_1 : \theta_t = \theta_0, \qquad t = 1, \cdots, k^*;$$
$$\theta_t = \theta_0 + \Delta, \quad t = k^* + 1, \cdots, n, \tag{4.10}$$

其中 $\Delta = (\delta_0, \delta_1)'$, 且 $\delta_0 = 0, \delta_1 \neq 0, k^*$ 为未知变点. 显然, 当 $\beta_1 = \delta_1 \equiv 0, \delta_0 \neq 0$ 时, 上述假设检验问题变为 4.1 节均值变点的假设检验问题. 这意味着也可以考虑用均值变点检验统计量 G_n 做趋势项变点的检验, 对于该统计量的检验效果有兴趣的读者可做研究, 本节介绍如下 CUSUM 型检验统计量

$$\Gamma_n = n^{-\frac{1}{2}-d} \omega^{-1} \max_{n\lambda \leqslant k \leqslant n} \left| \sum_{t=1}^{k} \hat{X}_t \right|, \tag{4.11}$$

其中 $\hat{X}_t$ 是由 Y_t 关于 $\gamma_t, t = 1, \cdots, n$ 做回归得到的最小二乘估计残量, $0 < \lambda < 1$. ω 表示残量方差, 在实际应用中 ω 通常是未知的, 本节采用

$$\hat{\omega}^2 = \min_{n\lambda \leqslant k \leqslant n-n\lambda} \frac{1}{2} \left[\frac{1}{k} \sum_{t=1}^{k} \left(\hat{X}_t - \frac{1}{k} \sum_{t=1}^{k} \hat{X}_t \right)^2 \right.$$
$$\left. + \frac{1}{n-k} \sum_{t=k+1}^{n} \left(\hat{X}_t - \frac{1}{n-k} \sum_{t=k+1}^{n} \hat{X}_t \right)^2 \right]$$

来估计 ω, 并基于 $\hat{X}_1, \cdots, \hat{X}_n$ 用局部 Whittle 估计方法估计长记忆参数 d. 当 Γ_n 的值大于临界时拒绝原假设 H_0, 认为数据中存在趋势项变点.

局部 Whittle 估计是 Abadir 等 (2007) 提出的如下拓展的局部 Whittle(ELW) 估计的特殊形式, 由于后面章节中需要用到 ELW 估计, 这里给出该估计量. 对于长记忆时间序列 $X_1, \cdots, X_n$, 长记忆参数 d 的估计量定义为

$$\hat{d} := \arg\min_{d \in I} \log\left(\frac{1}{k}\sum_{j=1}^{k} j^{2d} I_n(\lambda_j; d)\right) - \frac{2d}{k}\sum_{j=1}^{k}\log j, \tag{4.12}$$

其中 $I = \left(-\dfrac{1}{2}, \dfrac{1}{2}\right) \cup \left(\dfrac{1}{2}, \dfrac{3}{2}\right)$, $k = o(n), \lambda_j = 2\pi j/n$,

$$I_n(\lambda_j; d) = \left|(2\pi T)^{-1/2}\sum_{t=1}^{n} e^{it\lambda_j} X_t + k(\lambda_j; d)\right|^2,$$

$$k(\lambda_j; d) = \begin{cases} 0, & d \in I_0 = \left[-\dfrac{1}{2}, \dfrac{1}{2}\right), \\[2mm] e^{i\lambda_j}(1 - e^{i\lambda_j})^{-1}(2\pi n)^{-1/2}(X_T - X_0), & d \in I_1 = \left[\dfrac{1}{2}, \dfrac{3}{2}\right). \end{cases}$$

在上述 ELW 估计量中, 若将 d 的取值范围改为 $I = \left(-\dfrac{1}{2}, \dfrac{1}{2}\right)$, 则即为标准的局部 Whittle 估计.

下面讨论检验统计量 Γ_n 的极限分布和一致性.

定理 4.3   若原假设 H_0 成立, 则当 $n \to \infty$ 时有

$$\Gamma_n \Rightarrow \sup_{\lambda \leqslant r \leqslant 1}\left|W_d(r) + (2r - 3r^2)W_d(1) + 6r(r - 1)\int_0^1 W_d(s)ds\right|.$$

证明: 记 $k = [nr]$, 在原假设 H_0 下参数 β_0, β_1 的最小二乘估计量为

$$\hat{\beta}_0 = \beta_0 + \frac{\displaystyle\sum_{t=1}^{n}X_t\sum_{t=1}^{n}t^2 - \sum_{t=1}^{n}t\sum_{t=1}^{n}tX_t}{n\displaystyle\sum_{t=1}^{n}t^2 - \left(\sum_{t=1}^{n}t\right)^2},$$

$$\hat{\beta}_1 = \beta_1 + \frac{n\displaystyle\sum_{t=1}^{n}tX_t - \sum_{t=1}^{n}t\sum_{t=1}^{n}X_t}{n\displaystyle\sum_{t=1}^{n}t^2 - \left(\sum_{t=1}^{n}t\right)^2}.$$

记 $A = n \sum\limits_{t=1}^{n} t^2 - \left(\sum\limits_{t=1}^{n} t \right)^2$, 因为当 $n \to \infty$ 时有

$$n^{-3} \sum_{t=1}^{n} t^2 = n^{-3} \left\{ \frac{1}{6} n(n+1)(2n+1) \right\} \to \frac{1}{3},$$

$$n^{-2} \sum_{t=1}^{n} t = n^{-2} \left\{ \frac{1}{2} n(n+1) \right\} \to \frac{1}{2},$$

即

$$n^{-4} A \to \frac{1}{12}.$$

由引理 1.5 有

$$n^{\frac{1}{2}-d}(\hat{\beta}_0 - \beta_0)$$
$$= (n^{-4}A)^{-1} \left\{ \left(n^{-\frac{1}{2}-d} \sum_{t=1}^{n} X_t \right) \left(n^{-3} \sum_{t=1}^{n} t^2 \right) - \left(n^{-2} \sum_{t=1}^{n} t \right) \left(n^{-\frac{3}{2}-d} \sum_{t=1}^{n} t X_t \right) \right\}$$
$$\Rightarrow 12\omega \left\{ \frac{1}{3} W_d(1) - \frac{1}{2} \int_0^1 W_d(s) ds - \frac{1}{2} W_d(1) \right\}$$
$$= 6\omega \int_0^1 W_d(s) ds - 2\omega W_d(1),$$

$$n^{\frac{3}{2}-d}(\hat{\beta}_1 - \beta_1)$$
$$= (n^{-4}A)^{-1} \left\{ n^{-\frac{3}{2}-d} \sum_{t=1}^{n} t X_t - \left(n^{-2} \sum_{t=1}^{n} t \right) \left(n^{-\frac{1}{2}-d} \sum_{t=1}^{n} X_t \right) \right\}$$
$$\Rightarrow 12\omega \left\{ W_d(1) - \int_0^1 W_d(s) ds - \frac{1}{2} W_d(1) \right\}$$
$$= 6\omega W_d(1) - 12\omega \int_0^1 W_d(s) ds,$$

其中

$$n^{-\frac{3}{2}-d} \sum_{t=1}^{n} t X_t = n^{-1} \sum_{t=1}^{n} n^{-\frac{1}{2}-d} \sum_{i=t}^{n} X_i \Rightarrow \omega \left(W_d(1) - \int_0^1 W_d(s) ds \right).$$

因此最小二乘估计残量 $\hat{X}_t$ 满足

$$n^{-\frac{1}{2}-d} \sum_{t=1}^{k} \hat{X}_t = n^{-\frac{1}{2}-d} \sum_{t=1}^{k} \left(X_t - (\hat{\beta}_0 - \beta_0) - (\hat{\beta}_1 - \beta_1) t \right)$$

$$= n^{-\frac{1}{2}-d}\sum_{t=1}^{k}X_t - \frac{k}{n}n^{\frac{1}{2}-d}(\hat{\beta}_0-\beta_0) - \frac{k(k+1)}{2n^2}n^{\frac{3}{2}-d}(\hat{\beta}_1-\beta_1)$$

$$\Rightarrow \omega\left\{W_d(r)+(2r-3r^2)W_d(1)+6r(r-1)\int_0^1 W_d(s)ds\right\}.$$

由此经简单数学化简即得定理 4.3 的证明. □

定理 4.4　若备择假设 H_1 成立, 则当 $n\to\infty$ 时有

$$\Gamma_n \xrightarrow{p} \infty.$$

证明: 在备择假设 H_1 下

$$\hat{\beta}_1 = \beta_1 + \frac{n\sum_{t=1}^{n}tX_t - \sum_{t=1}^{n}t\sum_{t=1}^{n}X_t}{n\sum_{t=1}^{n}t^2-\left(\sum_{t=1}^{n}t\right)^2} + \frac{n\sum_{t=k^*+1}^{n}t^2 - \sum_{t=1}^{n}t\sum_{t=k^*+1}^{n}t}{n\sum_{t=1}^{n}t^2-\left(\sum_{t=1}^{n}t\right)^2}\delta_1.$$

记 $k^*=[n\tau]$, 则当 $n\to\infty$ 时有

$$\frac{n\sum_{t=k^*+1}^{n}t^2 - \sum_{t=1}^{n}t\sum_{t=k^*+1}^{n}t}{n\sum_{t=1}^{n}t^2-\left(\sum_{t=1}^{n}t\right)^2} \to 4(1-\tau^3)-3(1-\tau^2).$$

这意味着当 $\delta_1\neq 0$ 时, $n^{\frac{3}{2}-d}(\hat{\beta}_1-\beta_1)=O_p(n^{\frac{3}{2}-d})$. 从而根据定理 4.3 的证明可知

$$n^{-\frac{1}{2}-d}\sum_{t=1}^{k}\hat{X}_t = O_p(n^{\frac{3}{2}-d}).$$

定理得证. □

4.3　方差变点的检验

本节研究模型 (4.1) 方差变点的检验问题, 为简便本节假定均值函数 $\mu_t\equiv 0$, 即仅考虑零均值长记忆时间序列中的方差变点, 对于非零均值的情况可通过去均值处理后做检验, 相关理论结果可参见第 7 章中的一些结果. 方差变点检验原假设为序列 $\{Y_t\}$ 在整个样本区间不存在方差变点, 即

$$H_0: \sigma_t^2 = \sigma_0^2, \quad t=1,2,\cdots,n. \tag{4.13}$$

备择假设为 $\{Y_t\}$ 存在一个方差变点 k^*, 即

$$H_1 : \sigma_t^2 = \sigma_0^2, \qquad t = 1, \cdots, k^*;$$
$$\sigma_t^2 = \Delta_b \sigma_0^2, \quad t = k^* + 1, \cdots, n, \tag{4.14}$$

其中 $\sigma_0, 0 < \Delta_b \neq 1$ 是未知常数, k^* 为未知变点.

记

$$\tilde{S}_t(j,k) = \sum_{i=j}^{t}(Y_i^2 - \overline{Y_{j,k}^2}), \quad \overline{Y_{j,k}^2} = \frac{1}{k-j+1}\sum_{t=j}^{k}Y_t^2.$$

对于一个给定的常数 $0 < \lambda < 1/2$, 定义区间 $\Lambda = [\lambda, (1-\lambda)]$, 检验方差变点的统计量定义为

$$V_n = \int_{r \in \Lambda} \frac{n\left|\overline{Y_{1,[nr]}^2} - \overline{Y_{[nr]+1,n}^2}\right|}{\min\left\{n^{-1}\sum_{t=1}^{[nr]}\tilde{S}_t^2(1,[nr]), n^{-1}\sum_{t=[nr]+1}^{n}\tilde{S}_t^2([nr]+1,n)\right\}^{1/2}}dr. \tag{4.15}$$

当统计量 V_n 的值大于给定的临界值时认为数据中存在方差变点.

注 4.5　统计量 V_n 和均值变点检验统计量 G_n 相比, 除了基于样本二阶矩求部分和外, 另有两个改进: ① 分母对前后两个部分和取小而非求和, 其目的是避免出现从大到小变化方差变点时检验势降低的问题; ② 采用黎曼和而非最大值, 其意义是有助于进一步提高检验势.

定理 4.6　在原假设 H_0 下, 则当 $n \to \infty$ 时有

$$V_n \Rightarrow \int_{\lambda}^{1-\lambda} \frac{|Z_d(r)/r - (Z_d(1)-Z_d(r))/(1-r)|}{\min\left\{\int_0^r \tilde{B}_d(s;0,r)^2 ds, \int_r^1 \tilde{B}_d(s;r,1)ds\right\}^{1/2}}dr,$$

其中 $\tilde{B}_d(s;r_1,r_2) = Z_d(s) - Z_d(r_1) - \{Z_d(r_2)-Z_d(r_1)\}(s-r_1)/(r_2-r_1), s \in [r_1,r_2], 0 \leqslant r_1 < r_2 \leqslant 1, Z_d(0)=0.$

证明: 继续用定理 4.1 中的记号, 当原假设 H_0 成立时, 由引理 1.5 有

$$n^{1-2d}\left|\overline{Y_{1,[nr]}^2} - \overline{Y_{[nr]+1,n}^2}\right| = n^{-2d}\sigma_0^2\left|\frac{n}{[nr]}\sum_{i=1}^{[nr]}(X_i^2-1) - \frac{n}{n-[nr]}\sum_{i=[nr]+1}^{n}(X_i^2-1)\right|$$
$$\Rightarrow \omega^2\sigma_0^2\left|r^{-1}Z_d(r) - (1-r)^{-1}(Z_d(1)-Z_d(r))\right|. \tag{4.16}$$

$$n^{-1-4d}\sum_{t=1}^{[nr]}S_t^2(1,[nr]) = n^{-1}\sigma_0^4\sum_{t=1}^{[nr]}\left(n^{-2d}\sum_{i=1}^{[ns]}(X_i^2-1) - \frac{[ns]}{[nr]}n^{-2d}\sum_{i=1}^{[nr]}(X_i^2-1)\right)^2$$

$$\Rightarrow \omega^4 \sigma_0^4 \int_0^r \left(Z_d(s) - sr^{-1} Z_d(r) \right)^2 ds. \tag{4.17}$$

同理

$$n^{-1-4d} \sum_{t=[nr]+1}^{n} S_t^2([nr]+1, n)$$

$$\Rightarrow \omega^4 \sigma_0^4 \int_r^1 \left[(Z_d(s) - Z_d(r)) - \frac{s-r}{1-r}(Z_d(1) - Z_d(r)) \right]^2 ds. \tag{4.18}$$

结合 (4.16)—(4.18), 由连续映照定理即得定理 4.6 的证明. □

定理 4.7 在备择假设 H_1 下, 若 $k^* = [n\tau] \in (n\lambda, n - n\lambda)$, 则当 $n^{1-2d}(1 - \Delta_b^2) \to \infty$ 时有

$$V_n \xrightarrow{p} \infty.$$

证明: 在备择假设 H_1 下, 当 $k^* = k$ 时,

$$n^{1-2d} \left| \overline{Y_{1,[nr]}^2} - \overline{Y_{[nr]+1,n}^2} \right|$$

$$= n^{-2d} \sigma_0^2 \left| \frac{n}{[nr]} \sum_{i=1}^{[nr]} (X_i^2 - 1) - \frac{n}{n-[nr]} \Delta_b^2 \sum_{i=[nr]+1}^{n} (X_i^2 - 1) + n(1 - \Delta_b^2) \right|$$

$$= |O_p(1) - n^{1-2d}(1 - \Delta_b^2)|.$$

$$\xrightarrow{p} \infty, \tag{4.19}$$

而根据定理 4.6 的证明可知, 当 $k^* = k$ 时, 结论 (4.17) 和 (4.18) 仍然成立, 即统计量 V_n 的分母为 $O_p(n^{2d})$, 这意味着此时统计量依概率发散到无穷. 再根据黎曼和的性质可知, 对任意 $n\lambda \leqslant k^* \leqslant n - n\lambda$, 定理 4.7 的结论始终成立. □

4.4 Bootstrap 近似

假定 $y_1, \cdots, y_n$ 是由模型 (4.1) 生成的一组样本, T_Y 是由样本 $y_1, \cdots, y_n$ 构造的一个感兴趣的统计量. 本节介绍三种可用于近似统计量 T_Y 分布或临界值的 Bootstrap 方法: Sieve AR Bootstrap (SARB), 分数阶差分 Sieve Bootstrap (FDSB) 和分数阶差分 Block Bootstrap (FDBB). 这三种 Bootstrap 方法在计算长记忆时间序列变点检验统计量临界值方面的效果尚未知, 为此本章将在下一节通过数值模拟比较分析三种方法的近似效果, 为实际应用提供依据.

4.4.1 Sieve AR Bootstrap

步骤 1 基于最小二乘估计残量 $\hat{x}_t = y_t - \hat{\mu}_t$ 拟合 p 阶自回归模型 AR(p), 即

$$\hat{x}_t = \beta_1 \hat{x}_{t-1} + \beta_2 \hat{x}_{t-2} + \cdots + \beta_{p(n)} \hat{x}_{t-p(n)},$$

其中 $p(n) = 10 \log_{10}(n)$, 然后用 AIC 或 BIC 准则选择最优阶数 $\hat{p}$. 基于 Yule-Walker 方程或其他估计方法得到的 AR$(\hat{p})$ 模型自回归系数估计量记为 $\hat{\beta}_1$, $\hat{\beta}_2, \cdots, \hat{\beta}_{\hat{p}}$, 估计残量记为 $\hat{\varepsilon}_{\hat{p}+1}, \cdots, \hat{\varepsilon}_n$.

步骤 2 基于如下模型生成 SARB 样本 $y_1^*, \cdots, y_n^*$,

$$y_t^* = \hat{\mu}_t + x_t^*,$$
$$x_t^* = \hat{\beta}_1 x_{t-1}^* + \hat{\beta}_2 x_{t-2}^* + \cdots + \hat{\beta}_{\hat{p}} x_{t-\hat{p}}^* + \varepsilon_t^*, \quad t = 1, \cdots, n,$$

其中新息 ε_t^* 是从残量 $\hat{\varepsilon}_{\hat{p}+1}, \cdots, \hat{\varepsilon}_n$ 中按有放回抽样方法抽到, 前 $\hat{p}$ 个新息 $\varepsilon_{\hat{p}-1}^*$, $\varepsilon_{\hat{p}-2}^*, \cdots, \varepsilon_0^*$ 可取为 $\bar{\hat{\varepsilon}} = \dfrac{1}{n-\hat{p}} \sum\limits_{t=\hat{p}+1}^{n} \hat{\varepsilon}_t$.

步骤 3 基于 SARB 样本 $y_1^*, \cdots, y_n^*$ 计算统计量 T_Y 的值, 并记为 T_{Y^*}.

步骤 4 重复步骤 2 到步骤 3B 次, 得到统计量 T_Y 的 B 个近似值 $T_{Y^*}^1, \cdots$, $T_{Y^*}^B$, 以其经验分布和经验分位数分别近似统计量 T_Y 的分布和分位数.

令 F_{T_Y} 和 $F_{T_{Y^*}}$ 分别表示统计量 T_Y 和 T_{Y^*} 的边际分布函数, 并用 Mallows 测度

$$\eta(F_{T_{Y^*}}, F_{T_Y}) = \inf\{E \parallel T_{Y^*} - T_Y \parallel^2\}^{1/2}$$

度量概率分布 F_{T_Y} 和 $F_{T_{Y^*}}$ 的距离. 在一定条件下, Postkitt (2008) 证得对任意的 $\delta > 0$ 和 $d^* = \max\{0, d\}$ 有

$$\eta(F_{T_{Y^*}}, F_{T_Y}) = o\left\{ \left(\frac{n^\delta}{n^{1-2d^*}} \right)^{\frac{1}{2}} \right\}, \tag{4.20}$$

这意味着分布 $F_{T_{Y^*}}$ 依概率收敛到分布 F_{T_Y}, 即从理论上保证了用 SARB 方法用于近似由长记忆时间序列构建的统计量临界值时的有效性.

4.4.2 分数阶差分 Sieve Bootstrap

步骤 1 基于最小二乘估计残量 $\hat{x}_t = y_t - \hat{\mu}_t$ 估计出长记忆参数 d, 记估计量为 $\hat{d}$.

步骤 2 基于 $\hat{d}$ 阶差分数据 $\hat{\varepsilon}_t = (1-B)^{\hat{d}} \hat{x}_t$ 拟合 p 阶自回归模型 AR(p), 即

$$\hat{\varepsilon}_t = \beta_1 \hat{\varepsilon}_{t-1} + \beta_2 \hat{\varepsilon}_{t-2} + \cdots + \beta_{p(n)} \hat{\varepsilon}_{t-p(n)},$$

其中 $p(n) = 10\log_{10}(n)$, 然后用 AIC 或 BIC 准则选择最优阶数 $\hat{p}$. 基于 Yule-Walker 方程或其他估计方法得到的 AR($\hat{p}$) 模型自回归系数估计量记为 $\hat{\beta}_1, \hat{\beta}_2, \cdots,$ $\hat{\beta}_{\hat{p}}$, 估计残量记为 $\tilde{\varepsilon}_{\hat{p}+1}, \cdots, \tilde{\varepsilon}_n$.

步骤 3 基于如下模型生成 FDSB 样本 $y_1^*, \cdots, y_n^*$,

$$y_t^* = \hat{\mu}_t + \hat{x}_t^*, \quad (1-B)^{\hat{d}} \hat{x}_t^* = \hat{\varepsilon}_t^*,$$

$$\hat{\varepsilon}_t^* = \sum_{j=1}^{\hat{p}} \hat{\beta}_j \hat{\varepsilon}_{t-j}^* + \tilde{\varepsilon}_t^*, \quad t = 1, \cdots, n,$$

其中 $\tilde{\varepsilon}_t^*$ 是从残量 $\tilde{\varepsilon}_{\hat{p}+1}, \cdots, \tilde{\varepsilon}_n$ 中按有放回简单随机抽样方法抽得, 前 $\hat{p}$ 个变量 $\hat{\varepsilon}_{1-\hat{p}}^*, \hat{\varepsilon}_{2-\hat{p}}^*, \cdots, \varepsilon_0^*$ 取为 $\dfrac{1}{n-\hat{p}} \sum\limits_{i=\hat{p}+1}^{n} \tilde{\varepsilon}_i$.

步骤 4 基于 FDSB 样本 $y_1^*, \cdots, y_n^*$ 计算统计量 T_Y 的值, 并记为 T_{Y*}.

步骤 5 重复步骤 3 到步骤 4B 次, 得到统计量 T_Y 的 B 个近似值 $T_{Y*}^1, \cdots,$ T_{Y*}^B, 以其经验分布和经验分位数分别近似统计量 T_Y 的分布和临界值.

同 SARB 方法相比, FDSB 方法的主要不同点是基于 $\hat{d}$ 阶差分后的数据拟合自回归模型 AR(p), 在生成 Bootstrap 样本时用 $\hat{d}$ 阶累积和. 显然, 该数据生成过程更接近于模型 (4.1). FDSB 方法在分析长记忆时间序列时的有效性由 Preuss 和 Vetter (2013) 证得.

4.4.3 分数阶差分 Block Bootstrap

步骤 1 基于最小二乘估计残量 $\hat{x}_t = y_t - \hat{\mu}_t$ 估计出长记忆参数 d, 记估计量为 $\hat{d}$.

步骤 2 对于一个给定的常数 b, 将 $\hat{d}$ 阶差分后的数据 $\hat{\varepsilon}_t = (1-B)^{\hat{d}} \hat{x}_t$ 分割为 $M = \left[\dfrac{n}{b}\right]$ 个不重叠的块, 第 k 块记为 $\tilde{\varepsilon}_k = \{\hat{\varepsilon}_{(k-1)b+1}, \cdots, \hat{\varepsilon}_{kb}\}$.

步骤 3 从 $\{\tilde{\varepsilon}_k, k = 1, \cdots, M\}$ 中按有放回简单随机抽样方法抽出 M 块, 并记为 $\{\varepsilon_k^*, k = 1, \cdots, M\}$. 然后, 基于如下公式生成 FDBB 样本 y_t^*,

$$y_t^* = \hat{\mu}_t + \hat{x}_t^*, \quad (1-B)^{\hat{d}} \hat{x}_t^* = \varepsilon_t^*, \quad t = 1, \cdots, n.$$

步骤 4 基于 FDBB 样本 $y_1^*, \cdots, y_n^*$ 计算统计量 T_Y 的值, 并记为 T_{Y*}.

步骤 5 重复步骤 3 到步骤 4B 次, 得到统计量 T_Y 的 B 个近似值 $T_{Y*}^1, \cdots,$ T_{Y*}^B, 以其经验分布和经验分位数分别近似统计量 T_Y 的分布和临界值.

在一定条件下, Kapetanios 等 (2019) 证得由 FDBB 方法生成的样本算得的统计量 T_{Y*} 的经验分布和统计量 T_Y 的抽样分布仍满足结论 (4.20), 这保证了 FDBB 方法在分析长记忆时间序列时的有效性.

在上述步骤 2 中要求每个块之间不能有重叠, 最优块的大小 b 可通过一些数据驱动的方法估计. 实际应用中, 可取 $b = [5 * n^{1/3}]$, 亦可以使用可重叠的分块方法.

4.5 数值模拟与实例分析

4.5.1 数值模拟

例 4.1 本例通过基于三种 Bootstrap 方法构造的样本和基于原始样本分别估计总体分布均值, 比较三种 Bootstrap 方法近似长记忆时间序列总体分布的效果. 模拟数据生成模型为

$$Y_t = 1 + X_t, \quad X_t \sim \text{ARFIMA}(p, d, q), \quad t = 1, 2, \cdots, n. \tag{4.21}$$

ARFIMA(p, d, q) 模型中的自回归系数 ϕ_i 和滑动平均系数 θ_j 取如下两种组合形式: $(\phi_1, \theta_1) = (0, 0)$, $(\phi_1, \theta_1) = (-0.3, 0.4)$, 误差项服从标准正态分布, 样本量分别取 100 和 400.

对于一组由模型 (4.21) 生成的样本 $y_1, \cdots, y_n$, 记样本均值为 $\bar{y}_n = \frac{1}{n} \sum_{i=1}^{n} y_i$, $\hat{d}$ 为长记忆参数估计值, $\bar{y}_n^{*a}$ 为第 a 次重抽样得到的 Bootstrap 样本 $y_1^{*a}, \cdots, y_n^{*a}$ 的样本均值. 基于原始样本按公式 $n^{\frac{1}{2}-d}(\bar{y}_n - 1)$ 计算标准化的样本均值, 按公式 $\frac{1}{B} \sum_{a=1}^{B} (n^{\frac{1}{2}-\hat{d}}(\bar{y}_n^{*a} - \bar{y}_n))$ 计算标准化的 Bootstrap 样本均值, Bootstrap 重抽样次数 B 取为 199. 根据计算公式可见, 标准化的样本均值越接近 0 说明该方法近似总体分布均值的效果越好.

表 4.1 列出了 $(\phi_1, \theta_1) = (0, 0)$, 长记忆参数 $d = 0, 0.2, 0.4$ 时经 1000 次模拟循环算得的标准化样本均值的平均值 (Mean) 和标准差 (St.d), 其中 SM 表示由原始样本做估计的方法. 从模拟结果可以看出, 所有方法估计出的均值都很接近 0, 但是标准差的差异较大, 这说明所有方法都能较好地近似总体分布的均值, 但是稳健性有较大差异. 在大部分情况下, FDBB 方法的估计效果最好, 而 FDSB 方法的估计效果相对最差. 随着长记忆参数 d 的增大, SARB 方法的估计精度提高, 而另外三种方法的估计精度降低. 此外, 由于计算的是标准化的样本均值, 所以样本容量的大小对于估计精度的影响不明显. 表 4.2 列出的是 $(\phi_1, \theta_1) = (-0.3, 0.4)$ 时的模拟结果, 从中可以得出与表 4.1 类似的结论.

例 4.2 本例模拟比较基于三种 Bootstrap 方法构造的样本和基于原始样本分别估计长记忆参数的效果. 数据生成模型同例 4.1, 长记忆参数 d 取值 $\{0, 0.2,$

表 4.1 　$(\phi_1, \theta_1) = (0, 0)$ 时标准化样本均值的平均值和标准差

		$n = 100$				$n = 400$			
		SM	SARB	FDSB	FDBB	SM	SARB	FDSB	FDBB
$d = 0$	Mean	0.039	-0.04	-0.03	-0.017	-0.047	0.052	0.043	0.012
	St.d	0.983	1.03	0.928	0.367	1.01	1.03	0.96	0.239
$d = 0.2$	Mean	0.014	-0.015	-0.028	0.015	0.011	-0.008	-0.011	-0.002
	St.d	0.968	0.768	1.411	0.403	0.969	0.62	1.095	0.253
$d = 0.4$	Mean	-0.014	0.009	0.024	-0.014	-0.115	0.036	0.148	-0.038
	St.d	1.407	0.696	2.192	0.547	1.343	0.435	1.623	0.432

表 4.2 　$(\phi_1, \theta_1) = (-0.3, 0.4)$ 时标准化样本均值的平均值和标准差

		$n = 100$				$n = 400$			
		SM	SARB	FDSB	FDBB	SM	SARB	FDSB	FDBB
$d = 0$	Mean	-0.022	0.024	0.011	0	-0.047	0.057	0.038	-0.005
	St.d	1.088	1.105	0.949	0.362	1.085	1.037	0.859	0.237
$d = 0.2$	Mean	0.009	-0.007	-0.009	0.009	-0.078	0.041	0.062	0.001
	St.d	1.081	0.775	1.216	0.392	1.09	0.66	0.923	0.272
$d = 0.4$	Mean	0.037	-0.025	-0.051	0.024	0.001	-0.004	0.002	0.008
	St.d	1.485	0.69	1.89	0.569	1.504	0.455	1.378	0.486

$0.4, 0.6, 0.8, 1\}$, 并用 ELW 方法估计 d. 对于一组生成的样本 $y_1, \cdots, y_n$, SM 方法表示基于中心化样本 $\hat{y}_t = y_t - \bar{y}_n, t = 1, \cdots, n$ 利用 ELW 方法估计 d, 三种 Bootstrap 方法指分别基于 199 组中心化 Bootstrap 样本 $\hat{y}_t^{*a} = y_t^{*a} - \bar{y}_n^{*a}, t = 1, \cdots, n, a = 1, \cdots, 199$ 利用 ELW 方法估计到的 d 的平均值.

表 4.3 给出了 $(\phi_1, \theta_1) = (0, 0)$ 时经 1000 次模拟循环估计到的长记忆参数值的平均值和标准差. 从中可以看出, SM 方法优于三种 Bootstrap 方法, 而在三种 Bootstrap 方法中 FDSB 方法在大部分情况下估计效果最好. 特别地, SARB 方法的估计值总是小于真实值. 表 4.4 给出的是 $(\phi_1, \theta_1) = (-0.3, 0.4)$ 时的模拟结果, 可以看出此时的模拟结果和表 4.3 中的结果很接近, 不再详细讨论.

例 4.3 本例模拟比较均值变点检验统计量 G_n 的检验效率. 检验统计量临界值分别用三种 Bootstrap 方法和在假定长记忆参数 d 已知的条件下通过直接模拟得到. 在模拟经验水平时, 由模型 ARFIMA$(0, d, 0)$ 生成模拟数据, 长记忆参数 d 分别取 $0, 0.2, 0.4$, 检验水平 $\alpha = 5\%, 10\%$. 模拟经验势时, 分别在变点 $k^* = [n\tau], \tau = 0.25, 0.5, 0.8$ 处添加一个跳跃度为 $\Delta_a = 2$ 的均值变点. 所有模拟循环次数为 1000.

表 4.3 $(\phi_1, \theta_1) = (0, 0)$ 时长记忆参数 d 估计值的平均值及标准差

		$n = 100$				$n = 400$			
		SM	SARB	FDSB	FDBB	SM	SARB	FDSB	FDBB
$d = 0$	Mean	−0.026	−0.022	−0.038	−0.066	−0.004	−0.008	−0.021	−0.022
	St.d	0.155	0.157	0.187	0.212	0.086	0.085	0.109	0.116
$d = 0.2$	Mean	0.189	0.021	0.154	0.146	0.191	0.056	0.176	0.18
	St.d	0.17	0.167	0.207	0.224	0.084	0.102	0.105	0.123
$d = 0.4$	Mean	0.39	0.181	0.378	0.373	0.407	0.304	0.401	0.407
	St.d	0.16	0.198	0.203	0.206	0.092	0.131	0.11	0.12
$d = 0.6$	Mean	0.572	0.404	0.544	0.561	0.584	0.525	0.574	0.586
	St.d	0.154	0.183	0.185	0.196	0.088	0.094	0.106	0.106
$d = 0.8$	Mean	0.761	0.6	0.736	0.736	0.787	0.724	0.772	0.772
	St.d	0.162	0.158	0.194	0.195	0.084	0.088	0.105	0.115
$d = 1$	Mean	0.965	0.794	0.933	0.925	0.987	0.917	0.97	0.971
	St.d	0.158	0.166	0.199	0.21	0.084	0.085	0.106	0.118

表 4.4 $(\phi_1, \theta_1) = (-0.3, 0.4)$ 时长记忆参数 d 估计值的平均值及标准差

		$n = 100$				$n = 400$			
		SM	SARB	FDSB	FDBB	SM	SARB	FDSB	FDBB
$d = 0$	Mean	−0.016	−0.019	−0.003	−0.052	−0.007	−0.005	−0.001	−0.023
	St.d	0.15	0.158	0.192	0.201	0.082	0.083	0.105	0.118
$d = 0.2$	Mean	0.206	0.033	0.214	0.162	0.194	0.072	0.202	0.173
	St.d	0.168	0.175	0.215	0.229	0.084	0.099	0.111	0.119
$d = 0.4$	Mean	0.411	0.224	0.417	0.395	0.415	0.327	0.421	0.413
	St.d	0.143	0.198	0.187	0.205	0.092	0.121	0.111	0.117
$d = 0.6$	Mean	0.584	0.425	0.584	0.577	0.583	0.54	0.588	0.587
	St.d	0.145	0.175	0.183	0.184	0.087	0.095	0.105	0.104
$d = 0.8$	Mean	0.773	0.614	0.778	0.748	0.791	0.732	0.787	0.777
	St.d	0.16	0.164	0.2	0.19	0.087	0.097	0.11	0.113
$d = 1$	Mean	0.969	0.807	0.969	0.92	0.986	0.923	0.99	0.967
	St.d	0.152	0.156	0.198	0.208	0.086	0.085	0.106	0.112

经验水平的模拟结果由表 4.5 列出, 经验势的模拟结果由表 4.6 列出. 从表 4.5 可以看出, 基于直接模拟得到的临界值算得的经验水平最接近检验水平, 这主要是因为在此时假定长记忆参数 d 已知. 三种 Bootstrap 方法在控制经验水平方面没有太大差异, 都存在一定的水平扭曲, 但随着样本量的增大, 扭曲程度逐渐降低. 此外, 在样本量较小时, 长记忆参数值的大小对于 SARB 方法的影响最大. 从表 4.6 中可以看出, SARB 方法得到的经验势略高于 FDSB 方法, 且都高于直

接模拟临界值的方法, 而 FDBB 方法的检验势远低于其他三种方法. 当变点位置在中间位置时, 所有方法的检验势均最高, 且随着长记忆参数值的增大, 检验势逐渐降低.

表 4.5　均值变点检验统计量 G_n 的经验水平 (%)

		$n = 100$				$n = 400$			
	α	SM	SARB	FDSB	FDBB	ASV	SARB	FDSB	FDBB
$d = 0$	10%	9.2	11.8	13.1	13.1	9.54	12.1	11.9	11.8
	5%	4.2	6.0	5.9	6.9	5.1	4.7	5.9	6.1
$d = 0.2$	10%	9.74	14.9	11.7	10.5	9.66	11.0	11.4	9.1
	5%	4.56	7.3	6.2	5.6	5.08	5.6	5.4	4.5
$d = 0.4$	10%	10.2	7.6	11.9	10.1	10.3	9.0	9.7	7.41
	5%	5.02	4.1	5.8	5.1	5.24	5.5	6.2	4.5

表 4.6　在变点 τ 处出现跳跃度为 2 的均值变点时统计量 G_n 在 5% 检验水平下的经验势 (%)

		$n = 100$				$n = 400$			
	τ	SM	SARB	FDSB	FDBB	SM	SARB	FDSB	FDBB
$d = 0$	0.25	89.5	96.8	94.6	72.7	99.9	100	100	99.4
	0.5	94.7	99.2	98.6	76.5	100	100	100	100
	0.8	87.2	97.0	93.3	70.4	99.8	100	100	98.6
$d = 0.2$	0.25	54.8	72.5	65.5	34.2	84.8	94.3	88.9	66.2
	0.5	63.0	87.3	73.1	36.8	93.3	99.6	96.1	78.2
	0.8	50.7	68.8	59.1	38.1	81.4	93	85	69.1
$d = 0.4$	0.25	22.4	40.6	28.5	14.9	29.1	47.6	29.1	19.1
	0.5	28.0	55.9	35	19.9	37.4	63.0	41.1	26.8
	0.8	19.1	36.4	24.4	14.5	26.1	43.1	25.7	20.6

例 4.4　本例模拟比较方差变点检验统计量 V_n 的检验效率. 继续用模型 ARFIMA$(0, d, 0)$ 生成模拟数据, 长记忆参数 d 分别取 0.3 和 0.4. 模拟经验势时变点位置分别取 $0.25, 0.5$ 和 0.75, 跳跃度 Δ_b 分别取 $2, 3, \frac{1}{2}, \frac{1}{3}$, 样本量分别取 $200, 500$, Bootstrap 重抽样次数为 300, 模拟循环次数为 2000. 这里仅给出基于 FDSB 方法计算统计量临界值得到的模拟结果, 基于其他两种 Bootstrap 方法的模拟结果, 读者可查看相关文献.

表 4.7 列出了经验水平的模拟结果, 可以看出经验水平整体上略低于给定的检验水平, 但随着样本容量的增大, 经验水平逐渐接近检验水平, 且这种轻微的影响在可以被接受的范围之内. 这说明 FDSB 方法能够很好地近似检验统计量 V_n 的临界值.

表 4.8 列出了方差变点检验统计量的经验势. 可以看出长记忆参数 d 和样本量大小以及变点位置的变化对经验势都有很大的影响. 在各个条件下, $d = 0.3$ 时的经验势比 $d = 0.4$ 时要高, 随着样本量的增大经验势也会有一定的提升, 且当变点出现在样本中间位置时会更容易检测到. 另外, 当方差从大变小时变点位置在 $\tau = 0.75$ 时的检验势要比变点位置在 $\tau = 0.25$ 时高, 反之当方差从小变大时, 变点位置在 $\tau = 0.25$ 时要比在 $\tau = 0.75$ 时更容易检测到.

表 4.7 方差变点检验统计量 V_n 的经验水平 (%)

	$n = 200$			$n = 500$		
	$\alpha = 10\%$	$\alpha = 5\%$	$\alpha = 1\%$	$\alpha = 10\%$	$\alpha = 5\%$	$\alpha = 1\%$
$d = 0.3$	7.2	3.2	0.5	8.6	3.6	0.8
$d = 0.4$	7.9	4.1	0.6	8.8	4.2	1.1

表 4.8 在变点 τ 处出现跳跃度为 Δ_b 的方差变点时统计量 V_n 在 5% 检验水平下的经验势 (%)

		$n = 200$				$n = 500$			
	$\tau \backslash \Delta_b$	2	3	1/2	1/3	2	3	1/2	1/3
$d = 0.3$	0.25	66.6	98.0	64.0	93.7	89.6	100	83.8	98.2
	0.5	86.1	100	79.4	99.1	100	99.6	94.3	100
	0.75	64.7	95.2	66.2	96.4	84.8	100	85.9	99.7
$d = 0.4$	0.25	35.4	83.0	30.8	75.2	56.1	91.8	45.1	85.6
	0.5	60.2	87.7	54.7	89.6	66.8	93.4	66.7	91.5
	0.75	32.6	75.1	37.0	86.6	45.2	89.5	51.2	88.3

4.5.2 实例分析

例 4.5 利用统计量 G_n 分析尼罗河 1871 年至 1970 年年径流量数据中的均值变点, 数据见图 4.1. 检验发现统计量 G_n 在第 26 个观测值处 (见图 4.1 中的

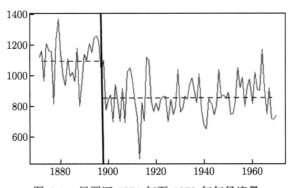

图 4.1 尼罗河 1871 年至 1970 年年径流量

竖线) 达到最大值 78.54, 在 5% 检验水平下, SARB 方法算得的统计量临界值为 71.23, FDSB 方法和 FDBB 方法算得的临界值分别为 49.8 和 64.93, 由于检验统计量的值大于所有临界值, 这说明不论采用哪种 Bootstrap 方法都可认为数据中存在均值变点. Shao(2011) 基于模拟临界值做检验, 同样得出这组径流量数据中存在均值变点的结论.

例 4.6　分析从 1962 年 1 月 1 日至 1962 年 11 月 2 日之间的 IBM 股票日收盘价数据序列, 总共 218 个观测值, 见图 4.2. 对原始数据进行对数差分变换后得到的序列, 即 IBM 股票日对数收益率见图 4.3. 该组收益率数据已有许多学者从不同的角度研究过, Wichern 等 (1976) 首次从方差变点的角度分析了这组数据. 用本章的统计量 V_n 检测对数收益率中是否存在方差变点, 发现统计量在第 103 个样本处达到最大值 48.65, 大于 5% 检验水平下基于 FDSB 方法算得的临界值 23.34. 因此在 5% 检验水平下拒绝无方差变点的原假设, 即认为该组数据中存在方差变点. 图 4.2 和图 4.3 中的竖线给出的是变点的位置.

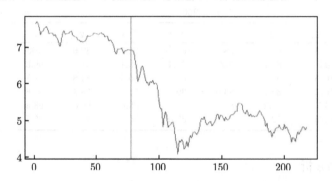

图 4.2　1962 年 1 月 1 日至 1962 年 11 月 2 日 IBM 股票日收盘价

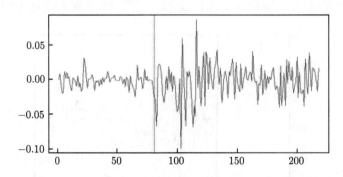

图 4.3　1962 年 1 月 1 日至 1962 年 11 月 2 日 IBM 股票日对数收益率

4.6 小　结

　　本章研究了长记忆时间序列均值、趋势项及方差变点的检验问题, 分别提出了合适的检验统计量, 证明了统计量的极限分布和一致性, 并针对长记忆时间序列给出了三种 Bootstrap 方法, 模拟结果表明三种方法都能较好地重构长记忆时间序列, 但在用分数阶差分 Block Bootstrap 方法做变点检验时效果较差. 本章仅讨论了单变点问题, 如果数据中存在多个变点时, 单变点检验方法可能会出现失效的情况, 此时可采用滑动的方法构造滑动检验统计量做检验. 本章 4.1 节的内容摘自 Shao(2011), 4.2 节的内容引自吉毛加等 (2019), 4.3 节的内容引自 Ma(2020), 4.4 节的内容摘自何明灿 (2017). 基于自适应 Wilcoxon 方法检验长记忆时间序列均值变点的研究可见 Betken(2016), Wenger 等 (2019) 对长记忆时间序列均值变点检验方法做了综述.

第 5 章   长记忆参数变点的检验

在长记忆时间序列中, 除了上一章讨论的均值、方差及趋势项变点问题, 长记忆参数变点问题也是统计学家研究的热点, 第 3 章介绍的 $I(0)/I(1)$ 形式持久性变点问题可看成这类变点问题的特殊形式. 本章研究基于如下模型

$$Y_t = \mu + X_t, \quad (1-L)^{d_t} X_t = \varepsilon_t, \quad t = 1, 2, \cdots, n, \tag{5.1}$$

其中 $\mu = E(Y_t)$ 是常数均值, n 为样本容量. 随机项 X_t 是长记忆时间序列, 即 $X_t \sim I(d_t)$, $d_t \in [0, 1.5)$, 误差项 ε_t 是短记忆时间序列, 即 $\varepsilon_t \sim I(0)$. 长记忆参数 d_t 的变点问题包括从平稳区间向非平区间变化或从非平稳区间向平稳区间变化, 从一个固定值向另一个固定值变化等多种形式, 相关原假设和备择假设在各小节中给出.

5.1   平方 CUSUM 比检验

本节在非平稳原假设下研究长记忆参数从平稳区间向非平稳区间变化或从非平稳区间向平稳区间变化变点的检验问题. 原假设为序列 $Y_t \sim I(d_t)$ 在整个样本区间上是非平稳的, 即

$$H_0 : d_t = d_0 \in (0.5, 1.5), \quad t = 1, 2, \cdots, n.$$

备择假设为

$$H_{01} : d_t = \begin{cases} d_1 \in [0, 0.5), & t = 1, \cdots, [n\tau^*], \\ d_2 \in (0.5, 1.5), & t = [n\tau^*] + 1, \cdots, n, \end{cases}$$

或

$$H_{10} : d_t = \begin{cases} d_2 \in (0.5, 1.5), & t = 1, \cdots, [n\tau^*], \\ d_1 \in [0, 0.5), & t = [n\tau^*] + 1, \cdots, n, \end{cases}$$

其中 d_0, d_1, d_2 及变点位置 $[n\tau^*], 0 < \tau^* < 1$ 均未知.

对于某个给定的常数 $\tau \in (0, 1)$, 令

$$\hat{v}_{t,\tau} = Y_t - \bar{Y}(\tau),$$

$$\tilde{v}_{t,\tau} = Z_t - \bar{Z}(1-\tau),$$

其中

$$\bar{Y}(\tau) = [n\tau]^{-1} \sum_{t=1}^{[n\tau]} Y_t,$$

$$Z_t = Y_{n-t+1},$$

$$\bar{Z}(1-\tau) = (n - [n\tau])^{-1} \sum_{t=1}^{n-[n\tau]} Z_t.$$

对于一个给定的关于 0.5 对称的检验区间 $\Lambda \subset (0,1)$, 平方 CUSUM 比检验统计量定义为

$$R_n = \frac{\inf_{\tau \in \Lambda} K^f(\tau)}{\inf_{\tau \in \Lambda} K^r(\tau)}, \tag{5.2}$$

其中

$$K^f(\tau) = [n\tau]^{-2d_0} \sum_{t=1}^{[n\tau]} \hat{v}_{t,\tau}^2,$$

$$K^r(\tau) = (n - [n\tau])^{-2d_0} \sum_{t=1}^{n-[n\tau]} \tilde{v}_{t,\tau}^2.$$

定理 5.1 在原假设 H_0 下, 当 $n \to \infty$ 时有

$$R_n \Rightarrow \frac{\inf_{\tau \in \Lambda} L_d^f(\tau)}{\inf_{\tau \in \Lambda} L_d^r(\tau)},$$

其中 $d = d_0 - 1$,

$$L_d^f(\tau) = \tau^{-2d-2} \int_0^\tau \left(W_d(r) - \tau^{-1} \int_0^\tau W_d(s)ds \right)^2 dr,$$

$$L_d^r(\tau) = (1-\tau)^{-2d-2} \int_0^{1-\tau} \left(W_d(1-r) - (1-\tau)^{-1} \int_\tau^1 W_d(s)ds \right)^2 dr.$$

证明: 因为 $X_t \sim I(d_0)$ 是非平稳长记忆时间序列, 记 $e_t = X_t - X_{t-1}, t = [nr], r \in (0,1)$, 则 $e_t \sim I(d_0 - 1) = I(d)$ 是平稳长记忆时间序列, 由引理 1.5 可得

$$n^{1/2-d_0} X_{[nr]} = n^{-1/2-d} \sum_{i=1}^{[nr]} e_i \Rightarrow \omega W_d(r).$$

所以

$$n^{1/2-d_0}\hat{v}_{t,\tau} = n^{1/2-d_0}\left(Y_t - [n\tau]^{-1}\sum_{t=1}^{[n\tau]} Y_t\right)$$

$$= n^{1/2-d_0}\left(X_t - [n\tau]^{-1}\sum_{t=1}^{[n\tau]} X_t\right)$$

$$\Rightarrow \omega\left(W_d(r) - \tau^{-1}\int_0^\tau W_d(s)ds\right). \tag{5.3}$$

因此统计量 R_n 的分子

$$K^f(\tau) = \frac{n^{2d_0}}{[n\tau]^{2d_0}}n^{-1}\sum_{t=1}^{[n\tau]}\left(n^{1/2-d_0}\hat{v}_{t,\tau}\right)^2$$

$$\Rightarrow \tau^{-2d_0}\omega^2\int_0^\tau\left(W_d(r) - \tau^{-1}\int_0^\tau W_d(s)ds\right)^2 dr. \tag{5.4}$$

另一方面, 由于 $\tilde{v}_{t,\tau}$ 是向前求累积和, 所以

$$n^{1/2-d_0}\tilde{v}_{t,\tau} = n^{1/2-d_0}\left(Z_t - (n-[n\tau])^{-1}\sum_{t=1}^{n-[n\tau]} Z_t\right)$$

$$= n^{1/2-d_0}\left(X_{n-t+1} - (n-[n\tau])^{-1}\sum_{t=[n\tau]+1}^{n} X_t\right)$$

$$\Rightarrow \omega\left(W_d(1-r) - (1-\tau)^{-1}\int_\tau^1 W_d(s)ds\right). \tag{5.5}$$

因此统计量 R_n 的分母

$$K^r(\tau) = \frac{n^{2d_0}}{(n-[n\tau])^{2d_0}}n^{-1}\sum_{t=1}^{n-[n\tau]}\left(n^{1/2-d_0}\tilde{v}_{t,\tau}\right)^2$$

$$\Rightarrow (1-\tau)^{-2d_0}\omega^2\int_0^{1-\tau}\left(W_d(1-r) - (1-\tau)^{-1}\int_\tau^1 W_d(s)ds\right)^2 dr. \tag{5.6}$$

由 (5.4) 和 (5.6) 即得定理 5.1 的证明.　　　　　　　　　　　　　　　　　□

定理 5.2　(1) 当备择假设 H_{01} 成立, 即当 $\{Y_t\}$ 由平稳过程 $I(d_1), 0 \leqslant d_1 < 1/2$ 变为非平稳过程 $I(d_2), 1/2 < d_2 < 3/2$ 时有

$$R_n = O_p(n^{1-2d_2}).$$

(2) 当备择假设 H_{10} 成立, 即当 $\{Y_t\}$ 由非平稳过程 $I(d_2)$ 变为平稳过程 $I(d_1)$ 时有

$$R_n = O_p(n^{2d_2-1}).$$

证明: 当 $\{Y_t\}$ 在时刻 $[n\tau^*]$ 由平稳过程 $I(d_1)$ 变为非平稳过程 $I(d_2)$ 时, 若 $\tau \leqslant \tau^*$, 则

$$X_t - [n\tau]^{-1}\sum_{t=1}^{[n\tau]} X_t := v_t \sim I(d_1), \quad t = 1, \cdots, [n\tau].$$

从而由引理 1.5 有

$$K^f(\tau) = \frac{n^{2d_0}}{[n\tau]^{2d_0}}\frac{n}{n^{2d_0}}n^{-1}\sum_{t=1}^{[n\tau]} v_t^2 = \tau^{-2d_0}O_p(n^{1-2d_0}).$$

当 $\tau > \tau^*$ 时,

$$K^f(\tau) = [n\tau]^{-2d_0}\left(\sum_{t=1}^{[n\tau]} X_t^2 - [n\tau]^{-1}\left(\sum_{t=1}^{[n\tau]} X_t\right)^2\right)$$

$$= \frac{n^{2d_0}}{[n\tau]^{2d_0}}\frac{n}{n^{2d_0}}n^{-1}\left(\sum_{t=1}^{[n\tau^*]} X_t^2 - [n\tau]^{-1}\left(\sum_{t=1}^{[n\tau^*]} X_t\right)^2\right)$$

$$+ \frac{n^{2d_0}}{[n\tau]^{2d_0}}\frac{n^{2d_2}}{n^{2d_0}}n^{-2d_2}\left(\sum_{t=[n\tau^*]+1}^{[n\tau]} X_t^2 - [n\tau]^{-1}\left(\sum_{t=[n\tau^*]+1}^{[n\tau]} X_t\right)^2\right)$$

$$= \tau^{-2d_0}\left(O_p(n^{1-2d_0}) + O_p(n^{2(d_2-d_0)})\right)$$

$$= \tau^{-2d_0}O_p(n^{2(d_2-d_0)}).$$

由于 $d_2 > 0.5$, 所以对任意的变点 $\tau^* \in \Lambda$ 有

$$\inf_{\tau \in \Lambda} K^f(\tau) = \tau^{*-2d_0}O_p(n^{1-2d_0}). \tag{5.7}$$

同理, 由于逆序列 Z_t 满足

$$Z_t \sim \begin{cases} I(d_2), & t = 1, \cdots, n-[n\tau^*], \\ I(d_1), & t = n-[n\tau^*]+1, \cdots, n. \end{cases}$$

所以当 $\tau \leqslant 1 - \tau^*$ 时,

$$K^r(\tau) = (1-\tau)^{-2d_0}O_p(n^{2(d_2-d_0)}).$$

当 $\tau > 1 - \tau^*$ 时,

$$K^r(\tau) = (1-\tau)^{-2d_0}\left(O_p(n^{2(d_2-d_0)}) + O_p(n^{1-2d_0})\right).$$

令 λ_l 和 λ_u 分别表示区间 Λ 的下限和上限, 则

$$\inf_{\tau\in\Lambda} K^r(\tau) = (1-\lambda_l)^{-2d_0}O_p(n^{2(d_2-d_0)}). \tag{5.8}$$

由 (5.7) 和 (5.8) 即得定理 5.2 中结论 (1) 的证明, 结论 (2) 可类似证得.　□

　　从定理 5.2 可以看出, 当数据中存在从非平稳长记忆时间序列向平稳长记忆时间序列变化的持久性变点时, 统计量 R_n 将发散到无穷, 而当数据中存在从平稳长记忆时间序列向非平稳长记忆时间序列变化的持久性变点时, 统计量 R_n^{-1} 将发散到无穷, 所以本书用这两个统计量分别检验这两种形式的持久性变点. 一个需要关注的问题是若被检验的序列中不存在长记忆参数变点, 但 $Y_t \sim I(d^*), d^* \neq d_0$ 时统计量 R_n 是否会出现拒绝无变点原假设 H_0 的情况. 从定理 5.1 的证明立即可得, 当 $1/2 < d^* < 3/2$, 但 $d^* \neq d_0$ 时统计量 R_n 具有和 $d^* = d_0$ 时相同形式的极限分布, 但其中 $W_d(r)$ 将变为 $W_{d^*-1}(r)$. 下面定理 5.3 将证明, 当 $0 \leqslant d_0 < 1/2$ 时统计量 R_n 具有退化的极限分布. 在实际问题中 d_0 通常是未知的, 因此在做检验时需要首先估计 d_0. 本书采用上一章介绍的 ELW 方法做估计.

　　定理 5.3　若 $Y_t \sim I(d_0), 0 \leqslant d_0 < 1/2, t = 1,\cdots,n$, 则当 $n \to \infty$ 时有

$$R_n \xrightarrow{p} 1.$$

证明: 由定理 5.2 的证明可知

$$n^{-1+2d_0}K^f(\tau) = \frac{n^{2d_0}}{[n\tau]^{2d_0}}n^{-1}\sum_{t=1}^{[n\tau]}\left(X_t - \frac{1}{[n\tau]}X_t\right)^2$$
$$\xrightarrow{p} \tau^{-2d_0}\gamma_0,$$
$$\inf_{\tau\in\Lambda}K^f(\tau) \xrightarrow{p} \lambda_u^{-2d_0}\gamma_0,$$
$$n^{-1+2d_0}K^r(\tau) = \frac{n^{2d_0}}{n-[n\tau]^{2d_0}}n^{-1}\sum_{t=[n\tau]+1}^{n}\left(X_t - \frac{1}{n-[n\tau]}\sum_{t=[n\tau]+1}^{n}X_t\right)^2$$
$$\xrightarrow{p} (1-\tau)^{-2d_0}\gamma_0,$$
$$\inf_{\tau\in\Lambda}K^r(\tau) \xrightarrow{p} (1-\lambda_l)^{-2d_0}\gamma_0,$$

其中 γ_0 表示中心化平稳长记忆时间序列的长期方差. 由区间 Λ 的对称性有 $\lambda_u = 1 - \lambda_l$, 定理得证.　□

在实际问题中用 ELW 方法估计 d_0 时, 有可能会出现估计值小于 0.5 的情况, 此时显然平方 CUSUM 比检验方法不能用. 一种可行的改进办法是先对检验序列求累积和, 即令

$$\tilde{Y}_t = \sum_{i=1}^{t} (Y_i - \bar{Y}(1)), \quad t = 1, \cdots, n,$$

再检验序列 $\tilde{Y}_1, \cdots, \tilde{Y}_n$ 中的长记忆参数变点检验, 一旦在其中检验出变点, 则可认为序列 $Y_1, \cdots, Y_n$ 中亦存在长记忆参数变点.

本节最后给出估计长记忆参数变点的方法. 利用估计量

$$\hat{\tau}^f = \arg\inf_{\tau \in \Lambda} K^f(\tau) \tag{5.9}$$

估计从平稳长记忆时间序列向非平稳长记忆时间序列变化的持久性变点, 利用估计量

$$\hat{\tau}^r = \arg\inf_{\tau \in \Lambda} K^r(\tau) \tag{5.10}$$

估计从非平稳长记忆时间序列向平稳长记忆时间序列变化的持久性变点.

定理 5.4　(1) 若时间序列 $Y_t, t = 1, \cdots, n$ 在时刻 $[n\tau^*]$ 由平稳长记忆时间序列变为非平稳长记忆时间序列, 则

$$\hat{\tau}^f \xrightarrow{p} \tau^*;$$

(2) 若时间序列 $Y_t, t = 1, \cdots, n$ 在时刻 $[n\tau^*]$ 由非平稳长记忆时间序列变为平稳长记忆时间序列, 则

$$\hat{\tau}^r \xrightarrow{p} \tau^*.$$

证明: 由 (5.7) 立即可得估计量 $\hat{\tau}^f$ 一致性的证明, 估计量 $\hat{\tau}^r$ 一致性的证明可类似证得, 此处略.　　　　　　　　　　　　　　　　　　　　　　　□

5.2　方差比检验

令 $Y_1, \cdots, Y_n$ 是由模型 (5.1) 生成的一组样本, 方差比检验原假设为

$$H_0 : d_t = d, \quad t = 1, 2, \cdots, n,$$

备择假设为

$$H_1 : d_t = \begin{cases} d, & t = 1, \cdots, k^*, \\ d_1, & t = k^*+1, \cdots, n, d \neq d_1, \end{cases}$$

其中 $d, d_1 \in [0, 0.5) \cup (0.5, 1.5)$, 且 d, d_1 及变点 k^* 均未知.

显然, 和上一节讨论的平方 CUSUM 比检验相比, 方差比检验的原假设为检验序列可以是平稳长记忆时间序列, 也可以是非平稳长记忆时间序列, 而备择假设更是除了包含从平稳长记忆时间序列和非平稳长记忆时间序列间变化这两种持久性变点外, 还涵盖了两个不同阶的平稳或非平稳长记忆时间序列间的变化. 为了区分变点的形式, 当 $d < d_1$ 时称数据中存在递增的长记忆参数变点, 当 $d > d_1$ 时称数据中存在递减的长记忆参数变点.

令 $S_k = \sum\limits_{i=1}^{k} Y_i, \tilde{S}_{n-k} = \sum\limits_{i=k+1}^{n} Y_i$ 分别为样本 Y_t 的向前和向后部分后, 记

$$
V_k = \frac{1}{k^2} \sum_{t=1}^{k} \left(S_t - \frac{t}{k} S_k \right)^2 - \left(\frac{1}{k^{3/2}} \sum_{t=1}^{k} \left(S_t - \frac{t}{k} S_k \right) \right)^2,
$$

$$
\tilde{V}_{n-k} = \frac{1}{(n-k)^2} \sum_{t=k+1}^{n} \left(\tilde{S}_{n-t+1} - \frac{n-t+1}{n-k} \tilde{S}_{n-k} \right)^2
$$

$$
- \left(\frac{1}{(n-k)^{3/2}} \sum_{t=k+1}^{n} \left(\tilde{S}_{n-t+1} - \frac{n-t+1}{n-k} \tilde{S}_{n-k} \right) \right)^2.
$$

对于给定的检验区间 $\Lambda \in (0,1)$, 方差比检验统计量定义为

$$
W_n = \max_{\tau \in \Lambda} L_n(\tau), \quad L_n(\tau) = \frac{\tilde{V}_{n-[n\tau]}}{V_{[n\tau]}}.
$$

这里也可以采用平均得分统计量 $\int_{\tau \in \Lambda} L_n(\tau)$ 或平均指数统计量 $\log \left\{ \int_{\tau \in \Lambda} \exp (L_n(\tau)) \right\}$ 等. 若记

$$
I_n = \frac{\inf\limits_{\tau \in \Lambda} \tilde{V}_{n-[n\tau]}}{\inf\limits_{\tau \in \Lambda} V_{[n\tau]}},
$$

则统计量 I_n 可看作上一节平方 CUSUM 比检验统计量的一种改进形式. 本书用统计量 W_n 检验递增的长记忆参数变点, 用统计量 W_n^{-1} 检验递减的长记忆参数变点.

由引理 1.5 可知, 当 $0 \leqslant d < 1/2$ 时,

$$
n^{-\frac{1}{2}-d} \sum_{t=1}^{[n\tau]} X_t \Rightarrow \omega W(\tau),
$$

而当 $1/2 < d < 3/2$ 时,

$$n^{-\frac{1}{2}-d} \sum_{t=1}^{[n\tau]} X_t = n^{-1} \sum_{t=1}^{[n\tau]} n^{1/2-d} X_{[nr]} \Rightarrow \omega \int_0^\tau W(r) dr.$$

为方便推导统计量 W_n 的极限分布, 定义

$$B_d(\tau) := \begin{cases} W_d(\tau), & 0 \leqslant d < 1/2, \\ \int_0^r W_d(r) dr, & 1/2 < d < 3/2. \end{cases} \tag{5.11}$$

定理 5.5 若原假设 H_0 成立, 则当 $n \to \infty$ 时有

$$W_n \Rightarrow \sup_{\tau \in \Lambda} \frac{\tau^{-2} \int_0^\tau B_d^2(r,\tau) dr - \left(\tau^{-3/2} \int_0^\tau B_d(r,\tau) dr \right)^2}{(1-\tau)^{-2} \int_\tau^1 \tilde{B}_d^2(r,\tau) dr - \left((1-\tau)^{-3/2} \int_\tau^1 \tilde{B}_d(r,\tau) dr \right)^2},$$

其中

$$B_d(r,\tau) = B_d(r) - r\tau^{-1} B_d(\tau), \quad \tilde{B}_d(r,\tau) = B_d(1) - B_d(r) - \frac{1-r}{1-\tau} (B_d(1) - B_d(\tau)).$$

证明: 令 $t = [nr]$, 则

$$\begin{aligned} n^{-1/2-d} \left(S_t - \frac{t}{[n\tau]} S_{[n\tau]} \right) &= n^{-1/2-d} \left(\sum_{i=1}^{[nr]} X_i - \frac{[nr]}{[n\tau]} \sum_{i=1}^{[n\tau]} X_i \right) \\ &\Rightarrow \omega \left(B_d(r) - r\tau^{-1} B_d(\tau) \right) \\ &:= \omega B_d(r,\tau), \end{aligned}$$

$$\begin{aligned} n^{-1/2-d} \left(\tilde{S}_{n-t+1} - \frac{n-t+1}{n-[n\tau]} \tilde{S}_{n-[n\tau]} \right) & \\ = n^{-1/2-d} \left(\sum_{i=[nr]}^{n} X_i - \frac{n-[nr]+1}{n-[n\tau]} \sum_{i=[nr]}^{n} X_i \right) & \\ \Rightarrow \omega \left(B_d(1) - B_d(r) - \frac{1-r}{1-\tau} (B_d(1) - B_d(\tau)) \right) & \\ := \omega \tilde{B}_d(r,\tau). & \end{aligned}$$

根据连续映照定理立即可得

$$n^{-2d}V_{[n\tau]} \Rightarrow \omega^2 \left\{ \tau^{-2} \int_0^\tau B_d^2(r,\tau)dr - \left(\tau^{-3/2} \int_0^\tau B_d(r,\tau)dr \right)^2 \right\},$$

$$n^{-2d}\tilde{V}_{n-[n\tau]} \Rightarrow \omega^2 \left\{ (1-\tau)^{-2} \int_\tau^1 \tilde{B}_d^2(r,\tau)dr \right.$$

$$\left. - \left((1-\tau)^{-3/2} \int_\tau^1 \tilde{B}_d(r,\tau)dr \right)^2 \right\},$$

由此即得定理的证明.　　　　　　　　　　　　　　　　　　　　　　　　□

定理 5.6　若备择假设 H_1 成立, 则当 $d_1 > d$ 时有

$$W_n = O_p(n^{2(d_1-d)}),$$

当 $d_1 < d$ 时有

$$W_n^{-1} = O_p(n^{2(d-d_1)}).$$

证明: 由定理 5.5 的证明可知, 当 $d_1 > d$ 时, 若 $k^* > [n\tau]$, 则 $V_{[n\tau]} = O_p(n^{2d})$, $\tilde{V}_{n-[n\tau]} = O_p(n^{2d_1})$, 即 $L_n(\tau) = O_p(n^{2(d_1-d)})$. 若 $k^* \leqslant [n\tau]$, 则 $V_{[n\tau]} = O_p(n^{2d_1})$, $\tilde{V}_{n-[n\tau]} = O_p(n^{2d_1})$, 即 $L_n(\tau) = O_p(1)$. 综合两种情况即有 $W_n = O_p(n^{2(d_1-d)})$.

当 $d_1 < d$ 时, 若 $k^* > [n\tau]$, 则 $V_{[n\tau]} = O_p(n^{2d})$, $\tilde{V}_{n-[n\tau]} = O_p(n^{2d})$, 即 $L_n(\tau) = O_p(1)$. 若 $k^* \leqslant [n\tau]$, 则 $V_{[n\tau]} = O_p(n^{2d})$, $\tilde{V}_{n-[n\tau]} = O_p(n^{2d_1})$, 即 $L_n^{-1}(\tau) = O_p(n^{2(d-d_1)})$. 综合两种情况即有 $W_n^{-1} = O_p(n^{2(d-d_1)})$.　　□

比较定理 5.2 和定理 5.6 的结果可以发现, 平方 CUSUM 比检验和方差比检验在数据中存在长记忆参数变点时具有相同的发散速度, 但方差比检验的一个优势是计算统计量的值时不需要估计长记忆参数. 由于两个统计量的极限分布都依赖于长记忆参数, 所以在确定检验统计量临界值时仍需要估计长记忆参数. 一个自然的想法是用 Bootstrap 方法近似计算检验统计量的临界值. 根据 4.4 节的讨论可知, 分数阶差分 Sieve Bootstrap (FDSB) 方法适合用来计算这两个长记忆参数变点检验统计量的临界值, 具体计算时只需要将 4.4 节中的统计量 T_Y 换为本章给出的统计量即可, 这里不再重述. 两个长记忆参数变点检验方法的检验效率如何, 请看 5.4 节的数值模拟.

5.3　DF 比检验

考虑到单位根过程在计量经济学中的重要地位, 本节专门讨论一下从单位根过程向长记忆时间序列变化变点的检验问题. 虽然前面两节的内容涵盖了这一问

题, 但本节介绍的方法对这一类特殊问题具有更好的检验效果. 设 $Y_1, \cdots, Y_n$ 是由模型 (5.1) 生成的一组样本, DF 比检验原假设为

$$H_0: d_t = 1, \quad t = 1, 2, \cdots, n,$$

备择假设为

$$H_1: d_t = \begin{cases} 1, & t = 1, \cdots, k^*, \\ d, & t = k^* + 1, \cdots, n, \end{cases}$$

其中 $d \in [0, 0.5) \cup (0.5, 1)$, 且 d 及变点 k^* 均未知.

对任意的 $\tau \in \Lambda \in (0, 1)$, 令

$$\hat{\rho}_1 = \frac{\displaystyle\sum_{t=1}^{[n\tau]} \hat{X}_{t-1} \hat{X}_t}{\displaystyle\sum_{t=1}^{[n\tau]} \hat{X}_{t-1}^2},$$

$$\hat{\rho}_2 = \frac{\displaystyle\sum_{t=1}^{n-[n\tau]} \tilde{X}_{t-1} \tilde{X}_t}{\displaystyle\sum_{t=1}^{n-[n\tau]} \tilde{X}_t^2},$$

$$\mathrm{DF}^f(\tau) = [n\tau](\hat{\rho}_1 - 1),$$

$$\mathrm{DF}^r(\tau) = (n - [n\tau])(\hat{\rho}_2 - 1),$$

其中 $\hat{X}_t = Y_t - n^{-1} \sum_{t=1}^{n} Y_t$, $\tilde{X}_t = \hat{X}_{n-t+1}$, 则 DF 比检验统计量定义为

$$\Xi_n = \left| \frac{\displaystyle\inf_{\tau \in \Lambda} \mathrm{DF}^f(\tau)}{\displaystyle\inf_{\tau \in \Lambda} \mathrm{DF}^r(\tau)} \right|.$$

由于统计量 Ξ_n 的分子分母都是常用于检验单位根过程的 Dickey-Fuller (DF) 统计量 (Perron, 1989), 所以称其为 DF 比检验统计量. 当统计量 Ξ_n 的值小于给定的临界值时, 拒绝原假设 H_0, 认为检验数据中存在从 $I(1)$ 过程向 $I(d), d < 1$ 过程变化的变点. 实际上, 也可用此统计量检验从 $I(d), d < 1$ 过程向 $I(1)$ 过程变化的变点, 但相比于前面两节中的方法, 检验功效相对较低, 所以这里不做讨论.

定理 5.7 若由模型 (5.1) 生成的序列 $Y_t \sim I(d_0), t = 1, \cdots, n$, 则当 $n \to \infty$

时有

$$
\Xi_n \Rightarrow \left| \frac{\inf\limits_{\tau \in \Lambda} \left\{ \dfrac{W^2(\tau) - \tau}{\tau^{-1} \displaystyle\int_0^\tau W^2(r)dr} \right\}}{\inf\limits_{\tau \in \Lambda} \left\{ -\dfrac{W^2(\tau) + 1 - \tau}{(1-\tau)^{-1} \displaystyle\int_0^{(1-\tau)} W^2(r)dr} \right\}} \right|, \quad d_0 = 1, \tag{5.12}
$$

$$
\Xi_n \Rightarrow \left| \frac{\inf\limits_{\tau \in \Lambda} \left\{ \dfrac{W_{d_0-1}^2(\tau)}{\tau^{-1} \displaystyle\int_0^\tau W_{d_0-1}^2(r)dr} \right\}}{\inf\limits_{\tau \in \Lambda} \left\{ -\dfrac{W^2(\tau) - 1 + \tau}{(1-\tau)^{-1} \displaystyle\int_0^{(1-\tau)} W^2(r)dr} \right\}} \right|, \quad 1 < d_0 < 1.5, \tag{5.13}
$$

$$
\Xi_n \Rightarrow \left| \frac{\inf\limits_{\tau \in \Lambda} \left\{ \dfrac{-\tau^2}{\displaystyle\int_0^\tau W_{d_0-1}^2(r)dr} \right\}}{\inf\limits_{\tau \in \Lambda} \left\{ -\dfrac{(1-\tau)^2}{\displaystyle\int_\tau^1 W_{d_0-1}^2(r)dr} \right\}} \right|, \quad 0.5 < d_0 < 1. \tag{5.14}
$$

证明: 令 $z_t = \hat{X}_t - \hat{X}_{t-1}$, 则 $z_t = Y_t - Y_{t-1} = X_t - X_{t-1}$,

$$
\mathrm{DF}^f(\tau) = [n\tau](\hat{\rho}_1 - 1) = [n\tau] \left(\frac{\displaystyle\sum_{t=1}^{[n\tau]} \hat{X}_{t-1}\hat{X}_t}{\displaystyle\sum_{t=1}^{[n\tau]} \hat{X}_{t-1}^2} - 1 \right)
$$

$$
= [n\tau] \left(\frac{\displaystyle\sum_{t=1}^{[n\tau]} \hat{X}_{t-1}(\hat{X}_{t-1} + z_t)}{\displaystyle\sum_{t=1}^{[n\tau]} \hat{X}_{t-1}^2} - 1 \right)
$$

$$= \frac{\sum_{t=1}^{[n\tau]} \hat{X}_{t-1} z_t}{\sum_{t=1}^{[n\tau]} \hat{X}_{t-1}^2}.$$

由

$$\hat{X}_t^2 = (\hat{X}_{t-1} + z_t)^2 = \hat{X}_{t-1}^2 + 2\hat{X}_{t-1} z_t + z_t^2,$$

可得

$$\sum_{t=1}^{[n\tau]} \hat{X}_{t-1} z_t = \frac{1}{2} \hat{X}_{[n\tau]}^2 - \frac{1}{2} \sum_{t=1}^{[n\tau]} z_t^2.$$

因此

$$\mathrm{DF}^f(\tau) = \frac{\hat{X}_{[n\tau]}^2 - \sum_{t=1}^{[n\tau]} z_t^2}{2\sum_{t=1}^{[n\tau]} \hat{X}_{t-1}^2} = \frac{\left(\sum_{t=1}^{[n\tau]} z_t\right)^2 - \sum_{t=1}^{[n\tau]} z_t^2}{\frac{2}{[n\tau]} \sum_{t=1}^{[n\tau]} \left(\sum_{j=1}^{t-1} z_j\right)^2} := \frac{A_1 - A_2}{2A_3}, \qquad (5.15)$$

其中 $A_1 = \left(\sum_{t=1}^{[n\tau]} z_t\right)^2, A_2 = \sum_{t=1}^{[n\tau]} z_t^2, A_3 = \frac{1}{[n\tau]} \sum_{t=1}^{[n\tau]} \left(\sum_{j=1}^{t-1} z_j\right)^2.$ 同理可得

$$\mathrm{DF}^r(\tau) = (n - [n\tau])(\hat{\rho}_2 - 1) = -\frac{B_1 + B_2}{2B_3}, \qquad (5.16)$$

其中 $B_1 = \left(\sum_{t=1}^{[n\tau]+1} z_t\right)^2, B_2 = \sum_{t=[n\tau]+2}^{n} z_t^2, B_3 = \frac{1}{n - [n\tau]} \sum_{t=[n\tau]+1}^{n} \left(\sum_{j=1}^{t} z_j^2\right).$

由于当 $d_0 = 1$ 时, $z_t \sim I(0)$, 即 z_t 是短记忆时间序列, 由泛函中心极限定理及大数定律可得

$$n^{-1} A_1 = \left(n^{-\frac{1}{2}} \sum_{t=1}^{[n\tau]} z_t\right)^2 \Rightarrow \sigma_0^2 W^2(\tau),$$

$$n^{-1} A_2 = \frac{[n\tau]}{n} ([n\tau])^{-1} \sum_{t=1}^{[n\tau]} z_t^2 \xrightarrow{p} \tau\sigma_0^2,$$

$$n^{-1}A_3 = \frac{n}{[n\tau]}n^{-1}\sum_{t=1}^{[n\tau]}\left(n^{-\frac{1}{2}}\sum_{j=1}^{t-1}z_j\right)^2 \Rightarrow \tau^{-1}\sigma_0^2\int_0^\tau W^2(r)dr,$$

$$n^{-1}B_1 = \left(n^{-\frac{1}{2}}\sum_{t=1}^{[n\tau]+1}z_t\right)^2 \Rightarrow \sigma_0^2 W^2(\tau),$$

$$n^{-1}B_2 = \frac{n-[n\tau]-1}{n}(n-[n\tau]-1)^{-1}\sum_{t=[n\tau]+2}^{n}z_t^2 \xrightarrow{p} (1-\tau)\sigma_0^2,$$

$$n^{-1}B_3 = \frac{n}{n-[n\tau]}n^{-1}\sum_{t=[n\tau]+1}^{n}\left(n^{-\frac{1}{2}}\sum_{j=1}^{t}z_j\right)^2 \Rightarrow (1-\tau)^{-1}\sigma_0^2\int_\tau^1 W^2(r)dr.$$

将上述结论代入 (5.15) 和 (5.16), 由连续映照定理立即可得 (5.12).

当 $0.5 < d_0 < 1.5$ 时, 由于 $z_t \sim I(d_0-1)$, 即 z_t 是平稳长记忆时间序列, 所以由引理 1.5 可得

$$n^{1-2d_0}A_1 = \left(n^{-\frac{1}{2}-(d_0-1)}\sum_{t=1}^{[n\tau]}z_t\right)^2 \Rightarrow \omega^2 W_{d_0-1}^2(\tau),$$

$$n^{1-2d_0}A_3 = \frac{n}{[n\tau]}n^{-1}\sum_{t=1}^{[n\tau]}\left(n^{-\frac{1}{2}-(d_0-1)}\sum_{j=1}^{t-1}z_j\right)^2 \Rightarrow \tau^{-1}\omega^2\int_0^\tau W_{d_0-1}^2(r)dr,$$

$$n^{1-2d_0}B_1 = \left(n^{-\frac{1}{2}-(d_0-1)}\sum_{t=1}^{[n\tau]+1}z_t\right)^2 \Rightarrow \omega^2 W_{d_0-1}^2(\tau),$$

$$n^{1-2d_0}B_3 = \frac{n}{n-[n\tau]}n^{-1}\sum_{t=[n\tau]+1}^{n}\left(n^{-\frac{1}{2}-(d_0-1)}\sum_{j=1}^{t}z_j\right)^2$$
$$\Rightarrow (1-\tau)^{-1}\omega^2\int_\tau^1 W_{d_0-1}^2(r)dr.$$

又因为

$$n^{-1}A_2 = \frac{[n\tau]}{n}([n\tau])^{-1}\sum_{t=1}^{[n\tau]}z_t^2 \xrightarrow{p} \tau\omega^2, \tag{5.17}$$

$$n^{-1}B_2 = \frac{n-[n\tau]-1}{n}(n-[n\tau]-1)^{-1}\sum_{t=[n\tau]+2}^{n}z_t^2 \xrightarrow{p} (1-\tau)\omega^2, \tag{5.18}$$

所以当 $1 < d_0 < 1.5$, 即 $1-2d_0 < -1$ 时,

$$n^{1-2d_0}A_2 \xrightarrow{p} 0, \quad n^{1-2d_0}B_2 \xrightarrow{p} 0.$$

将上述结论代入 (5.15) 和 (5.16), 由连续映照定理即得结论 (5.13) 的证明.

当 $0.5 < d_0 < 1$, 即 $1 - 2d_0 > -1$ 时, 由于 $n^{-1}A_1 = o_p(1), n^{-1}B_1 = o_p(1)$, 所以

$$\Xi_n = \left| \frac{\inf\limits_{\tau \in \Lambda} \left\{ \dfrac{A_1 - A_2}{2A_3} \right\}}{\inf\limits_{\tau \in \Lambda} \left\{ -\dfrac{B_1 + B_2}{2B_3} \right\}} \right|$$

$$= \left| \frac{\inf\limits_{\tau \in \Lambda} \left\{ \dfrac{n^{-1}(A_1 - A_2)}{2n^{1-2d_0}A_3} \right\}}{\inf\limits_{\tau \in \Lambda} \left\{ -\dfrac{n^{-1}(B_1 + B_2)}{2n^{1-2d_0}B_3} \right\}} \right|$$

$$\Rightarrow \left| \frac{\inf\limits_{\tau \in \Lambda} \left\{ \dfrac{-\tau^2}{\displaystyle\int_0^\tau W_{d_0-1}^2(r)dr} \right\}}{\inf\limits_{\tau \in \Lambda} \left\{ -\dfrac{(1-\tau)^2}{\displaystyle\int_\tau^1 W_{d_0-1}^2(r)dr} \right\}} \right|.$$

结论 (5.14) 得证. $\quad\square$

定理 5.7 不仅证明了被检验的时间序列 $\{Y_t\}$ 是单位根过程, 即原假设 H_0 为真时 DF 比统计量 Ξ_n 的极限分布, 还证明了 $\{Y_t\}$ 是非平稳长记忆时间序列 $I(d_0), d_0 \in (0.5, 1.5) \setminus \{1\}$ 时统计量的极限分布. 讨论这种情况是为了分析在被检验的序列 $\{Y_t\}$ 是非平稳长记忆时间序列, 但数据中不存在长记忆参数变点时, DF 比统计量会不会拒绝无变点原假设的问题. 可以看出, 虽然此时统计量的极限分布和 H_0 为真时的极限分布不同, 但并没有出现发散或趋于 0 的情况. 在下一节中将看到, 在这种情况下, DF 比检验统计量不会拒绝原假设而认为数据中存在长记忆参数变点. 由于统计量 Ξ_n 在关于 d_0 的三个不同的区间段上具有不同的分布, 为了在这些情况下都能控制好检验水平, 我们继续采用 FDSB 方法近似计算临界值.

5.4 数值模拟与实例分析

5.4.1 数值模拟

本节通过数值模拟比较两种检验递增长记忆参数变点的统计量 R_n^{-1} 和 W_n, 三种检验递减长记忆参数变点的统计量 R_n, W_n^{-1} 和 Ξ_n 的有限样本性质. 采用数

据生成过程

$$y_t = \begin{cases} 1 + x1_t, x1_t \sim \text{ARFIMA}(0, d_1, 0), & t = 1, \cdots, k^*, \\ 1 + x1_{k^*} + x2_t, x2_t \sim \text{ARFIMA}(0, d_2, 0), & t = k^* + 1, \cdots, n \end{cases} \quad (5.19)$$

生成模拟数据. 样本容量 n 分别取 200 和 500, Bootstrap 重抽样次数 $B = 299$, 模拟循环次数为 1000, 检验区间 $\Lambda = [0.2, 0.8]$, 检验水平为 5%, 其余参数将在具体模拟例子中指定. 在 $t \geq k^* + 1$ 时添加 $x1_{k^*}$ 是为了在生成带长记忆参数变点的数据时避免出现均值突变点.

例 5.1 (经验水平模拟) 令模型 (5.19) 中的参数 $k^* = n$, 长记忆参数 d_1 分别取 0, 0.2, 0.4, 0.6, 0.8, 1, 1.2. 所有经验水平模拟结果见表 5.1, 从中可以看出经验水平, 除了在个别情况下稍大外, 其余情况下都能够得到很好的控制, 这说明基于 FDSB 方法计算五个检验统计量临界值的方法是可行的. 也意味着在被检验的序列中不存在长记忆参数变点, 但检验原假设不成立时, 五种方法都不会出现拒绝原假设而接受数据中存在长记忆参数变点的备择假设. 此外, 除个别情况外, 样本容量越大, 经验水平越接近检验水平, 出现的个别特殊情况可能是由于 Bootstrap 循环次数偏小而导致的结果不稳定, 在运算条件允许的情况下, 实践者可考虑增大 Bootstrap 循环次数.

表 5.1   5% 检验水平下的经验水平 (%)

d_1	$n = 200$					$n = 500$				
	R_n^{-1}	W_n	R_n	W_n^{-1}	Ξ_n	R_n^{-1}	W_n	R_n	W_n^{-1}	Ξ_n
0	4.3	5.1	2.4	4.9	5.2	3.9	3.7	3.5	5.0	4.9
0.2	6.3	5.5	4.0	6.3	5.0	5.6	5.0	3.9	4.8	4.8
0.4	5.5	4.5	6.2	4.4	3.3	4.4	4.4	4.7	4.3	6.1
0.6	6.7	4.5	7.7	4.8	5.9	5.2	5.3	5.2	5.5	5.6
0.8	5.3	5.9	5.3	6.3	6.0	5.1	5.3	5.0	5.1	4.3
1	5.8	4.8	6.7	6.1	3.6	7.5	6.2	6.4	5.7	5.0
1.2	5.9	6.5	7.2	7.2	4.1	4.6	4.8	6.1	7.6	5.5

例 5.2 (经验势模拟) 令模型 (5.19) 中的参数 $k^* = [n\tau^*]$, 并让 τ^* 分别取值 0.25, 0.5, 0.75, 长记忆参数 $d_1 \neq d_2$ 分别从 0, 0.4, 0.6, 1 中取值. 检验递增长记忆参数变点的两个统计量 R_n^{-1} 和 W_n 的经验势在表 5.2 中给出, 表 5.3 列出的是检验递减长记忆参数变点检验统计量 R_n 和 W_n^{-1} 的经验势. 从中可以看出, 在 $d_1 = 0$ 和 $d_2 = 0$ 的情况下, 方差比检验统计量的检验势都远高于平方 CUSUM 比方法, 且样本量较小时优势更为明显. 在 d_1 和 d_2 都不等于 0 的情况下, 随变点位置及样本量的不同两种方法互有优势. 具体为统计量 R_n^{-1} 在大部分情况下优

于 W_n, 且变点位置越靠后, 或样本量越大时优势越明显, 而统计量 R_n 在变点位置越靠前时越优于统计量 W_n^{-1}. 需要说明的是这里是基于全部样本用 FDSB 方法计算的临界值, 若能基于较小的 d 对应的那部分样本做抽样来计算临界值, 将进一步提高所有检验统计量的势, 因为估计出的 d 越小, 其临界值也越小. 遗憾的是, 按这种方法模拟经验水平时, 发现经验水平扭曲较为严重, 所以模拟经验势时也没有采用.

表 5.2　5% 检验水平下递增长记忆参数变点检验经验势 (%)

| n | $d_1 \to d_2$ | $\tau^* = 0.25$ | | $\tau^* = 0.5$ | | $\tau^* = 0.75$ | |
		R_n^{-1}	W_n	R_n^{-1}	W_n	R_n^{-1}	W_n
200	$0 \to 1$	52.9	88.6	88.0	93.2	85.1	87.0
	$0 \to 0.6$	17.2	53.3	25.5	70.3	25.7	68.7
	$0 \to 0.4$	7.3	24.3	8.3	47.6	10.9	54.2
	$0.4 \to 0.6$	13.5	15.9	16.4	26.9	17.8	19.2
	$0.4 \to 1$	46.5	58.4	74.0	61.8	72.9	38.0
	$0.6 \to 1$	27.2	35.0	51.5	37.1	49.2	16.0
500	$0 \to 1$	92.5	99.7	99.9	99.6	95.8	98.7
	$0 \to 0.6$	49.1	85.6	63.4	94.6	47.7	90.9
	$0 \to 0.4$	10.1	49.3	13.7	78.8	16.9	77.9
	$0.4 \to 1$	82.8	81.4	98.8	82.1	94.1	59.4
	$0.4 \to 0.6$	21.9	21.6	33.2	34.2	30.3	25.8
	$0.6 \to 1$	58.1	55.7	81.8	53.1	74.1	28.2

表 5.3　5% 检验水平下递减长记忆参数变点检验经验势 (%)

| n | $d_1 \to d_2$ | $\tau^* = 0.25$ | | $\tau^* = 0.5$ | | $\tau^* = 0.75$ | |
		R_n	W_n^{-1}	R_n	W_n^{-1}	R_n	W_n^{-1}
200	$1 \to 0$	81.6	86.1	89.2	93.9	58.3	87.9
	$1 \to 0.4$	71.6	36.8	76.4	60.9	47.9	58.5
	$1 \to 0.6$	48.3	19.9	53.8	34.6	31.6	38.6
	$0.6 \to 0.4$	18.2	16.6	18.4	23.8	12.8	15.5
	$0.6 \to 0$	28.4	63.3	28.4	70.9	20.3	56.3
	$0.4 \to 0$	12.4	50.5	10.5	48.9	8.4	24.2
500	$1 \to 0$	96.0	98.5	99.8	99.9	93.7	99.4
	$1 \to 0.4$	93.0	58.7	97.8	81.4	81.6	84.2
	$1 \to 0.6$	76.3	29.8	82.7	51.6	59.5	55.8
	$0.6 \to 0$	49.0	89.8	59.6	92.8	48.5	86.6
	$0.6 \to 0.4$	29.1	24.2	33.9	31.6	23.3	24.6
	$0.4 \to 0$	18.7	79.9	15.5	80.1	12.9	50.6

例 5.3(DF 比检验经验势模拟)　令模型 (5.19) 中的参数 $k^* = [n\tau^*]$, 并让

τ^* 分别取值 0.25, 0.5, 0.75, 长记忆参数 $d_1 = 1$, d_2 分别从 0, 0.2, 0.4, 0.6, 0.8 中取值. DF 比检验统计量 Ξ_n 的经验势模拟结果见表 5.4, 可以看出, 变点位置越靠前检验势越高, 而样本容量的大小对该检验方法的影响较小. 和表 5.3 中的结果比较可以发现, 当变点位置在 0.25 且 $d_2 < 0.5$ 时, DF 比检验方法明显优于另外两种方法, 但在其他情况下此方法的检验效率较低. 总之, 本章给出的三种用于检验递减长记忆参数变点的方法互有优势.

表 5.4　5% 检验水平下 DF 比检验统计量 Ξ_n 的经验势 (%)

$k^* \backslash d_2$	$n = 200$					$n = 500$				
	0	0.2	0.4	0.6	0.8	0	0.2	0.4	0.6	0.8
0.25	99.7	99.2	90.7	53.8	16.9	99.8	99.4	98.5	66.4	20.7
0.5	73.1	63.6	54.9	37.8	11.3	78.6	74.1	68.5	49.8	16.2
0.75	35.2	32.4	22.7	20.8	8.2	36.4	33.8	24.9	22.0	9.7

5.4.2　实例分析

例 5.4　分析瑞典克朗与美元从 1973 年 1 月至 1997 年 12 月的 300 个月汇率数据, 数据见图 5.1. 从图中可以看出, 数据前后两部分的相依性有明显的差异, 基于全部数据用 ELW 方法估计到的长记忆参数值为 1.087. 算得四个检验统计量 $R_n^{-1}, W_n, R_n, W_n^{-1}$ 的值分别为 8.7748, 0.1139, 142.144, 43.7733, 在 5% 检验水平下经 1999 次 Bootstrap 重抽样, FDSB 方法算得的临界值分别为 5.504, 325.135, 5.546, 302.037. 这说明平方 CUSUM 比统计量 R_n^{-1} 和方差比统计量 W_n 都检测到一个递增的长记忆参数变点. 通过观察图形可以发现, 1981 年前后的数据有很大差异, 分别估计 1981 年前后两部分数据, 得到长记忆参数估计值分别为 0.845 和 1.152, 说明 1981 年以后瑞典克朗与美元汇率的长记忆性加强, 符合检验结果.

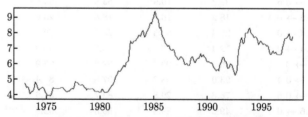

图 5.1　1973 年 1 月至 1997 年 12 月瑞典克朗与美元月汇率

例 5.5　分析美国从 1960 年 1 月至 1976 年 12 月的 204 个月度通货膨胀数据, 数据见图 5.2. 基于全部数据用 ELW 方法估计到的长记忆参数值为 1.274. 算

得四个检验统计量 $R_n^{-1}, W_n, R_n, W_n^{-1}$ 的值分别为 27.060, 580.641, 0.0369, 1.881, 在 5% 检验水平下经 1999 次 Bootstrap 重抽样, FDSB 方法算得的临界值分别为 10.999, 838.923, 9.312, 626.592. 这说明平方 CUSUM 比统计量 R_n^{-1} 检测到一个递增的长记忆参数变点, 而方差比统计量 W_n 未能检测到. 通过观察图形可以发现, 1965 年前后的数据有很大差异, 怀疑数据中存在递增的长记忆参数变点. 分别估计 1965 年前后两部分数据, 得到长记忆参数估计值分别为 0.605 和 1.404, 说明 1965 年以后美元通货膨胀率的长记忆性加强, 即统计量 R_n^{-1} 的检验结果更可信.

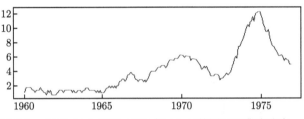

图 5.2　1960 年 1 月至 1976 年 12 月美国月通货膨胀率

5.5　小　　结

本章介绍了两种检验递增长记忆参数变点的统计量和三种检验递减长记忆参数变点的统计量, 从经验势的模拟结果看, 几种统计量在检验不同的长记忆参数变点时互有优势, 而从经验水平的模拟结果看, 用 FDSB 方法算得的临界值能够很好地控制经验水平, 这说明 FDSB 方法能够得到五个统计量渐近正确的临界值. 本章仅考虑了长记忆时间序列带有常数均值的情况, 关于带时间趋势项时五个统计量的渐近性质, 由于可通过第 7 章中的一些结果经过简单数学化简即可证得, 所以本章没再讨论. 本章 4.1 节的主要内容摘自 Sibbertsen 和 Kruse (2009), 4.2 节的主要内容摘自 Lavancier 等 (2013), 书中都做了适当修订, 并补充了基于 FDSB 方法做检验的模拟结果. 4.3 节的内容是本书作者待发表的一些结果.

第 6 章　厚尾序列持久性变点的封闭式在线监测

第 3 章讨论了厚尾序列持久性变点的检验和估计问题, 本章研究这类变点的在线监测问题. 考虑如下时间序列模型

$$
\begin{cases}
Y_t = \mu_t + \varepsilon_t, \\
\varepsilon_t = \rho_t \varepsilon_{t-1} + e_t, \quad t = 1, 2, \cdots,
\end{cases}
\tag{6.1}
$$

其中 e_t 是噪声项, 且满足假设 3.1, 确定项 $\mu_t = E(Y_t) = \theta' \gamma_t$ 是关于非随机回归向量 γ_t 的线性组. 当参数 $|\rho_t| < 1$ 时, 模型 (6.1) 中的随机项 ε_t 是平稳过程, 即 $\varepsilon_t \sim I(0)$, 而当 $|\rho_t| = 1$ 时, 随机项是非平稳过程, 即 $\varepsilon_t \sim I(1)$. 为方便讨论, 称时间序列 $\{Y_t\}$ 是平稳 (非平稳) 过程, 当且仅当随机项 ε_t 是平稳 (非平稳) 过程.

6.1　$I(0)$ 到 $I(1)$ 变点的在线监测

6.1.1　核加权方差比监测

假定已观测到 m 个符合模型 (6.1), 且满足假设 6.1 的样本 $Y_1, \cdots, Y_m$, 称其为历史样本. 从第 $m+1$ 个新观测到的样本 Y_{m+1} 开始, 本节连续检验从 $I(0)$ 向 $I(1)$ 变化的持久性变点.

假设 6.1　假定在观测前 m 个样本 $Y_1, \cdots, Y_m$ 时, 过程是平稳的, 即

$$
Y_t \sim I(0), \quad t = 1, \cdots, m.
$$

检验原假设为

$$
H_0 : Y_t \sim I(0), \quad t = m+1, \cdots, T,
\tag{6.2}
$$

备择假设为

$$
\begin{aligned}
H_1 : &Y_t \sim I(0), \quad t = m+1, \cdots, k^*; \\
&Y_t \sim I(1), \quad t = k^*+1, \cdots, T.
\end{aligned}
\tag{6.3}
$$

其中 $k^* > m$ 是变点出现的位置, T 是根据历史样本量 m 的大小提前设定的最大监测样本量, 即在监测到第 T 个样本 Y_T 时, 即便没有监测到变点也停止监测过

程. 本书取 $[T\tau] = m$, $\tau \in (0,1)$ 是某个固定的常数. 令 $[Ts], 0 < s \leqslant 1$ 表示当前已观测到的样本量 (含历史样本), 为检验上述假设检验问题, 定义如下核加权方差比监测统计量

$$\Gamma_T(s) = \frac{[Ts]^{-1} \sum\limits_{i=1}^{[Ts]} \left(\sum\limits_{j=1}^{i} \hat{\varepsilon}_j\right)^2 K\left(\frac{i-[Ts]}{h}\right)}{\sum\limits_{j=1}^{[Ts]} \hat{\varepsilon}_j^2}, \quad \tau < s \leqslant 1, \qquad (6.4)$$

其中 $\hat{\varepsilon}_i = Y_i - \hat{\theta}'\gamma_i$, $i = 1, \cdots, [Ts]$, 这里 $\hat{\theta}$ 是用前 m 个历史样本 $Y_1, \cdots, Y_m$ 得到的参数 θ 的最小二乘估计量, $K(\cdot)$ 是某个 Lipschitz 连续的密度函数, 且其均值为 0, 方差存在, 而 $h = h_T > 0$ 是窗宽参数, 且满足

$$T/h_T \to \zeta \in [1, \infty), \quad T \to \infty. \qquad (6.5)$$

为了避免过多的理论证明以方便读者阅读, 本章的所有理论结果仅考虑 γ_t 等于非零常数的情况, 对于 $\gamma_t = 0$ 和 $\gamma_t = (1,t)'$ 的情况, 读者可根据第 3 章中相关的证明结果按照本章的证明思路类似证得.

定理 6.1 若假设 3.1 和假设 6.1 成立, 则在原假设 H_0 下, 当 $T \to \infty$ 时有

$$\Gamma_T(s) \Rightarrow \Upsilon(s) = \frac{s^{-1}\psi_\infty^2 \int_0^s \left(U(r) - r\tau^{-1}U(\tau)\right)^2 K(\zeta(r-s))\, dr}{\Psi_2^2 \tilde{U}(s)}, \quad \tau < s \leqslant 1,$$

其中 $\psi_\infty = \sum\limits_{j=0}^{\infty} \varphi_j$, $\Psi_2^2 = \sum\limits_{j=0}^{\infty} \varphi_j^2$, $\varphi_j = \rho^j$.

停时定义为

$$\tau_T(c) = \min\{n : m < n \leqslant T, \Gamma_T(n/T) > c\}.$$

证明: 令 $i = [Tr]$, 则由假设 3.1 得

$$a_T^{-1} \sum_{j=1}^{i} \hat{\varepsilon}_j = a_T^{-1} \sum_{j=1}^{[Tr]} \varepsilon_j - \frac{i}{m} a_T^{-1} \sum_{j=1}^{m} \varepsilon_j \Rightarrow \psi_\infty(U(r) - r\tau^{-1}U(\tau)),$$

$$a_T^{-2} \sum_{j=1}^{[Ts]} \hat{\varepsilon}_j^2$$

$$= a_T^{-2} \sum_{i=1}^{[Ts]} \left(\varepsilon_i^2 - \frac{2}{m}\varepsilon_i \sum_{j=1}^{m} \varepsilon_j + \frac{1}{m^2}\left(\sum_{j=1}^{m} \varepsilon_j\right)^2\right)$$

$$= a_T^{-2} \sum_{i=1}^{[Ts]} \varepsilon_i^2 - \frac{2T/[T\tau]}{Ta_T^2} \left(\sum_{i=1}^{[Ts]} \varepsilon_i\right) \left(\sum_{j=1}^{[T\tau]} \varepsilon_j\right) + \frac{T[Ts]/([T\tau])^2}{Ta_T^2} \left(\sum_{j=1}^{[T\tau]} \varepsilon_j\right)^2$$

$$\Rightarrow \Psi_2^2 \tilde{U}(s) + O_p(T^{-1}) + O_p(T^{-1}). \tag{6.6}$$

由于 $K(\cdot)$ 是 Lipschitz 连续的密度函数, 而当 $T \to \infty$ 时, $T/h \to \zeta$, 因此

$$K\left(\frac{i-[Ts]}{h}\right) = K\left(\frac{T}{h}\left(\frac{i}{T} - \frac{[Ts]}{T}\right)\right) \to K(\zeta(r-s)). \tag{6.7}$$

从而

$$[Ts]^{-1} a_T^{-2} \sum_{i=1}^{[Ts]} \left(\sum_{j=1}^{i} \hat{\varepsilon}_j\right) K\left(\frac{i-[Ts]}{h}\right)$$

$$= \frac{T}{[Ts]} T^{-1} \sum_{i=1}^{[Ts]} \left(a_T^{-1} \sum_{j=1}^{i} \hat{\varepsilon}_j\right)^2 K\left(\frac{i-[Ts]}{h}\right)$$

$$\Rightarrow s^{-1} \psi_\infty^2 \int_0^s \left(U(r) - r\tau^{-1} U(\tau)\right)^2 K(\zeta(r-s)) dr. \tag{6.8}$$

联合 (6.6), (6.8) 和连续映照定理即得定理 6.1 的证明. □

定理 6.2 若假设 3.1 和假设 6.1 成立, 则当在某个时刻 $k^* = [T\tau^*] > m$ 处出现从 $I(0)$ 向 $I(1)$ 变化的持久性变点时有

$$\Gamma_T(s) = O_p(T), \quad s \in (\tau^*, 1].$$

证明: 继续采用定理 6.1 证明中的记号. 如果在时刻 $k^* = [T\tau^*]$ 处出现持久性变点, 则当 $\tau < \tau^* < s$ 时有

$$\sum_{i=1}^{[Ts]} \left(\sum_{j=1}^{i} \hat{\varepsilon}_i\right)^2 K\left(\frac{i-[Ts]}{h}\right)$$

$$= \sum_{i=1}^{[T\tau^*]} \left(\sum_{j=1}^{i} \hat{\varepsilon}_i\right)^2 K\left(\frac{i-[Ts]}{h}\right)$$

$$+ \sum_{i=[T\tau^*]+1}^{[Ts]} \left(\sum_{j=1}^{i} \varepsilon_j + \sum_{j=[T\tau^*]+1}^{i} \varepsilon_j - \frac{i}{m}\sum_{j=1}^{m} \varepsilon_j\right)^2 K\left(\frac{i-[Ts]}{h}\right)$$

$$= I_1 + I_2. \tag{6.9}$$

根据定理 6.1 的证明可知

$$[Ts]^{-1}a_T^{-2}I_1 = [Ts]^{-1}a_T^{-2}\sum_{i=1}^{[T\tau^*]}\left(\sum_{j=1}^{i}\hat{\varepsilon}_i\right)^2 K\left(\frac{i-[Ts]}{h}\right) = O_p(1), \quad (6.10)$$

$$T^{-2}[Ts]^{-1}a_T^{-2}I_2$$

$$= T^{-2}[Ts]^{-1}a_T^{-2}\sum_{i=[T\tau^*]+1}^{[Ts]}\left(\sum_{j=1}^{[T\tau^*]}\varepsilon_j + \sum_{j=[T\tau^*]}^{i}\varepsilon_j - \frac{i}{m}\sum_{j=1}^{m}\varepsilon_j\right)^2 K\left(\frac{i-[Ts]}{h}\right)$$

$$\Rightarrow s^{-1}\psi_\infty^2\int_{\tau^*}^{s}\left(\int_{\tau^*}^{r}U(t)dt\right)^2 K(\zeta(r-s))dr. \quad (6.11)$$

这说明监测统计量 $\Gamma_T(s)$ 的分子在 $\tau^* < s$ 时等于 $O_p(T^2a_T^2)$.

另一方面,

$$T^{-1}a_T^{-2}\sum_{i=1}^{[Ts]}\hat{\varepsilon}_i^2$$

$$= T^{-1}a_T^{-2}\left(\sum_{i=1}^{[T\tau^*]}\varepsilon_i^2 + \sum_{i=[T\tau^*]+1}^{[Ts]}\varepsilon_i^2 + \frac{[Ts]}{mm^2}\sum_{i=1}^{m}\varepsilon_i^2 - \frac{2}{m}\left(\sum_{i=1}^{[Ts]}\varepsilon_i\right)\left(\sum_{j=1}^{m}\varepsilon_j\right)\right)$$

$$\Rightarrow \Psi_2^2\int_{\tau^*}^{s}\tilde{U}(r)dr. \quad (6.12)$$

即监测统计量 $\Gamma_T(s)$ 的分母在 $\tau^* < s$ 时等于 $O_p(Ta_T^2)$.

于是, 当 $\tau^* < s$ 时有

$$\Gamma_T(s) = O_p(T).$$

定理 6.2 证毕. □

6.1.2 Bootstrap 近似

监测统计量 $\Gamma_T(s)$ 的极限分布 $\Upsilon(s)$ 依赖于厚尾指数 κ. κ 在实际问题中一般是未知的, 且很难估计. 为确定监测统计量 $\Gamma_T(s)$ 的临界值, 并避免估计 κ, 本节用 Bootstrap 重抽样法近似极限分布 $\Upsilon(s)$.

显然可以基于两组不同的数据集进行 Bootstrap 重抽样. 一种是基于前 m 个历史样本进行抽样, 另一种方法是基于当前监测时刻已观测到的所有样本进行抽样. 后一种抽样方法虽然用了当前所能用到的全部数据, 但每观测到一个新样本, 必须重新进行抽样来确定临界值, 这使得计算量非常大. 而前一种方法虽然只用到

了前 m 个样本, 但每次监测过程只需要确定一次临界值, 这大大减少了计算量. 因此, 这里采用第一种抽样方法. 具体步骤如下.

步骤 1　计算中心化的残量

$$\tilde{e}_j = \hat{e}_j - \frac{1}{m} \sum_{i=1}^{m} \hat{e}_i, \quad 1 \leqslant j \leqslant m,$$

其中 $\hat{e}_j = \hat{\varepsilon}_j - \hat{\rho} \hat{\varepsilon}_{j-1}$, $\hat{\rho}$ 是基于残量 $\hat{\varepsilon}_1, \cdots, \hat{\varepsilon}_m$ 得到的关于自回归系数 ρ 的最小二乘估计量.

步骤 2　从 $\{\tilde{e}_j, j = 1, \cdots, m\}$ 中按有放回简单随机抽样方法抽取样本 $\{e_j^*, j = 1, \cdots, M\}$, 这里 $M \leqslant m$ 是抽得的 Bootstrap 样本量.

步骤 3　构造 Bootstrap 过程

$$\hat{\varepsilon}_i^* = \hat{\rho} \hat{\varepsilon}_{i-1}^* + e_i^*, \quad i = 1, \cdots, M,$$

其中 $\hat{\varepsilon}_0^* = 0$, 并计算统计量

$$\Gamma_M^*(s) = \frac{[Ms]^{-1} \sum_{i=1}^{[Ms]} \left(\sum_{j=1}^{i} \hat{\varepsilon}_j^* \right)^2 K \left(\dfrac{i - [Ms]}{h} \right)}{\sum_{j=1}^{[Ms]} \hat{\varepsilon}_j^{*2}}. \tag{6.13}$$

步骤 4　重复步骤 2 和步骤 3 B 次, 并用统计量 $\Gamma_M^*(s)$ 的经验分位数近似统计量 $\Gamma_T(s)$ 的分位数.

定理 6.3　如果假设 3.1 和假设 6.1 成立, 则在原假设 (6.2) 下, 当 $m \to \infty, M \to \infty$, 但 $M/m \to 0$ 时, 对任意实数 x 有

$$P_{\mathcal{E}}(\Gamma_M^*(s) \leqslant x) \xrightarrow{p} P(\Upsilon(s) \leqslant x),$$

其中 $\mathcal{E} = \sigma(\tilde{e}_j, 1 \leqslant j \leqslant m)$ 表示由 $\tilde{e}_j$ 张成的 σ 域, $P_{\mathcal{E}}$ 为关于 $\mathcal{E}$ 的条件概率.

证明: 首先假定参数 θ 和 ρ 已知, 则 $\hat{e}_j = e_j$. 由于从 $\{\tilde{e}_j, j = 1, \cdots, m\}$ 中抽中某个随机样本 e_i^* 时, 相应地抽取了与之对应的某个随机变量, 不妨记为 $\underline{e}_i$, 则

$$\frac{1}{a_M} \sum_{i=1}^{[Mt]} e_i^* = \frac{1}{a_M} \sum_{i=1}^{[Mt]} \underline{e}_i - \frac{[Mt]}{m a_M} \sum_{i=1}^{m} e_i.$$

由假设 3.1 和假设 6.1 得

$$\frac{[Mt]}{ma_M}\sum_{i=1}^{m}e_i = \frac{[Mt]}{m}\frac{m^{1/\kappa}L(m)}{M^{1/\kappa}L(M)}\frac{1}{a_m}\sum_{i=1}^{m}e_i$$

$$\leqslant 2\left(\frac{M}{m}\right)^{1-1/\kappa-\nu}\frac{1}{a_m}\sum_{i=1}^{m}e_i$$

$$= O_p(1).$$

上述不等式根据不等式 $L(m)/L(M) \leqslant 2(m/M)^{\nu}$ (参见文献 (Bingham et al., 1987) 定理 1.5.6) 所得, $\nu > 0$ 是某个任意小的数, 且满足 $1 - 1/\kappa - \nu > 0$. Horváth 和 Kokoszka 等 (2003) 指出, 对 $D[0,1]$ 上任意有界连续函数 h 有

$$P_{\mathcal{E}}\left(h\left(a_M^{-1}\sum_{i=1}^{[Mt]}\underline{e}_i\right)\leqslant x\right)\xrightarrow{p}P(h(\tilde{U}(t))\leqslant x). \tag{6.14}$$

因此

$$\frac{1}{a_M}\sum_{i=1}^{[Mt]}e_i^* \Rightarrow U(t). \tag{6.15}$$

另一方面,

$$\frac{1}{a_M^2}\sum_{i=1}^{[Mt]}e_i^{*2} = \frac{1}{a_M^2}\sum_{i=1}^{[Mt]}\underline{e}_i^2 - \frac{2}{ma_M^2}\left(\sum_{i=1}^{[Mt]}\underline{e}_i\right)\left(\sum_{i=1}^{m}e_i\right) + \frac{a_m^2}{m^2a_M^2}\left(\frac{1}{a_m^2}\sum_{i=1}^{m}e_i^2\right)$$

$$= \frac{1}{a_M^2}\sum_{i=1}^{[Mt]}\underline{e}_i^2 + O_p(1)\left(\frac{a_m^2}{m^2a_M^2}-\frac{2a_m}{ma_M}\right).$$

由于

$$\lim_{m\to\infty}\frac{a_m}{ma_M} \leqslant \lim_{m\to\infty}\frac{2}{M}\left(\frac{M}{m}\right)^{1-1/\kappa-\nu} = 0,$$

根据 (6.14) 的证明同理可证

$$P_{\mathcal{E}}\left(h\left(a_M^{-2}\sum_{i=1}^{[Mt]}\underline{e}_i^2\right)\leqslant x\right)\xrightarrow{p}P(h(\tilde{U}(t))\leqslant x). \tag{6.16}$$

则

$$\frac{1}{a_M^2}\sum_{i=1}^{[Mt]}e_i^{*2} \Rightarrow \tilde{U}(t). \tag{6.17}$$

由于最小二乘估计量 $\hat{\theta}$ 和 $\hat{\rho}$ 分别是参数 θ 和 ρ 的一致估计量, 所以根据 Slusky 定理, 当 θ 和 ρ 未知时上述结论仍然成立. 联合 (6.14), (6.17) 和连续映照定理即得定理 6.3 的证明.　　　　　　　　　　　　　　　　　　　□

6.2　$I(1)$ 到 $I(0)$ 变点的在线监测

6.2.1　核加权滑动方差比率监测

仍采用上一节中的记号, 并假定已观测到 $m = [T\tau]$ 个历史样本 $Y_1, \cdots, Y_m$, 且满足如下假设.

假设 6.2　假定在观测前 m 个样本 $Y_1, \cdots, Y_m$ 时, 过程是非平稳的, 即

$$Y_t \sim I(1), \quad t = 1, \cdots, m.$$

从第 $m+1$ 个新观测到的样本开始连续检验原假设

$$H_0: Y_t \sim I(1), \quad t = m+1, \cdots, T \tag{6.18}$$

和备择假设

$$H_1: Y_t \sim I(1), \quad t = m+1, \cdots, k^*;$$

$$Y_t \sim I(0), \quad t = k^*+1, \cdots, T. \tag{6.19}$$

根据 6.1.1 节的讨论, 当模型 (6.1) 是平稳过程时, 监测统计量 (6.4) 是收敛的, 即 $\Gamma_T(s) = O_p(1)$, 而当模型 (6.1) 是非平稳过程时, 监测统计量 $\Gamma_T(s) = O_p(T)$. 因此也可以用该统计量监测模型 (6.4) 的平稳性, 即当监测统计量 $\Gamma_T(s)$ 的值超过给定的临界值时, 认为过程是非平稳的, 否则是平稳过程. 一个自然的想法是用统计量 $[Ts]^{-1}\Gamma_T(s)$ 监测模型 (6.1) 的非平稳性和从 $I(1)$ 向 $I(0)$ 变化的持久性变点. 但遗憾的是虽然可用该统计量监测模型 (6.1) 的非平稳性 (当监测统计量 $[Ts]^{-1}\Gamma_T(s)$ 的值小于给定的临界值时, 认为过程是平稳的, 否则是非平稳过程), 却不是监测从 $I(1)$ 向 $I(0)$ 变化持久性变点的一致统计量. 因为当模型中出现从 $I(1)$ 向 $I(0)$ 变化的持久性变点时, 统计量 $[Ts]^{-1}\Gamma_T(s)$ 中的主导项仍然是非平稳部分. 为给出从 $I(1)$ 向 $I(0)$ 变化持久性变点的一致监测统计量, 用滑动的方法对统计量 $[Ts]^{-1}\Gamma_T(s)$ 做修正. 定义

$$\tilde{\Gamma}_T(s) = \frac{m^{-3} \sum\limits_{i=[Ts]-m+1}^{[Ts]} \left(\sum\limits_{j=[Ts]-m+1}^{i} \hat{\varepsilon}_j \right)^2 K\left(\frac{i-[Ts]}{h} \right)}{m^{-1} \sum\limits_{i=[Ts]-m+1}^{[Ts]} \hat{\varepsilon}_i^2}, \quad \tau < s < 1, \tag{6.20}$$

这里 $\hat{\varepsilon}_i$ 表示基于样本 $y_{[Ts]-m+1}, \cdots, y_{[Ts]}$ 关于 γ_t 做回归得到的最小二乘估计残量, $[Ts]$ 表示当前时刻已观测到的样本量. 停时定义为

$$s_T(c) = \min\{n : m < n \leqslant T : \tilde{\Gamma}_T(n/T) < c\}.$$

定理 6.4 若假设 3.1 和假设 6.2 成立, 则在原假设 (6.18) 下当 $T \to \infty$ 时有

$$\tilde{\Gamma}_T(s) \Rightarrow \tilde{\Upsilon}(s) = \frac{\int_{s-\tau}^{s} \left(\frac{s-r}{\tau} \int_{s-\tau}^{s} U(t)dt - \int_{r}^{s} U(t)dt \right)^2 K(\zeta(r-s))dr}{\tau^2 \int_{s-\tau}^{s} \tilde{U}(r)dr - \tau \left(\int_{s-\tau}^{s} U(t)dt \right)^2},$$

$$\tau < s < 1.$$

证明: 令 $j = [Tt]$, $i = [Tr]$, 则由假设 3.1 得

$$(Ta_T)^{-1} \sum_{j=[Ts]-[T\tau]+1}^{i} \hat{\varepsilon}_j$$

$$= (Ta_T)^{-1} \sum_{j=[Ts]-[T\tau]+1}^{[Tr]} \varepsilon_j - \frac{[Tr] - [Ts] + [T\tau]}{[T\tau]Ta_T} \sum_{j=[Ts]-[T\tau]+1}^{[Ts]} \varepsilon_j$$

$$\Rightarrow \int_{s-\tau}^{r} U(t)dt - \frac{r-s+\tau}{\tau} \int_{s-\tau}^{s} U(t)dt$$

$$= \frac{s-r}{\tau} \int_{s-\tau}^{s} U(t)dt - \int_{r}^{s} U(t)dt, \tag{6.21}$$

$$a_T^{-2}\hat{\varepsilon}_i^2 = a_T^{-2} \left(\varepsilon_i^2 - \frac{2}{[T\tau]}\varepsilon_i \sum_{j=[Ts]-[T\tau]+1}^{[Ts]} \varepsilon_j + \frac{1}{[T\tau]^2} \left(\sum_{j=[Ts]-[T\tau]+1}^{[Ts]} \varepsilon_j \right)^2 \right)$$

$$\Rightarrow \tilde{U}(r) - 2\tau^{-1}U(r) \int_{s-\tau}^{s} U(t)dt + \tau^{-2} \left(\int_{s-\tau}^{s} U(t)dt \right)^2. \tag{6.22}$$

因此

$$[T\tau]^{-1}a_T^{-2} \sum_{i=[Ts]-[T\tau]+1}^{[Ts]} \hat{\varepsilon}_i^2$$

$$\Rightarrow \tau^{-1} \int_{s-\tau}^{s} \left(\tilde{U}(r) - 2\tau^{-1}U(r) \int_{s-\tau}^{s} U(t)dt + \tau^{-2} \left(\int_{s-\tau}^{s} U(t)dt \right)^2 \right) dr$$

$$= \tau^{-1} \int_{s-\tau}^{s} \tilde{U}(r)dr - \tau^{-2} \left(\int_{s-\tau}^{s} U(t)dt \right)^2. \tag{6.23}$$

联合 (6.21)—(6.23) 和连续映照定理即得定理 6.4 的证明. □

定理 6.5　若假设 6.2 成立, 且在某个时刻 $k^* = [T\tau^*] > m$ 出现从 $I(1)$ 向 $I(0)$ 变化的持久性变点时有

$$T\tilde{\Gamma}_T(s) = O_p(1), \quad s \in [\tau^* + \tau, 1].$$

证明: 如果在时刻 $k^* = [T\tau^*]$ 出现从 $I(1)$ 向 $I(0)$ 变化的持久性变点, 则对任意 $\iota \geqslant 0$, 当 $s = \tau^* + \tau + \iota \leqslant 1$ 时有

$$T^{-1}a_T^{-2} \sum_{i=[Ts]-[T\tau]+1}^{[Ts]} \left(\sum_{j=[Ts]-[T\tau]+1}^{i} \hat{\varepsilon}_j \right)^2$$

$$= T^{-1}a_T^{-2} \sum_{i=[T\tau^*]+[T\iota]+1}^{[Ts]} \left(\sum_{j=[T\tau^*]+[T\iota]+1}^{i} \varepsilon_i - \frac{[Tr]-[T\tau^*]-[T\iota]}{[T\tau]} \sum_{i=[T\tau^*]+[T\iota]+1}^{[Ts]} \right)^2$$

$$\Rightarrow \int_{\tau^*+\iota}^{s} \left(U(r-\tau^*-\iota) - \frac{r-\tau^*-\iota}{\tau} U(s-\tau^*-\iota) \right) dr$$

$$= O_p(1).$$

从而由式 (6.7) 和连续映照定理可知此时监测统计量 $\tilde{\Gamma}_T(s)$ 的分子等于 $O(T^{-2}a_T^{-2})$. 另一方面, 由于

$$a_T^{-2} \sum_{i=[Ts]-[T\tau]+1}^{[Ts]} \hat{\varepsilon}_i^2 = a_T^{-2} \left(\sum_{i=[T\tau^*]+[T\iota]+1}^{[Ts]} \varepsilon_i - \frac{1}{[T\tau]} \sum_{i=[T\tau^*]+[T\iota]+1}^{[Ts]} \varepsilon_i \right)^2$$

$$= a_T^{-2} \sum_{i=[T\tau^*]+[T\iota]+1}^{[Ts]} \varepsilon_i^2 - \frac{1}{[T\tau]a_T^2} \left(\sum_{i=[T\tau^*]+[T\iota]+1}^{[Ts]} \varepsilon_i \right)^2$$

$$\Rightarrow \Psi_2^2(\tilde{U}(s) - \tilde{U}(\tau^*-\iota)) - \frac{1}{\tau}\psi_\infty^2(U(s) - U(\tau^*-\iota))^2$$

$$= O_p(1),$$

即监测统计量 $\tilde{\Gamma}_T(s)$ 的分母在 $s \geqslant \tau^* + \tau$ 时等于 $O_p(T^{-1}a_T^{-2})$. 因此, 当 $s \geqslant \tau^* + \tau$ 时有

$$\tilde{\Gamma}_T(s) = O_p(T^{-1}).$$

定理 6.5 证毕. □

6.2.2　Bootstrap 近似

本节给出用来近似极限分布 $\tilde{\Upsilon}(s)$ 并能避免估计厚尾指数 κ 的 Bootstrap 方法, 具体步骤如下.

步骤 1 记 $\tilde{\varepsilon}_1 = y_1, \tilde{\varepsilon}_2 = y_2 - y_1, \cdots, \tilde{\varepsilon}_m = y_m - y_{m-1},$ 令

$$\hat{\varepsilon}_j = \tilde{\varepsilon}_j - \frac{1}{m} \sum_{i=1}^{m} \tilde{\varepsilon}_i, \quad j = 1, 2, \cdots, m.$$

步骤 2 从序列 $\{\hat{\varepsilon}_1, \cdots, \hat{\varepsilon}_m\}$ 中按有放回简单随机抽样方法抽出 M 个 Bootstrap 样本 $u_1, \cdots, u_M$.

步骤 3 令 $u_t^* = u_{t-1}^* + u_t, y_t^* = \hat{\theta}' \gamma_t + u_t^*, \ t = 1, \cdots, M, u_0^* = 0$, 由此计算

$$\tilde{\Gamma}_M^*(s) = \frac{[M\tau]^{-3} \sum_{i=[Ms]-[M\tau]+1}^{[Ms]} \left(\sum_{j=[Ms]-[M\tau]+1}^{i} \hat{\varepsilon}_j^* \right)^2 K_h(i - [Ts])}{[M\tau]^{-1} \sum_{i=[Ms]-[M\tau]+1}^{[Ms]} \hat{\varepsilon}_i^{*2}},$$

其中 $\hat{\varepsilon}_j^*$ 是 y_j^* 关于 γ_j 做回归得到的最小二乘估计残量.

步骤 4 重复步骤 2 和步骤 3 B 次, 用统计量 $\tilde{\Gamma}_M^*(s)$ 的经验分位数来近似 $\tilde{\Upsilon}(s)$ 的分位数.

定理 6.6 如果假设 3.1 和假设 6.2 成立, 则在原假设 (6.18) 下, 当 $m \to \infty, M \to \infty$, 但 $M/m \to 0$ 时, 对任意实数 x 有

$$P_{\mathcal{E}}(\tilde{\Gamma}_M^*(s) \leqslant x) \xrightarrow{p} P(\tilde{\Upsilon}(s) \leqslant x),$$

其中 $\mathcal{E} = \sigma(\hat{\varepsilon}_i, \ 1 \leqslant i \leqslant m)$.

证明: 从 $\hat{\varepsilon}_1, \cdots, \hat{\varepsilon}_m$ 中抽取 Bootstrap 样本 u_i 时, 相应地抽取了一个不可观测的随机变量 $\underline{\varepsilon}_i$, 即

$$\frac{1}{a_M} \sum_{i=1}^{[Mt]} u_i = \frac{1}{a_M} \sum_{i=1}^{[Mt]} \underline{\varepsilon}_i - \frac{[Mt]}{n a_M} \sum_{j=1}^{m} \varepsilon_j.$$

由假设 3.1, 根据定理 6.3 的证明可知

$$P_{\mathcal{E}} \left(a_M^{-1} \sum_{i=1}^{[Mt]} u_i \leqslant x \right) \xrightarrow{p} P(U(t) \leqslant x),$$

$$P_{\mathcal{E}} \left(a_M^{-1} \sum_{i=1}^{[Mt]} u_i^2 \leqslant x \right) \xrightarrow{p} P(\tilde{U}(t) \leqslant x).$$

从步骤 3 的 Bootstrap 构造过程可知, $y_t^* \sim I(1)$, 且其噪声过程是满足假设 3.1 的方差无穷厚尾序列, 从而按定理 6.4 的证明即可得证定理 6.6. □

6.3　持久性变点的滑动比监测

本节介绍一种新的滑动比监测统计量来监测两个方向变化的持久性变点, 即假定已观测到 m 个历史样本 $Y_1, \cdots, Y_m$, 从第 $m+1$ 个新观测到的样本开始, 连续检验新观测数据中是否出现从 $I(1)$ 过程向 $I(0)$ 过程变化或从 $I(0)$ 过程向 $I(1)$ 过程变化持久性变点直到设定的最大监测样本量 T. 本节仅考虑轻尾的情况, 对于厚尾的情况可按引理 3.1 的结论类似完成. 为使模型 (6.1) 包含更广泛的时间序列, 当过程 $Y_t \sim I(0)$ 时, 只假定其噪声序列 $\{\varepsilon_t\}$ 满足泛函中心极限定理, 即

$$T^{-1/2} \sum_{t=1}^{[T\tau]} \varepsilon_t \Rightarrow \sigma W(\tau), \tag{6.24}$$

而当过程 $Y_t \sim I(1)$ 时, 假定其噪声过程 $\{\varepsilon_t\}$ 满足

$$T^{-1/2} \varepsilon_{[T\tau]} = T^{-1/2} \sum_{t=1}^{[T\tau]} e_t \Rightarrow \sigma W(\tau). \tag{6.25}$$

这里 σ 是某个未知的非负常数.

6.3.1　$I(1)$ 到 $I(0)$ 变点的在线监测

监测从 $I(1)$ 过程向 $I(0)$ 过程变化持久性变点的滑动比率统计量定义如下:

$$\Xi_T(s) = \frac{\displaystyle\sum_{t=1}^{[T\tau]} \left(\sum_{i=1}^{t} \hat{\varepsilon}_{0,i} \right)^2}{\displaystyle\sum_{t=[Ts]-[T\tau]+1}^{[Ts]} \left(\sum_{i=[Ts]-[T\tau]+1}^{t} \hat{\varepsilon}_{1,i} \right)^2}, \quad \tau < s < 1, \tag{6.26}$$

其中 $\hat{\varepsilon}_{1,i}$ 表示 Y_t 关于 γ_t, $t = [Ts] - [T\tau] + 1, \cdots, [Ts]$ 做回归得到的最小二乘估计残量, 而 $\hat{\varepsilon}_{0,i}$ 表示 Y_t 关于 γ_t, $t = 1, \cdots, [T\tau]$ 做回归得到的最小二乘估计残量. 由此监测统计量可定义停时

$$U_T(c) = \min\{n : [T\tau] < n \leqslant T, \Xi_T(n/T) > c\},$$

这里 c 表示某个给定的临界值.

滑动比率监测统计量 (6.26) 和 6.2.1 节所给核加权方差比率监测统计量 (6.20) 相比, 一个明显的优势是计算量更小. 因为监测统计量 (6.26) 在每观测到一个新样本 $Y_{[Ts]}$ 时, 只需计算子样本 $Y_{[Ts]-[t\tau]+1}, \cdots, Y_{[Ts]}$ 的残量和, 而监测统计

量 (6.20) 在每观测到一个新样本 $Y_{[Ts]}$ 时, 其分子分母都必须计算所有已观测到的样本 $Y_1, \cdots, Y_{[Ts]}$ 的残量和. 此外, 通过模拟比较还可发现, 本节所给滑动比率方法优于核加权方差比率监测方法.

定理 6.7 如果模型 (6.1) 中的误差项满足 (6.25), 且假设 6.2 成立, 则在原假设 (6.18) 下有

$$
\Xi_T(s) \Rightarrow \chi(s) = \frac{\displaystyle\int_0^\tau \left(\int_0^u W(v)dv - uv^{-1} \int_0^\tau W(v)dv \right)^2 du}{\displaystyle\int_{s-\tau}^s \left(\int_{s-\tau}^u W(v)dv - \frac{u-s+\tau}{\tau} \int_{s-\tau}^s W(v)dv \right)^2 du}.
$$

证明: 注意到 $\hat{\varepsilon}_{0,i} = \varepsilon_i - [T\tau]^{-1} \sum\limits_{j=1}^{[T\tau]} \varepsilon_j$, $\hat{\varepsilon}_{1,i} = \varepsilon_i - [T\tau]^{-1} \sum\limits_{j=[Ts]-[T\tau]+1}^{[Ts]} \varepsilon_j$, 记 $t = [Tu]$, $i = [Tv]$, 则

$$
\begin{aligned}
T^{-3/2} \sum_{i=1}^t \hat{\varepsilon}_{0,i} = & \, T^{-3/2} \sum_{i=1}^t \varepsilon_i - \frac{t T^{-3/2}}{[T\tau]} \sum_{j=1}^{[T\tau]} \varepsilon_j \\
& \Rightarrow \sigma \int_0^u W(v)dv - u\tau^{-1}\sigma \int_0^\tau W(v)dv,
\end{aligned} \tag{6.27}
$$

$$
\begin{aligned}
T^{-3/2} \sum_{i=[Ts]-[T\tau]+1}^t \hat{\varepsilon}_{1,i} = & \, T^{-3/2} \sum_{i=[Ts]-[T\tau]+1}^t \varepsilon_i - \frac{t-[Ts]+[T\tau]}{[T\tau]T^{3/2}} \sum_{j=[Ts]-[T\tau]+1}^{[Ts]} \varepsilon_j \\
& \Rightarrow \sigma \int_{s-\tau}^u W(v)dv - \frac{u-s+\tau}{\tau} \sigma \int_{s-\tau}^s W(v)dv.
\end{aligned} \tag{6.28}
$$

联合 (6.27) 和 (6.28), 由连续映照定理即得定理 6.7 的证明. □

定理 6.8 如果模型 (6.1) 中的误差项满足 (6.25), 且假设 6.2 成立, 则当在某个时刻 $k^* = [T\tau^*] > [T\tau]$ 出现一个从 $I(1)$ 过程向 $I(0)$ 过程变化的持久性变点时有

$$
\Xi_T(s) = O_p(T^2), \quad s \in [\tau + \tau^*, 1].
$$

证明: 由定理 6.7 的证明可知, 监测统计量 $\Xi_T(s)$ 的分母等于 $O_p(T^{-4})$. 而当 $s \geqslant \tau + \tau^*$ 时有

$$
\begin{aligned}
T^{-1/2} \sum_{i=[Ts]-[T\tau]+1}^t \hat{\varepsilon}_{1,i} = & \, T^{-1/2} \sum_{i=[Ts]-[T\tau]+1}^t \varepsilon_i - \frac{t-[Ts]+[T\tau]}{[T\tau]T^{1/2}} \sum_{j=[Ts]-[T\tau]+1}^{[Ts]} \varepsilon_j \\
& \Rightarrow \sigma(W(u)-W(s-\tau)) - \frac{(u-s+\tau)\sigma}{\tau}(W(s)-W(s-\tau)),
\end{aligned}
$$

即 $\Xi_T(s)$ 的分子等于 $O_p(T^{-2})$. 因此

$$\Xi_T(s) = O_p(T^2), \quad s \in [\tau + \tau^*, 1].$$

定理 6.8 证毕. □

6.3.2 $I(0)$ 到 $I(1)$ 变点的在线监测

采用监测统计量 $\Xi_T^{-1}(s)$ 监测从 $I(0)$ 过程向 $I(1)$ 过程变化的持久性变点, 并定义停时

$$U_T^{-1}(c) = \min\{[T\tau] < n \leqslant T : \Xi_T^{-1}(n/T) > c\}.$$

定理 6.9 如果模型 (6.1) 中的误差项满足 (6.25), 且假设 6.1 成立, 则在原假设 (6.2) 下有

$$\Xi_T^{-1}(s) \Rightarrow \chi^{-1}(s) = \frac{\int_{s-\tau}^{s} \left(W(u) - (u-s)\tau^{-1}W(s)\right)^2 du}{\int_{0}^{\tau} (W(u) - \tau^{-1}W(\tau))^2 du}.$$

证明: 由于

$$T^{-1/2} \sum_{i=1}^{t} \hat{\varepsilon}_{0,i} = T^{-1/2} \sum_{i=1}^{t} \varepsilon_i - \frac{tT^{-1/2}}{[T\tau]} \sum_{j=1}^{[T\tau]} \varepsilon_j$$

$$\Rightarrow \sigma W(u) - u\tau^{-1}\sigma W(\tau), \tag{6.29}$$

$$T^{-1/2} \sum_{i=[Ts]-[T\tau]+1}^{t} \hat{\varepsilon}_{1,i} = T^{-1/2} \sum_{i=1}^{t} \varepsilon_i - \frac{t-[Ts]}{[T\tau]T^{1/2}} \sum_{j=1}^{[Ts]} \varepsilon_j$$

$$\Rightarrow \sigma W(u) - \frac{(u-s)\sigma}{\tau} W(s) du. \tag{6.30}$$

联合 (6.29), (6.30), 由连续映照定理即得定理 6.9 的证明. □

定理 6.10 如果模型 (6.1) 中的误差项满足 (6.25), 且假设 6.1 成立, 则当在某个时刻 $k^* = [T\tau^*] > [T\tau]$ 出现一个从 $I(0)$ 过程向 $I(1)$ 过程变化的持久性变点时有

$$\Xi_T^{-1}(s) = O_p(T^2), \quad s \in (\tau^*, 1].$$

证明: 根据定理 6.7 和定理 6.9 的证明可知, 监测统计量 $\Xi_T^{-1}(s)$ 的分子等于 $O_p(T^{-2})$, 而其分母在 $s > \tau^*$ 时等于 $O_p(T^{-4})$. 因此

$$\Xi_T^{-1}(s) = O_p(T^2).$$

定理 6.10 证毕. □

虽然监测统计量 $\Xi_T^{-1}(s)$ 不需要估计任何尺度参数, 但通过模拟试验发现, 当模型 (6.1) 中的噪声序列相依时, 监测统计量 $\Xi_T^{-1}(s)$ 会出现水平失真问题. 更严重的是, 监测统计量 $\Xi_T^{-1}(s)$ 对出现的方差变点亦比较敏感, 为控制经验水平, 并避免将方差变点当作持久性变点, 下面给出一种修正的监测统计量

$$\Xi_T^{*-1}(s) = \frac{\hat{\sigma}_1^2}{\hat{\sigma}_2^2(s)} \Xi_T^{-1}(s),$$

其中

$$\hat{\sigma}_1^2 = \frac{1}{[T\tau]} \sum_{t=1}^{[T\tau]} \hat{\varepsilon}_{0,t}^2 + \frac{2}{[T\tau]} \sum_{i=1}^{[T\tau]-1} K(i/h) \sum_{t=i+1}^{[T\tau]} \hat{\varepsilon}_{0,t} \hat{\varepsilon}_{0,t-i},$$

$$\hat{\sigma}_2^2(s) = \frac{1}{[T\tau]} \sum_{t=[Ts]-[T\tau]+1}^{[Ts]} \hat{\varepsilon}_{1,t}^2 + \frac{2}{[T\tau]} \sum_{i=[Ts]-[T\tau]+1}^{[Ts]-1} K(i/h) \sum_{t=[Ts]-[T\tau]+i+1}^{[Ts]} \hat{\varepsilon}_{1,t} \hat{\varepsilon}_{1,t-i},$$

这里 $K(\cdot)$ 是某个合适的核函数, h 是窗宽参数, 大量模拟结果表明取 $m=1$ 即可很好地控制经验水平, 且能得到比较理想的检验势.

注 6.11 由于在 $I(0)$ 原假设下, 估计量 $\hat{\sigma}_1^2$ 和 $\hat{\sigma}_2^2(s)$ 在 $T \to \infty$ 时都将收敛到同一个常数. 因此修正的监测统计量 $\Xi_T^{*-1}(s)$ 具有和监测统计量 $\Xi_T^{-1}(s)$ 相同的极限分布.

6.4 数值模拟与实例分析

6.4.1 数值模拟

本节通过数值模拟检验两种厚尾序列持久性变点在线监测方法的有效性. 采用数据生成过程

$$y_t = 1 + \varepsilon_t, \quad \varepsilon_t = \begin{cases} \rho_1 \varepsilon_{t-1} + e_t, & t = 1, \cdots, k^*, \\ \rho_2 \varepsilon_{t-1} + e_t, & t = k^* + 1, \cdots, T \end{cases} \quad (6.31)$$

生成模拟数据. 误差项 e_t 是服从假设 3.1 的方差无穷厚尾序列, 并让厚尾指数 κ 分别取值 $1.43, 1.87$ 和 2. 此外, 还考虑局部 (Local) 有限方差误差项的情况, 即 $e_t = e_{1t} + (1/T^{1/2})e_{2t}$, 其中 e_{1t} 是标准正态随机序列, e_{2t} 是具有厚尾指数 $\kappa = 1.43$ 的方差无穷厚尾序列. 考虑局部有限方差的情况是为了分析当数据中出现异常时是检验方法的稳健性. 最大监测样本容量 T 分别取 200 和 500, 起始样本容量 m 分别取 $[0.2T]$ 和 $[0.3T]$, Bootstrap 重抽样次数 $B = 500$, 模拟循环次数为 2500,

检验水平为 5%, 核函数选用 Epanechnikov 核, 即

$$K(t) = \frac{3}{4}\left(1 - t\right)^2,$$

窗宽参数取为 $h = [0.2m]$, 其余参数将在具体模拟例子中指定.

例 6.1($I(0)$ 到 $I(1)$ 持久性变点监测)　令模型 (6.31) 中的参数 $k^* = T$, ρ_1 分别取值 $0, 0.2, 0.5$ 和 0.8 来模拟经验水平. 模拟经验势时, 取变点位置 $k^* = [0.3T]$ 和 $[0.5T]$, $\rho_2 = 1$. 试验发现窗宽参数 h 及 Bootstrap 重抽样样本量 M 的大小对于模拟结果都有明显影响, 本例中取 $h = 0.2T$, $M = m/\log(m)$, 此时的模拟结果相对较好.

表 6.1 列出了经验水平的模拟结果, 从中可以看出起始样本量、厚尾指数及自回归系数 ρ_1 的大小都对模拟结果有很大的影响, 导致不同情况下的经验水平差异比较大. 相关系数 ρ_1 越大, 经验水平越高, 但随着 m 和 T 的值增大经验水平逐渐变小. 需要说明的是在这些不同的参数组合下, 若用正态数据直接模拟得到的临界值做监测, 经验水平有比表中结果更大的差异. 在同等情况下, 厚尾指数越小, 经验水平越小, 这意味着只要通过调整合适的重抽样样本量与窗宽参数, 使监测方法在方差有限的情况下控制好检验, 则在监测方差无穷数据时仍能控制住犯第一类错误的概率. 一种可行的方法是在做监测时, 首先基于历史样本生成 B 组容量为 T 的样本, 并基于这些样本选择合适的窗宽参数和 Boostrap 重抽样样本量, 再基于选出的参数做变点监测.

表 6.1　统计量 $\Gamma_T(s)$ 在 5% 检验水平下的经验水平 (%)

T	$\rho_1 \backslash \kappa$	$m = [0.2T]$				$m = [0.3T]$			
		1.43	1.87	2	Local	1.43	1.87	2	Local
200	0	2.84	4.08	4.56	4.24	0.04	0.24	0.24	0.16
	0.2	5.88	7.04	7.28	7.76	0.16	0.52	1.08	0.84
	0.5	17.4	19.2	17.8	17.8	1.16	3.44	3.16	3.08
	0.8	51.3	46.1	44.1	45.2	18.2	18.4	18.0	18.0
500	0	0.68	2.62	2.34	2.20	0	0.44	0.24	0.28
	0.2	1.78	4.72	5.46	5.58	0.04	0.48	0.44	0.48
	0.5	10.2	11.5	10.1	10.9	0.52	1.04	2.62	1.88
	0.8	29.5	30.2	27.3	27.1	4.48	5.25	6.08	5.96

由于在 $m = [0.2T]$ 时, 大部分参数组合下的经验水平高于检验水平, 这里仅给出 $m = [0.3T]$ 时的经验势, 结果见表 6.2, 其中方括号中的结果为平均运行长度, 即从变点出现时刻到监测到变点的时刻间的平均样本量大小. 从中可以发现

经验势随样本容量, 跳跃度及起始样本量的增大而提高, 但平均运行长度也随之增大, 这验证了理论证明的监测方法一致性. 厚尾指数越小经验势越低, 平均运行长度越短, 这和变点检验的结果一致. 此外, 变点位置越靠前检验势越高, 平均运行长度越短, 这说明变点位置越靠前越容易被监测到.

表 6.2 统计量 $\Gamma_T(s)$ 在 5% 检验水平下当 $m = [0.3T]$ 时的经验势 (%) 和平均运行长度

T	$\rho_1 \backslash \kappa$	$k^* = [0.3T]$				$k^* = [0.5T]$			
		1.43	1.87	2	Local	1.43	1.87	2	Local
200	0	93.72	97.40	97.56	97.00	77.36	84.80	86.52	85.84
		[55.3]	[44.7]	[47.6]	[48.2]	[58.6]	[52.6]	[51.9]	[52.4]
	0.5	89.56	92.44	92.80	92.64	67.72	75.24	75.76	74.92
		[65.1]	[59.4]	[58.8]	[59.5]	[64.8]	[64.4]	[59.1]	[59.0]
	0.8	84.78	88.36	85.88	86.20	64.20	66.96	67.86	65.98
		[70.6]	[67.8]	[65.1]	[65.8]	[61.0]	[60.1]	[61.2]	[59.9]
500	0	99.24	1	1	1	94.68	97.12	97.32	97.68
		[93.4]	[78.4]	[75.8]	[77.0]	[106]	[91.8]	[88.4]	[88.9]
	0.5	96.86	97.68	99.88	98.92	84.72	90.60	91.88	92.26
		[127]	107	[105]	[107]	[134]	[117]	[116]	[117]
	0.8	93.56	94.46	95.60	94.82	72.98	80.12	79.48	80.00
		[148]	[143]	[137]	[137]	[146]	[141]	[139]	[140]

例 6.2 ($I(1)$ 到 $I(0)$ 持久性变点监测) 令模型 (6.31) 中的参数 $k^* = T$, $\rho_1 = 1$ 来模拟经验水平. 模拟经验势时, 取变点位置 $k^* = [0.3T]$ 和 $[0.5T]$, $\rho_2 = 0.3$. 试验窗宽参数 h 分别取 $0.7m, 0.8m$ 和 $0.9m$, Bootstrap 重抽样样本量 $M = 4m/\log(4m)$, 其余参数设置同例 6.1.

从表 6.3 列出的经验水平可以看出, 对于窗宽 $h = 0.7m$ 的情况, 当 $T = 200$ 时水平扭曲非常严重, 而当 $T = 500$ 时只有 $\kappa = 1.43$ 时水平扭曲较为严重. 由于随着厚尾指数的增大, 经验水平逐渐减小, 所以在实际应用中若监测的数据厚尾特征越明显, 应该考虑越大的窗宽参数, 其作用是通过在更多的样本间平滑来减小异常值的影响. 此外, 设定的最大监测样本量越大, 应该考虑选用越小的窗宽参数, 以避免监测方法过于保守.

表 6.4 给出了监测统计量 $\tilde{\Gamma}_T(s)$ 在最大监测样本量 $T = 200$ 时的经验势和平均运行长度. 从中排除水平扭曲的影响, 可以看出经验势随起始样本量、厚尾指数的增大而提高, 这与监测统计量 $\Gamma_T(s)$ 的结论一致. 窗宽参数越大经验势越低, 这可能主要是由检验水平不在一个水平线上导致的. 相比于监测从平稳向非平稳变

化持久性变点的结果, 此时经验势较低, 且平均运行长度更大, 这符合定理 6.10 的
理论结果.

表 6.3　统计量 $\tilde{\Gamma}_T(s)$ 在 5% 检验水平下的经验水平 (%)

		$m = [0.2T]$				$m = [0.3T]$			
T	$h\backslash\kappa$	1.43	1.87	2	Local	1.43	1.87	2	Local
200	$0.7m$	28.8	14.9	12.0	11.6	29.1	17.9	15.2	12.2
	$0.8m$	12.9	4.64	2.92	6.68	13.1	6.24	4.44	5.02
	$0.9m$	4.84	1.64	0.62	0.54	6.56	1.58	0.76	0.72
500	$0.7m$	12.6	4.92	1.84	1.76	15.4	6.56	5.38	3.92
	$0.8m$	6.68	1.64	0.18	0.24	6.96	1.36	0.68	1.04
	$0.9m$	1.18	0.24	0.04	0.04	2.38	0.76	0.44	0.32

表 6.4　统计量 $\tilde{\Gamma}_T(s)$ 在 5% 检验水平下当 $T = 200$ 时的经验势 (%) 和平均运行长度

		$m = [0.2T]$				$m = [0.3T]$			
k^*	$h\backslash\kappa$	1.43	1.87	2	Local	1.43	1.87	2	Local
$[0.3T]$	$0.7m$	88.96	87.12	85.56	84.20	97.44	98.28	98.06	98.12
		[59.5]	[62.6]	[62.7]	[62.1]	[65.5]	[63.96]	[62.4]	[62.9]
	$0.8m$	63.64	61.04	62.56	61.60	92.20	93.38	93.76	93.20
		[69.0]	[72.0]	[73.8]	[72.8]	[72.6]	[71.7]	[70.7]	[71.2]
	$0.9m$	37.12	35.92	34.32	33.76	80.00	84.50	82.76	82.80
		[74.6]	[78.5]	[80.3]	[80.0]	[79.7]	[78.5]	[76.4]	[76.9]
$[0.5T]$	$0.7m$	77.84	73.96	73.44	72.76	90.40	91.52	92.24	91.80
		[41.4]	[47.8]	[50.6]	[50.7]	[53.7]	[56.1]	[57.8]	[57.3]
	$0.8m$	52.60	46.76	46.76	46.92	76.80	80.48	81.20	80.44
		[49.7]	[56.7]	[58.7]	[59.0]	[61.2]	[62.4]	[63.5]	[63.5]
	$0.9m$	27.40	26.64	23.56	24.32	62.96	66.00	68.96	68.32
		[56.3]	[61.4]	[62.1]	[62.6]	[64.0]	[67.4]	[67.4]	[67.1]

6.4.2　实例分析

例 6.3　利用核加权方差比变点监测方法分析例 3.3 京东方 A 股票数据中的
$I(1)$ 向 $I(0)$ 变化的持久性变点. 取 Bootstrap 样本量 $M = 4m/\log(m)$, 循环次
数 $B = 500$, Epanechnikov 核为加权核, 利用核加权滑动方差比监测统计量 $\tilde{\Gamma}_T(s)$
做持久性变点监测, 在 α 检验水平下, 训练样本量 m 及窗宽 h 取不同值时的停时
见表 6.5. 从中可以看出, 除了 $m = 0.2T, h = 0.9m$ 的情况外, 统计量 $\tilde{\Gamma}_T(s)$ 都能
监测到这个持久性变点, 且窗宽越小, 训练样本量越大时停时越早.

表 6.5 例 6.3 不同参数组合下核加权方差比监测方法的停时

$\alpha\backslash h$	$m = [0.2T]$			$m = [0.3T]$		
	0.7m	0.8m	0.9m	0.7m	0.8m	0.9m
1%	398	398	528	362	366	272
5%	397	397	528	359	363	369
10%	396	397	397	357	362	367

例 6.4 利用滑动比率监测方法分析例 3.4 美国通货膨胀数据. 在 5% 检验水平下, 首先通过设定历史样本比例 $\tau = 0.2$, 用监测统计量 $\Xi_T(\cdot)$ 监测从 $I(1)$ 过程向 $I(0)$ 过程变化的持久性变点, 发现监测过程在第 136 个观测值 (即 1961 年 10 月) 处停止, 这说明美国通货膨胀数据在 1961 年 10 月之前出现了从 $I(1)$ 过程向 $I(0)$ 过程变化的持久性变点. 然后删除前 100 个数据, 用统计量 $\Xi_T^{-1}(\cdot)$ 监测从 $I(0)$ 过程向 $I(1)$ 过程变化的持久性变点, 发现新的监测过程在第 66 个观测值 (即 1966 年 4 月) 处停止, 这说明原始数据在 1966 年 4 月之前出现了从 $I(0)$ 过程向 $I(1)$ 过程变化的持久性变点. 然后删除前 160 个数据用统计量 $\Gamma_T(\cdot)$ 继续做监测, 发现监测统计量直到最后一个观测值处亦没有给出存在持久性变点的证据, 这说明剩余的数据中不存在持久性变点.

特别地, 若取起始时刻 $\tau = 0.1$ 和 $\tau = 0.3$ 用同样的方法重新做监测, 发现第一个持久性变点的停止时刻分别在第 114 和 161 个样本处, 而删除掉前 100 个样本后, 重新做监测时发现的第二个持久性变点时刻都是在第 67 个样本处. 这再次确认了前面的监测结果, 但显然, 当起始时刻较小时, 能够更快地发现变点.

6.5 小 结

本节讨论了厚尾序列持久性变点的 "封闭式" 在线监测问题, 介绍了核加权方差比和滑动比两种监测方法, 构造了用于计算监测统计量临界值的 Boostrap 方法, 并在假定 Bootstrap 重抽样样本量 M 和历史样本量 m 满足 $M \to \infty, M/m \to 0$ 的条件下证明了 Bootstrap 方法的有效性. 数值模拟结果表明, 类似于第 3 章做厚尾序列持久性变点检验时遇到的情况, 面临 Bootstrap 重抽样样本量 M 选择的困难, M 选择不合适将很难控制犯第一类错误的概率. 实际上, 如果取 $M = T$, 即取重抽样样本量等于设定的最大监测样本量, 则可以更好地控制经验水平, 但此时尚无法从理论上证明 Bootstrap 方法的有效性. 虽然基于滑动比方法仅讨论了方差有限时间序列持久性变点的监测问题, 但很容易将其推广到厚尾的情况. 相比于核加权方差比方法, 滑动比方法在计算复杂度、理论性质及有限样本性质等方面都有一定的优势. 本章 6.1 节的内容引自 Chen 等 (2012), 6.2 节的内容引自 Chen (2015), 6.3 节的内容引自 Chen 等 (2010). 关于滑动核加权方差比监测统计量在线监测非厚尾时间序列持久性变点的研究读者可查阅 Qi 等 (2013)、陈占寿和田铮 (2014) 等. 关于在线监测厚尾序列平稳性和非平稳性的研究可查阅陈占寿和田铮 (2010)、Chen (2014) 等.

第 7 章　长记忆时间序列均值及方差变点的封闭式在线监测

假定时间序列 $\{Y_t, t = 1, 2, \cdots\}$ 可以分解为

$$Y_t = \mu_t + \sigma_t X_t, \quad t = 1, 2, \cdots, \tag{7.1}$$

其中 $\mu_t = E(Y_t)$ 是期望函数, $\sigma_t^2 = \mathrm{Var}(Y_t)$ 是方差函数. 随机项 $X_t \sim I(d)$, $d \in (-0.5, 0.5)$, 是满足引理 1.5 条件的平稳长记忆时间序列. 本章研究均值变点及方差变点的在线监测问题.

7.1　均值变点的在线监测

假定已观测到 m 个样本 $Y_1, \cdots, Y_m$, 从第 $m+1$ 个新观测的样本开始连续检验原假设

$$H_0 : \mu_t = \mu_0, \quad t = m+1, m+2, \cdots, T, \tag{7.2}$$

备择假设为

$$\begin{aligned} H_1 : \mu_t &= \mu_0, & t &= m+1, \cdots, k^*; \\ \mu_t &= \mu_0 + \Delta_a, & t &= k^*+1, \cdots, T, \end{aligned} \tag{7.3}$$

其中 $\mu_0, \Delta_a \neq 0$ 是未知常数, k^* 为未知变点, T 为根据现有样本量 m 设定的最大监测样本量, 即 $m = [T\tau]$, $0 < \tau < 1$ 是某个指定的常数.

假设 7.1　前 m 个样本 $Y_1, \cdots, Y_m$ 中不存在均值变点, 即

$$\mu_1 = \cdots = \mu_m = \mu_0.$$

令 n 表示当前时刻已观测到的样本总量, 记

$$\bar{Y}_{j,k} = \frac{1}{k-j+1} \sum_{t=j}^{k} Y_t.$$

监测均值变点的统计量定义为

$$\Gamma_T^a(n) = \frac{n^{3/2} \left| \bar{Y}_{1,m} - \bar{Y}_{1,n} \right|}{\left\{ \sum_{t=1}^{m} \left(\sum_{i=1}^{t} (Y_i - \bar{Y}_{1,m}) \right)^2 \right\}^{1/2}}, \quad n = m+1, \cdots, T. \tag{7.4}$$

停时定义为

$$S_T^a(n) = \min\{m < n \leqslant T : \Gamma_T^a(n) > c_1 b(n)\},$$

其中 c_1 是给定的临界值, $b(n)$ 是给定的边界函数. 这里引进一个边界函数是受开放式变点监测思想的影响, 其目的是在设定的最大监测样本量远大于历史样本量时更好地控制犯第一类错误的概率. 研究发现和开放式监测方法相比, 封闭式监测方法对于边界函数的依赖较小, 本章一直使用如下边界函数

$$b(n) = \log(n - m + 1).$$

下面推导监测统计量在历史样本量 $m \to \infty$ 时的极限分布. 由于本节仅考虑均值变点, 为方便推导, 这里假定 $\sigma_t \equiv \sigma_0$. 由 $m = [T\tau]$, $0 < \tau < 1$ 是固定常数可知, $m \to \infty$ 等价于 $T \to \infty$, 因此为简化极限分布的证明, 本章所有极限分布的推导均以 $T \to \infty$ 为条件.

定理 7.1   如果假设 7.1 成立, 则在原假设 H_0 下, 当 $T \to \infty$ 时有

$$\Gamma_T^a(n) \Rightarrow \Upsilon(s) \equiv \frac{s^{3/2} \left| \tau^{-1} W_d(\tau) - s^{-1} W_d(s) \right|}{\left\{ \int_0^\tau (W_d(r) - r\tau^{-1} W_d(\tau))^2 dr \right\}^{1/2}}.$$

证明: 令 $n = [Ts], t = [Tr]$, 因为若 $X_t \sim I(d), -\dfrac{1}{2} < d < \dfrac{1}{2}$, 则由引理 1.5 及

$$\frac{[Ts]}{[T\tau]} \to s\tau^{-1}, \quad T \to \infty,$$

可知, 当 $T \to \infty$ 时,

$$T^{\frac{1}{2}-d} \left| \bar{Y}_{1,m} - \bar{Y}_{1,n} \right| = \left| \frac{T^{\frac{1}{2}-d}}{[T\tau]} \sum_{i=1}^{[T\tau]} Y_i - \frac{T^{\frac{1}{2}-d}}{[Ts]} \sum_{i=1}^{[Ts]} Y_i \right|$$

$$= \sigma_0 \left| \frac{T}{[T\tau]} T^{-\frac{1}{2}-d} \sum_{i=1}^{[T\tau]} X_i - \frac{T}{[Ts]} T^{-\frac{1}{2}-d} \sum_{i=1}^{[Ts]} X_i \right|$$

$$\Rightarrow \sigma_0 \omega \left| \tau^{-1} W_d(\tau) - s^{-1} W_d(s) \right|, \tag{7.5}$$

$$T^{-2-2d} \sum_{t=1}^{m} \left(\sum_{i=1}^{t} (Y_i - \overline{Y}_{1,m}) \right)^2$$

$$= \sigma_0^2 T^{-1} \sum_{t=1}^{[T\tau]} \left(T^{-\frac{1}{2}-d} \sum_{i=1}^{[Tr]} X_i - \frac{[Tr]}{[T\tau]} T^{-\frac{1}{2}-d} \sum_{i=1}^{[T\tau]} X_i \right)^2$$

$$\Rightarrow \sigma_0^2 \omega^2 \int_0^\tau (W_d(r) - r\tau^{-1} W_d(\tau))^2 dr. \tag{7.6}$$

联合 (7.5), (7.6) 和连续映照定理既得定理 7.1 的证明. □

定理 7.2 若假设 7.1 成立, 当在时刻 $k^* = [T\tau^*]$ 出现一个跳跃度为 $\Delta_a \to 0$ 的均值变点, 且 $T^{\frac{1}{2}-d} \Delta_a \to \infty$, 则当 $T \to \infty$ 且 $n > k^*$ 时有

$$(T^{\frac{1}{2}-d} \Delta_a)^{-1} \Gamma_T^a(n) \Rightarrow \frac{s^{\frac{1}{2}}(s - \tau^*)}{\omega \left\{ \int_0^\tau (W_d(r) - r\tau^{-1} W_d(\tau))^2 dr \right\}^{\frac{1}{2}}}, \quad \tau^* < s < 1.$$

证明: 由定理 7.1 的证明, 当在 $k^* > n$ 时刻出现一个跳跃度为 Δ_a 的均值变点, 则

$$T^{\frac{1}{2}} \left| \overline{Y}_{1,m} - \overline{Y}_{1,n} \right|$$

$$= \sigma_0 T^d \left| \frac{T}{m} T^{-\frac{1}{2}-d} \sum_{i=1}^{m} X_i - \frac{T}{n} T^{-\frac{1}{2}-d} \sum_{i=1}^{n} X_i - \frac{T^{\frac{1}{2}-d}(n - k^*)}{n} \Delta_a \right|$$

$$= \sigma_0 T^d \left| \tau^{-1} O_p(1) - s^{-1} O_p(1) - \frac{T^{\frac{1}{2}-d}([Ts] - [T\tau^*])}{[Ts]} \Delta_a \right|.$$

若 $T^{\frac{1}{2}-d} \Delta_a \to \infty$, 则

$$(T^{\frac{1}{2}-d} \Delta_a)^{-1} T^{-d} n^{\frac{1}{2}} \left| \overline{Y}_{1,m} - \overline{Y}_{1,n} \right| \to s^{-\frac{1}{2}}(s - \tau^*). \tag{7.7}$$

因为 $k^* > m$, 所以结论 (7.5) 始终成立, 因此

$$(T^{\frac{1}{2}-d} \Delta_a)^{-1} \Gamma_T^a(n) \Rightarrow \frac{s^{\frac{1}{2}}(s - \tau^*)}{\omega \left\{ \int_0^\tau (W_d(r) - r\tau^{-1} W_d(\tau))^2 dr \right\}^{\frac{1}{2}}}.$$

定理 7.2 得证. □

注 7.3 定理 7.2 给出的是监测统计量 $\Gamma_T^a(n)$ 在 $\Delta_a \to 0$, 但 $T^{\frac{1}{2}-d} \Delta_a \to \infty$ 时的极限分布, 容易看出对于一个常数跳跃度的均值变点, 监测统计量 $\Gamma_T^a(n)$ 以速度 $T^{\frac{1}{2}-d}$ 发散到无穷. 这不仅说明监测统计量 $\Gamma_T^a(n)$ 是监测长记忆时间序列均值变点的一致方法, 也说明长记忆参数值越小, 该方法的监测效率越高.

7.2　方差变点的在线监测

假定已观测到前 m 个样本 $Y_1, \cdots, Y_m$, 从第 $m+1$ 个新观测的样本开始连续检验模型 (7.1) 中的方差变点, 即检验原假设

$$H_0 : \sigma_t^2 = \sigma_0^2, \quad t = m+1, m+2, \cdots, T \tag{7.8}$$

和备择假设

$$\begin{aligned} H_1 : \sigma_t^2 &= \sigma_0^2, & t &= m+1, \cdots, k^*; \\ \sigma_t^2 &= \Delta_b \sigma_0^2, & t &= k^*+1, \cdots, T, \end{aligned} \tag{7.9}$$

其中 $\sigma_0^2, \Delta_b > 0$ 是未知常数, k^* 为未知变点, T 为设定的最大监测样本量.

假设 7.2　前 m 个样本 $Y_1, \cdots, Y_m$ 中不存在方差变点, 即

$$\sigma_1^2 = \cdots = \sigma_m^2 = \sigma_0^2.$$

令 n 表示当前时刻已观测到的样本总量, 记

$$\overline{Y}_{j,k}^2 = \frac{1}{k-j+1} \sum_{t=j}^{k} (Y_t - \bar{Y}_{j,k})^2$$

为样本二阶中心矩, 则监测方差变点的统计量定义为

$$\Gamma_T^b(n) = \frac{n^{3/2} \left| \overline{Y}_{1,m}^2 - \overline{Y}_{1,n}^2 \right|}{\left\{ \sum_{t=1}^{m} \left(\sum_{i=1}^{t} \left((Y_i - \bar{Y}_{1,m})^2 - \overline{Y}_{1,m}^2 \right) \right)^2 \right\}^{1/2}}, \quad n = m+1, \cdots, T. \tag{7.10}$$

停时定义为

$$S_T^b(n) = \min\{m < n \leqslant T : \Gamma_T^b(n) > c_1 b(n)\},$$

其中 c_1 是给定的临界值, 边界函数 $b(n)$ 的定义同上一节.

定理 7.4　如果假设 7.2 成立, 且 $0 < d < \frac{1}{2}$, 则在原假设 H_0 下, 当 $T \to \infty$ 时有

$$\Gamma_T^b(n) \Rightarrow \frac{s^{3/2} \left| \tilde{Z}_d(\tau) - \tilde{Z}_d(s) \right|}{\left\{ \int_0^\tau (\tilde{W}_d(r,\tau))^2 dr \right\}^{1/2}},$$

其中 $\tilde{Z}_d(s) = s^{-1} Z_d(s) - s^{-2} W_d^2(s)$, $\tilde{W}_d(r,\tau) = Z_d(r) - r\tau^{-1} Z_d(\tau) + 2r\tau^{-2} W_d^2(\tau) - 2\tau^{-1} W_d(r) W_d(\tau)$.

证明: 根据 $\overline{Y}_{j,k}^2$ 的定义有

$$\overline{Y}_{1,m}^2 - \overline{Y}_{1,n}^2 = \frac{1}{m}\sum_{i=1}^{m}\left(Y_i - \frac{1}{m}\sum_{i=1}^{m}Y_i\right)^2 - \frac{1}{n}\sum_{i=1}^{n}\left(Y_i - \frac{1}{n}\sum_{i=1}^{n}Y_i\right)^2$$

$$= \frac{\sigma_0^2}{m}\left[\sum_{i=1}^{m}X_i^2 - \frac{1}{m}\left(\sum_{i=1}^{m}X_i\right)^2\right] - \frac{\sigma_0^2}{n}\left[\sum_{i=1}^{n}X_i^2 - \frac{1}{n}\left(\sum_{i=1}^{n}X_i\right)^2\right]$$

$$= \sigma_0^2\left(\frac{1}{m}\sum_{i=1}^{m}(X_i^2-1) - \frac{1}{n}\sum_{i=1}^{n}(X_i^2-1)\right)$$

$$+ \frac{\sigma_0^2}{n^2}\left(\sum_{i=1}^{n}X_i\right)^2 - \frac{\sigma_0^2}{m^2}\left(\sum_{i=1}^{m}X_i\right)^2.$$

由引理 1.5 (1) 有

$$T^{1-2d}\left[\frac{1}{n^2}\left(\sum_{i=1}^{n}X_i\right)^2 - \frac{1}{m^2}\left(\sum_{i=1}^{m}X_i\right)^2\right] \Rightarrow \omega^2[s^{-2}(W_d(s))^2 - \tau^{-2}(W_d(\tau))^2].$$

又因为当 $0 < d < \frac{1}{2}$ 时, 由引理 1.5 (2) 可得

$$T^{1-2d}\left(\frac{1}{m}\sum_{i=1}^{m}(X_i^2-1) - \frac{1}{n}\sum_{i=1}^{n}(X_i^2-1)\right) \Rightarrow \omega^2(\tau^{-1}Z_d(\tau) - s^{-1}Z_d(s)).$$

因此

$$T^{1-2d}\left|\overline{Y}_{1,m}^2 - \overline{Y}_{1,n}^2\right| \Rightarrow \sigma_0^2\omega^2\left|\tau^{-1}Z_d(\tau) - \tau^{-2}W_d^2(\tau) - s^{-1}Z_d(s) + s^{-2}W_d^2(s)\right|.$$

$$\tag{7.11}$$

另一方面

$$T^{-1-4d}\sum_{t=1}^{m}\left(\sum_{i=1}^{t}\left((Y_i - \bar{Y}_{1,m})^2 - \overline{Y}_{1,m}^2\right)\right)^2$$

$$= T^{-1-4d}\sum_{t=1}^{m}\left(\sigma_0^2\sum_{i=1}^{t}\left(X_i - \frac{1}{m}\sum_{j=1}^{m}X_j\right)^2 - \frac{t\sigma_0^2}{m}\sum_{j=1}^{m}\left(X_j - \frac{1}{m}\sum_{t=1}^{m}X_t\right)^2\right)^2$$

$$= \sigma_0^4 T^{-1-4d}\sum_{t=1}^{m}\left(\sum_{i=1}^{t}(X_i-1)^2 - \frac{t}{m}\sum_{j=1}^{m}(X_j-1)^2\right.$$

$$\left. - \frac{2}{m}\left(\sum_{i=1}^{t}X_i\right)\left(\sum_{j=1}^{m}X_j\right) + \frac{2t}{m^2}\left(\sum_{i=1}^{m}X_j\right)^2\right)^2$$

$$\Rightarrow \sigma_0^4 \omega^4 \int_0^\tau (Z_d(r) - r\tau^{-1} Z_d(\tau) - 2\tau^{-1} W_d(r) W_d(\tau) + 2r\tau^{-2} W_d^2(\tau))^2 dr. \ (7.12)$$

联合 (7.11), (7.12) 和连续映照定理即得定理 7.4 的证明. □

定理 7.5 若假设 7.2 成立, 当在时刻 $k^* = [T\tau^*]$ 出现一个跳跃度为 $\Delta_b \neq 1$ 的方差变点, 且 $\Delta_b \to 1$ 但 $T^{1-2d}(1-\Delta_b)^2 \to \infty$, 则当 $n > k^*$ 时有

$$(T^{1-2d}(1-\Delta_b)^2)^{-1} \Gamma_T^b(n) \Rightarrow \frac{(s-\tau^*)}{\omega^2 \left\{ \int_0^\tau (\tilde{W}_d(r,\tau))^2 dr \right\}^{1/2}}.$$

证明: 为简化证明, 这里假定 $\mu_0 = 0$ 且 $\sigma_0 = 1$, 关于 $\mu_0 \neq 0$ 或 $\sigma_0 \neq 1$ 的情况可通过更多的数学化简类似得到. 因为

$$T\overline{Y}_{1,n}^2 = \frac{T}{n} \sum_{i=1}^n (Y_i - \bar{Y}_{1,n})^2$$

$$= \frac{T}{n} \sum_{i=1}^{k^*} \left(X_i - \frac{1}{n}\sum_{j=1}^{k^*} X_j - \frac{\Delta_b}{n}\sum_{j=k^*+1}^n X_j \right)^2$$

$$+ \frac{T}{n} \sum_{i=k^*+1}^n \left(\Delta_b X_i - \frac{1}{n}\sum_{j=1}^{k^*} X_j - \frac{\Delta_b}{n}\sum_{j=k^*+1}^n X_j \right)^2$$

$$= \frac{T}{n}\sum_{i=1}^{k^*} X_i^2 + \frac{T\Delta_b^2}{n}\sum_{i=k^*+1}^n X_i^2 + O_p(T^{2d}),$$

$$T\overline{Y_{1,m}^2} = \frac{T}{m}\sum_{i=1}^m (Y_i - \bar{Y}_{1,m})^2 = \frac{T}{m}\sum_{i=1}^m X_i^2 + O_p(T^{2d}).$$

则

$$T^{-2d}n|\overline{Y}_{1,m}^2 - \overline{Y}_{1,n}^2|$$

$$= \frac{n}{T}\left| \frac{T}{m}T^{-2d}\sum_{i=1}^m (X_i^2-1) - \frac{T}{n}T^{-2d}\sum_{i=1}^{k^*} (X_i^2-1) \right.$$

$$\left. - \frac{T\Delta_b^2}{n}T^{-2d}\sum_{i=k^*+1}^n (X_i^2-1) + \frac{n-k^*}{n}T^{1-2d}(1-\Delta_b^2) + O_p(1) \right|$$

$$= \frac{n}{T}\left| O_p(1) - \Delta_b^2 O_p(1) + \frac{n-k^*}{n}T^{1-2d}(1-\Delta_b^2) + O_p(1) \right|.$$

所以当 $T^{1-2d}(1-\Delta_b^2) \to \infty$ 时有

$$(T^{1-2d}(1-\Delta_b^2))^{-1}T^{-2d}n|\overline{Y}_{1,m}^2 - \overline{Y}_{1,n}^2| \to s - \tau^*.$$

又因为当 $k^* > m$ 时 (7.12) 始终成立, 因此

$$(T^{\frac{1}{2}-d}(1-\Delta_b^2))^{-1}\Gamma_T^b(n) \Rightarrow \frac{s^{\frac{1}{2}}(s-\tau^*)}{\omega^2\left\{\int_0^\tau (\tilde{W}_d(r,\tau))^2 dr\right\}^{\frac{1}{2}}}.$$

定理 7.5 得证. □

7.3 同时监测均值与方差变点

前面两节分别考虑了模型 (7.1) 中只出现均值变点和只出现方差变点时的监测问题. 由于在一个监测过程开始之前无法确定会出现均值变点还是方差变点, 且在许多实际问题中均值变点和方差变点往往会同时出现. 因此同时监测这两类变点并区分监测到的变点是哪种类型的变点非常有必要, 为此, 本节首先讨论前述两个统计量在出现非监测类型变点时的极限性质, 然后给出计算监测统计量临界值的 Bootstrap 方法.

定理 7.6 若假设 7.1 和假设 7.2 成立, 则

(1) 如果在时刻 $k^* = [T\tau^*] < n$ 出现一个跳跃度为 Δ_b 的方差变点, 则当 $T \to \infty$ 时, 有

$$\Gamma_T^a(n) \Rightarrow \frac{s^{\frac{3}{2}}|\tau^{-1}W_d(\tau) - s^{-1}W_d(\tau^*) + s^{-1}(1-\Delta_b)(W_d(s) - W_d(\tau^*))|}{\left\{\int_0^\tau (W_d(r) - r\tau^{-1}W_d(\tau))^2 dr\right\}^{\frac{1}{2}}};$$

(2) 如果在时刻 $k^* = [T\tau^*] < n$ 出现一个跳跃度为 Δ_a 的均值变点, 则当 $\Delta_a \to 0$ 但 $T^{1-2d}\Delta_a^2 \to \infty$ 时, 有

$$(T^{1-2d}\Delta_a^2)^{-1}\Gamma_T^b(n) \Rightarrow \frac{s^{-2}\tau^*(s-\tau^*)}{\omega^2\left\{\int_0^\tau (\tilde{W}_d(r,\tau))^2 dr\right\}^{\frac{1}{2}}}.$$

证明: 因为假设 7.1 和假设 7.2 成立, 所以根据定理 7.2 和定理 7.5 的证明可知两个监测统计量分母的极限分布不会发生改变. 因此只需推导两个统计量分子的极限分布. 同定理 7.5 的证明, 只考虑 $\mu_0 = 0$ 和 $\sigma_0 = 1$ 的情况.

如果在时刻 $k^* < n$ 出现一个跳跃度为 Δ_b 的方差变点, 则

$$T^{\frac{1}{2}-d}|\bar{Y}_{1,m} - \bar{Y}_{1,n}| = T^{\frac{1}{2}-d}\left|\frac{1}{m}\sum_{i=1}^m X_i - \frac{1}{n}\sum_{i=1}^{k^*} X_i - \frac{\Delta_b}{n}\sum_{i=k^*+1}^n X_i\right|$$

$$\Rightarrow \omega|\tau^{-1}W_d(\tau) - s^{-1}W_d(s) + s^{-1}(1-\Delta_b)(W_d(s) - W_d(\tau^*))|.$$

由此即得 (1) 的证明. 类似地, 如果在时刻 $k^* < n$ 出现一个跳跃度为 Δ_a 的均值变点, 则

$$
\begin{aligned}
&T^{1-2d}|\overline{Y}_{1,m}^2 - \overline{Y}_{1,m}^2| \\
&= T^{1-2d}\left|\frac{1}{m}\sum_{i=1}^m\left(X_i - \frac{1}{m}\sum_{i=1}^m X_i\right)^2 - \frac{1}{n}\sum_{i=1}^{k^*}\left(X_i - \frac{1}{n}\sum_{i=1}^n X_i + \frac{n-k^*}{n}\Delta_a\right)^2\right. \\
&\qquad \left. - \frac{1}{n}\sum_{i=k^*+1}^n\left(X_i - \frac{1}{n}\sum_{i=1}^n X_i + \frac{k^*}{n}\Delta_a\right)^2\right| \\
&= \left|\frac{T}{m}T^{-2d}\sum_{i=1}^m(X_i^2 - 1) - \frac{T}{n}T^{-2d}\sum_{i=1}^n(X_i^2 - 1) - T^{1-2d}\frac{k^*(n-k^*)}{n^2}\Delta_a^2 + O_p(1)\right|.
\end{aligned}
$$

因此, 当 $T^{1-2d}\Delta_a^2 \to \infty$ 时有

$$
(T^{1-2d}\Delta_a^2)^{-1}T^{1-2d}|\overline{Y}_{1,m}^2 - \overline{Y}_{1,m}^2| \to s^{-2}\tau^*(s - \tau^*).
$$

定理 7.6 得证. □

注 7.7　定理 7.6 说明在监测数据中出现方差变点时, 虽然统计量 $\Gamma_T^a(n)$ 和定理 7.1 给出的无变点原假设下的极限分布有差异, 但显然两种情况下的收敛速度相同, 即统计量 $\Gamma_T^a(n)$ 不是监测方差变点的一致统计量. 另一方面, 统计量 $\Gamma_T^b(n)$ 在监测数据中出现均值变点时以速度 T^{1-2d} 发散到无穷, 即统计量 $\Gamma_T^b(n)$ 亦是监测方差变点的一致统计量. 由此性质我们可以在一定程度上区分监测到的是均值变点还是方差变点, 具体方法为: 同时用两个统计量监测数据, 若只有统计量 $\Gamma_T^a(n)$ 给出出现变点的提示或两个统计量同时监测到变点, 则说明数据中出现了均值变点或均值与方差同时出现了变点; 若只有统计量 $\Gamma_T^b(n)$ 监测到变点, 则可认为数据中出现了方差变点.

下面讨论如何确定监测统计量 $\Gamma_T^a(n)$ 和 $\Gamma_T^b(n)$ 的临界值. 通过前面的证明发现, 其极限分布不仅依赖长记忆参数 d, 还和历史样本量 m 与最大监测样本量 T 的比 m/T 有关. 显然将所有可能的情况考虑进去来制定一个临界值表是一项繁重工作, 且这样的表在实际应用中也不方便. 为此, 采用如下分数差分 Sieve Bootstrap (FDSB) 方法近似计算两个监测统计量的临界值, 具体步骤如下.

步骤 1　根据已观测到的历史样本 $y_1, y_2, \cdots, y_m$ 首先通过最小二乘方法得到残差序列 $\hat{x}_1, \cdots, \hat{x}_m$, 然后通过局部 Whittle 方法估计长记忆参数 d, 记估计值为 $\hat{d}$; 再对残量 $\hat{x}_1, \cdots, \hat{x}_m$ 做 $\hat{d}$ 阶差分, 得差分序列 $\hat{\varepsilon}_t = (1-B)^{\hat{d}}x_t, t = 1, \cdots, m$;

然后用自回归模型拟合该残差序列, 即

$$\hat{\varepsilon}_t = \beta_1 \hat{\varepsilon}_{t-1} + \beta_2 \hat{\varepsilon}_{t-2} + \cdots + \beta_{p(m)} \hat{\varepsilon}_{t-p(m)},$$

其中 $p(m)$ 是提前指定的最大自回归阶数, 再用 AIC 准则选择最优的阶数 $\hat{p}$. 为方便使用, 最大阶数可取 R 中函数 "ar" 设定的默认值 $p(m) = 10\log_{10} m$. 记拟合后的自回归系数为 $\hat{\beta}_1, \hat{\beta}_2, \cdots, \hat{\beta}_{\hat{p}}$, 拟合残差为 $\tilde{\varepsilon}_{\hat{p}+1}, \cdots, \tilde{\varepsilon}_m$, 残差方差为 $\hat{\sigma}^2$.

步骤 2 根据如下公式生成 Bootstrap 样本 y_t^*,

$$y_t^* = \hat{\mu}_t + x_t^*, \quad (1-B)^{\hat{d}} x_t^* = \tilde{\varepsilon}_t^*, \quad \tilde{\varepsilon}_t^* = \sum_{j=1}^{\hat{p}} \hat{\beta}_j \tilde{\varepsilon}_{t-j}^* + e_t, \quad t = 1, \cdots, T,$$

其中 e_t 是随机生成的正态分布随机序列, 其均值为 0, 方差为 $\hat{\sigma}^2$, 而前 $\hat{p}$ 个样本 $\tilde{\varepsilon}_{1-\hat{p}}^*, \tilde{\varepsilon}_{2-\hat{p}}^*, \cdots, \varepsilon_0^*$ 取为 $\dfrac{1}{m-\hat{p}} \sum\limits_{i=\hat{p}+1}^{m} \tilde{\varepsilon}_i$.

步骤 3 将统计量 $\max\{\Gamma_T^a(n)\}$ 和 $\max\{\Gamma_T^b(n)\}$ 中的变量 y_t 换为 y_t^*, 并计算统计量 $\max\{\Gamma_T^{a*}(n)\}$ 和 $\max\{\Gamma_T^{b*}(n)\}$, $n = m+1, \cdots, T$.

步骤 4 重复步骤 2 到步骤 3 B 次, 用 $\max\{\Gamma_T^{a*}(n)\}$ 和 $\max\{\Gamma_T^{b*}(n)\}$ 的经验分位数分别作为统计量 $\max\{\Gamma_T^a(n)\}$ 和 $\max\{\Gamma_T^b(n)\}$ 的分位数.

注 7.8 上述 FDSB 方法只基于前 m 个历史样本 $y_1, y_2, \cdots, y_m$ 做重抽样, 亦可基于当前时刻观测到的所有样本 $y_1, y_2, \cdots, y_n$ 做重抽样, 即每观测到一个新样本后重新计算临界值. 基于前 m 个历史样本做重抽样的优点是由于只需要计算一次临界值, 所以计算量小, 且不用担心数据中有变点, 但由于没有使用到当前观测到的所有样本, 会造成一定的信息损失, 主要体现在对长记忆参数 d 的估计精度相对较低. 还有一种折中的办法是每观测到若干个样本后重新计算一次临界值, 根据我们的经验, 相较于繁重的计算量, 后两种重抽样方法在控制检验水平和提高势方面带来的优势很有限. 此外, 这里也可以考虑使用第 4 章介绍过的 Sieve AR Bootstrap 方法计算临界值.

7.4 数值模拟与实例分析

7.4.1 数值模拟

本节通过数值模拟检验本章各种变点监测方法的有限样本性质. 数据生成模型为

$$y_t = \begin{cases} 1 + x_t, & t = 1, \cdots, [T\tau^*], \\ 1 + \Delta_a + \Delta_b x_t, & t = [T\tau^*] + 1, \cdots, T, \end{cases} \tag{7.13}$$

其中 x_t 是 ARFIMA$(0, d, 0)$ 过程, 长记忆参数 d 分别取值 $\{-0.4, -0.2, 0, 0.2, 0.4\}$. 虽然方差变点监测统计量仅给出了 $d \geqslant 0$ 时的理论结果, 这里仍考虑 $d < 0$ 的情况, 其目的是从数值的角度观察此时该统计量是否具有一致性. 训练样本量 m 分别取值 50 和 100, 最大监测样本量 $T = 4m, 20m$, Bootstrap 重抽样次数 $B = 999$, 其余参数将在具体例子中设定. 所有模拟结果都是在 $\alpha = 5\%$ 检验水平下经 1000 循环得到.

例 7.1 (经验水平模拟)　令模型 (7.13) 中的参数 $\tau^* = 1, \Delta_a = 0, \Delta_b = 1$, 由此生成数据模拟均值变点监测统计量 $\Gamma_T^a(n)$ 和方差变点监测统计量 $\Gamma_T^b(n)$ 的经验水平, 结果见表 7.1. 从中可以看出统计量 $\Gamma_T^a(n)$ 的经验水平随 d 的增大有增大的趋势, 当 d 取负值时检验过于保守, 而当 d 越接近 0.5 时水平扭曲越严重, 但随着训练样本量的增大, 扭曲程度逐渐变小. 统计量 $\Gamma_T^b(n)$ 除了在 $d = 0.4$ 时经验水平稍大外, 其他情况下都能很好地控制检验水平. 这说明基于 FDSB 方法近似计算两个监测统计量的临界值是可行的. 由于统计量 $\Gamma_T^b(n)$ 在 $d < 0$ 时的经验水平很接近检验水平, 说明此时该统计量仍然是收敛的, 虽然尚无法给出其极限分布, 但不影响实际应用. 另外, 最大监测样本量 $T = 20m$ 时的结果和 $T = 4m$ 的结果非常接近, 这意味着监测方法对最大监测样本量设定不需要太多的要求, 实践者可根据实际需求设定. 出现这种良好的结果除了 FDSB 方法的贡献外, 还在一定程度上归功于本章监测方法使用了边界函数.

表 7.1　监测统计量 $\Gamma_T^a(n)$ 和 $\Gamma_T^b(n)$ 在 5% 检验水平下的经验水平 (%)

		$\Gamma_T^a(n)$					$\Gamma_T^b(n)$				
T	$m \backslash d$	-0.4	-0.2	0	0.2	0.4	-0.4	-0.2	0	0.2	0.4
$4m$	50	0.6	2.9	4.6	6.4	7.5	3.9	4.3	4.3	5.2	7.9
	100	1.1	1.4	3.6	6.3	6.9	4.2	3.8	4.8	5.6	7.2
$20m$	50	0.3	2.1	3.9	6.6	8.5	3.5	4.1	5.0	5.1	8.3
	100	0.6	1.6	3.5	6.4	6.4	4.4	3.4	5.4	5.8	7.7

例 7.2 (经验势模拟)　令模型 (7.13) 中的参数 τ^* 分别取值 0.25, 0.5 和 0.75, 在监测均值变点时, 取 $\Delta_b = 1, \Delta_a = 1, 2$, 当监测方差变点时取 $\Delta_a = 0, \Delta_b = 1.5, 2$, 均值和方差同时出现变点的情况取 $\Delta_a = 1, \Delta_b = 1.5$. 为节省空间, 这里仅展示 $m = 100, T = 400$ 时的模拟结果. 表 7.2 列出的是两个监测统计量 $\Gamma_T^a(n)$ 和 $\Gamma_T^b(n)$ 在数据中出现均值变点时的经验势, 出现方差变点时的经验势由表 7.3 给出, 表 7.4 和表 7.5 分别给出了两种变点情况下的平均运行长度, 同时出现均值及方差变点时的经验势 (Power) 及平均运行长度 (ARL) 见表 7.6.

表 7.2 在 τ^* 处出现跳跃度为 Δ_a 的均值变点时统计量 $\Gamma_T^a(n)$ 和 $\Gamma_T^b(n)$ 在 5% 检验水平下的经验势 (%)

Δ_a	$d \setminus \tau^*$	$\Gamma_T^a(n)$			$\Gamma_T^b(n)$		
		0.25	0.5	0.75	0.25	0.5	0.75
1	-0.4	100	100	99.9	16.2	23.0	16.7
	-0.2	100	100	93.6	20.8	30.4	20.8
	0	99.7	94.6	54.9	25.6	35.8	24.4
	0.2	74.8	49.4	18.5	22.6	29.9	23.6
	0.4	27.1	16.4	9.50	16.7	19.3	16.1
2	-0.4	100	100	100	84.6	95.1	84.5
	-0.2	100	100	100	92.8	98.3	92.2
	0	100	99.9	94.6	94.2	98.8	94.9
	0.2	98.1	87.4	49.5	81.1	91.5	82.8
	0.4	63.1	40.2	16.6	40.4	48.4	41.3

表 7.3 在 τ^* 处出现跳跃度为 Δ_b 的方差变点时统计量 $\Gamma_T^a(n)$ 和 $\Gamma_T^b(n)$ 在 5% 检验水平下的经验势 (%)

Δ_b	$d \setminus \tau^*$	$\Gamma_T^a(n)$			$\Gamma_T^b(n)$		
		0.25	0.5	0.75	0.25	0.5	0.75
1.5	-0.4	0.6	0.4	0.3	96.1	81.4	41.0
	-0.2	2.7	2.3	2.2	97.9	85.6	44.5
	0	5.8	5.5	4.5	98.1	87.0	48.2
	0.2	9.0	8.6	7.8	91.8	77.7	40.4
	0.4	12.2	10.6	8.6	66.9	51.0	29.9
2	-0.4	1.7	1.1	0.7	100	99.9	88.6
	-0.2	4.3	3.5	2.9	100	99.8	92.4
	0	11.3	9.1	6.3	100	100	92.9
	0.2	14.5	11.5	9.3	99.9	99.0	84.8
	0.4	20.9	15.2	11.4	94.5	85.8	60.0

表 7.4 在 τ^* 处出现跳跃度为 Δ_a 的均值变点时统计量 $\Gamma_T^a(n)$ 在 5% 检验水平下的平均运行长度

$\tau^* \setminus d$	$\Delta_a = 1$					$\Delta_a = 2$				
	-0.4	-0.2	0	0.2	0.4	-0.4	-0.2	0	0.2	0.4
0.25	41.9	65.6	113	182	213	18.5	30.8	56.9	122	189
0.5	42.6	63.7	100	130	137	21.9	32.8	55.7	102	130
0.75	40.0	56.0	63.8	59.5	46.4	20.5	30.7	48.3	60.8	54.3

表 7.5　在 τ^* 处出现跳跃度为 Δ_b 的方差变点时统计量 $\Gamma_T^b(n)$ 在 5% 检验水平下的平均运行长度

$\tau^*\backslash d$	$\Delta_b = 1.5$					$\Delta_b = 2$				
	−0.4	−0.2	0	0.2	0.4	−0.4	−0.2	0	0.2	0.4
0.25	137	131	127	140	166	61.3	56.8	55.2	69.2	113
0.5	112	109	107	109	108	61.4	57.0	55.4	65.7	88.1
0.75	59.0	59.2	59.3	55.0	44.3	47.9	46.8	46.1	47.4	44.8

表 7.6　在 τ^* 处同时出现均值和方差变点时统计量 $\Gamma_T^a(n)$ 和 $\Gamma_T^b(n)$ 在 5% 检验水平下的经验势 (%) 及平均运行长度

	$d \backslash \tau^*$	$\Gamma_T^a(n)$			$\Gamma_T^b(n)$		
		0.25	0.5	0.75	0.25	0.5	0.75
Power	−0.4	100	100	99.9	98.8	94.3	65.1
	−0.2	100	100	93.3	99.5	96.6	71.8
	0	99.7	94.1	55.4	99.4	97.2	74.9
	0.2	73.9	49.5	19.3	97.0	89.5	63.5
	0.4	29.6	19.4	11.6	72.5	59.3	39.0
ARL	−0.4	41.6	42.4	39.8	110	90.8	55.3
	−0.2	65.5	63.6	55.7	99.3	83.0	53.6
	0	113	100	63.8	95.1	79.7	52.6
	0.2	180	128	59.7	118	88.8	52.2
	0.4	206	134	47.7	155	102	45.2

　　从表 7.2 可以看出两个统计量对均值变点都敏感, 但统计量 $\Gamma_T^a(n)$ 比统计量 $\Gamma_T^b(n)$ 有更高的势, 且在跳跃度较小时优势更为明显. 表 7.3 说明只有统计量 $\Gamma_T^b(n)$ 对方差变点敏感. 通过和表 7.6 结果比较可以发现当同时出现均值和方差变点时, 两个统计量的势都进一步提高, 且平均运行长度进一步缩短. 这说明通过同时使用两个监测统计量可以区分监测到的是均值变点还是方差变点: 仅当统计量 $\Gamma_T^b(n)$ 监测到变点时意味着数据中出现了方差变点, 否则出现的是均值变点或同时出现均值与方差变点. 从这些表中还可以得出其他一些结论, 如经验势随样本量、跳跃度的增大而提高, 变点位置越靠前变点越容易被监测到等, 这些结论体现了监测方法的一致性. 此外, 统计量 $\Gamma_T^a(n)$ 的势及平均运行长度随长记忆参数 d 的增大而变差, 而统计量 $\Gamma_T^b(n)$ 在 $d = 0$ 时的结果最好, 且随 $|d|$ 的增大而变差.

7.4.2　实例分析

　　例 7.3　分析例 4.5 分析过的尼罗河 1871 年至 1970 年年径流量数据. 取前 25 个样本为训练样本, 从第 26 个样本开始分别用监测统计量 $\Gamma_T^a(n)$ 和 $\Gamma_T^b(n)$ 监测数据中是否会出现变点直到最后一个样本. 基于前 25 个样本, FDSB 方法算出的两个统计量的 95% 分位数分别为 11.886 和 14.552, 发现监测统计量 $\Gamma_T^a(n)$ 在第 56 个样本处提示监测到变点, 而统计量 $\Gamma_T^b(n)$ 在第 71 个观测值处提示监测到变点. 这说明在第 56 个样本之前已出现变点, 由于统计量 $\Gamma_T^a(n)$ 更早的监测到变点, 说明数据中出现了均值变点, 这与例 4.5 用变点检验方法得到的结论一致.

例 7.4 分析北半球 1854—1989 年经季节校正的月均气温数据, 总长度为 1632, 数据见图 7.1. 这里的季节校正是指首先算出每月海洋和陆地的平均气温, 再对每个月数据减去 1950—1979 年的月平均值得到最终的数据. 这组数据经常被学者拿来寻找是否存在全球气候变暖的证据, 即从统计学的角度看就是数据中是否存在确定时间趋势项. 如 Deo 和 Hurvich (1998) 通过拟合线性趋势发现数据中存在显著的斜率为正的趋势. Beran 和 Feng (2002) 则认为数据中不存在上升的趋势, 直观看到的上升趋势更多是由数据的长记忆导致的.

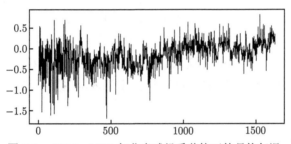

图 7.1　1854—1989 年北半球经季节校正的月均气温

Wang 和 Ghosh (2007), Shao (2011) 等从变点检验的角度分析发现数据中存在一个均值变点. 本例从变点在线监测的角度分析这组数据. 取前 400 个样本为历史样本, 并从第 401 个样本开始做监测直到最后一个样本, 即最大监测样本量取为 1632. 在 5% 检验水平下发现, 统计量 $\Gamma_T^a(n)$ 在第 1305 个样本处监测到变点, 统计量 $\Gamma_T^b(n)$ 在第 1331 个样本处监测到变点. 这说明在第 1305 个样本之前数据中出现了变点, 但无法区分是什么变点. 从图中可以看出前期数据中的方差比后期大, 所以我们先截取前 800 个数据来监测数据中是否存在方差变点. 取 $m = 200$, $T = 800$ 做监测发现均值变点监测统计量直到最后一个样本都没有监测到变点, 而方差变点统计量在第 645 个样本处监测到变点, 这说明数据中确实存在方差变点.

下面剔除掉前 400 个数据, 在剩余的 1232 个数据中重新做变点监测, 取 $m = 300$, 此时发现统计量 $\Gamma_T^a(n)$ 在第 729 个 (总第 1129 个) 样本处监测到变点, 而统计量 $\Gamma_T^b(n)$ 始终没有监测到变点, 这说明数据中存在均值变点, 这一结果支撑了文献 (Wang, Ghosh, 2007; Shao, 2011) 等的结果, 但还新发现了一个方差变点.

事实上, 若基于 Yau 和 Zhao (2016) 的多变点估计方法做变点估计, 可估计出两个变点, 分别在第 218 和第 973 个样本处. 考虑到本章的大部分数值模拟都是在最大监测样本量是训练样本量的 4 倍假设下做的研究, 为此, 本例中仍按照此标准选取了历史样本量.

7.5 小　　结

本章通过两个比率统计量研究了长记忆时间序列均值及方差变点的在线监测问题, 不仅讨论了两个统计量在原假设下的极限分布和备择假设下的一致性, 还讨论了两个统计量在遇到非监测类型的变点时的极限性质. 证明发现均值变点监测统计量对方差变点不敏感, 而方差变点监测统计量对均值变点敏感, 这一结果给我们提供了一种区分均值变点和方差变点的方法, 数值模拟和实证分析结果也支撑了理论结果. 针对在监测样本量远大于历史样本量, 且长记忆参数值接近 0.5 时检验水平无法得到很好控制的问题, 在定义停时的时候添加了一个边界函数, 试验结果表明添加的边界函数有助于更好地控制经验水平, 但如何选择最优的边界函数尚需继续研究. 此外, 从目前的模拟结果看, 平均运行长度相对较长, 寻找能缩短平均运行长度的方法也是值得研究的问题. 本章内容主要引自 Chen 等 (2021).

第 8 章 长记忆参数变点的封闭式在线监测

假定时间序列 $\{Y_t, t = 1, 2, \cdots\}$ 可以分解为

$$Y_t = \mu_t + X_t, \quad (1-L)^d X_t = \varepsilon_t, \quad t = 1, 2, \cdots, \tag{8.1}$$

其中 $\mu_t = E(Y_t) = \theta' \gamma_t$ 是确定项, 随机项 $X_t \sim I(d)$, $d \in (-0.5, 1.5)$, 且 $d \neq 0.5$. 本章研究长记忆参数 d 变点的在线监测问题. 和上一章监测均值和方差变点时只考虑平稳长记忆时间序列不同, 本章还考虑非平稳长记忆时间序列, 即 $0.5 < d < 1.5$ 的情况, 对于 $d > 1.5$ 的情况, 由于可通过有限次差分后变为 $0.5 < d < 1.5$ 的情况, 所以不做讨论.

8.1 $I(0)$ 到 $I(d)$ 变点的在线监测

本节研究从短记忆时间序列向长记忆时间序列变化变点的在线监测问题, 即考虑模型 (8.1) 中的 d 从等于 0 向大于 0 的情况变化的问题. 首先对短记忆时间序列做如下假设.

假设 8.1 若 $X_t \sim I(0)$, 则在 $T \to \infty$ 时有

$$T^{-1/2} \sum_{t=1}^{[Ts]} X_t \Rightarrow \sigma W(s), \quad s \in [0, 1],$$

$$T^{-1} \sum_{t=1}^{[Ts]} X_t^2 \xrightarrow{p} \sigma^2,$$

其中 $W(s)$ 表示 Wiener 过程, 参数 σ^2 未知.

观测符合模型 (8.1) 的样本 $Y_1, Y_2, \cdots$, 并连续检验数据中是否出现从短记忆时间序列向长记忆时间序列变化的变点, 即检验原假设

$$H_0 : Y_t \sim I(0), \quad t = 1, 2, \cdots, T, \tag{8.2}$$

备择假设

$$H_1 : Y_t \sim I(0), \quad t = 1, \cdots, k^*,$$
$$Y_t \sim I(d), \quad t = k^* + 1, \cdots, T, 0 < d < 1.5, d \neq 0.5. \tag{8.3}$$

其中 T 为指定的最大监测样本量, k^* 为未知的变点.

监测统计量定义为

$$G_T(s) = \frac{\sum\limits_{t=1}^{[Ts]} \left(\sum\limits_{i=1}^{t} \hat{\varepsilon}_i \right)^2}{[Ts] \sum\limits_{t=1}^{[Ts]} \hat{\varepsilon}_t^2}, \quad 0 < s \leqslant 1, \tag{8.4}$$

其中 $\hat{\varepsilon}_i$ 表示 Y_i 关于 γ_i, $i = 1, \cdots, [Ts]$ 做回归得到的最小二乘估计残量. 本节只考虑 $\gamma_t = 1$ 的情况, 即 $\hat{\varepsilon}_i = Y_i - \bar{Y}_{[Ts]}$, 这里 $\bar{Y}_{[Ts]} = \dfrac{1}{[Ts]} \sum\limits_{i=1}^{[Ts]} Y_i$.

定理 8.1　如果假设 8.1 成立, 则在原假设 H_0 下, 当 $T \to \infty$ 时有

$$G_T(s) \Rightarrow s^{-1} \int_0^s \left(W(r) - \frac{r}{s} W(s) \right)^2 dr, \quad 0 < s \leqslant 1.$$

证明: 令 $t = [Tr]$, 则由假设 8.1 可得

$$T^{-1/2} \sum_{i=1}^{t} \hat{\varepsilon}_i = T^{-1/2} \sum_{i=1}^{[Tr]} X_i - \frac{[Tr]}{[Ts]} T^{-1/2} \sum_{j=1}^{[Ts]} X_j$$

$$\Rightarrow \sigma \left(W(r) - \frac{r}{s} W(s) \right),$$

$$T^{-1} \sum_{t=1}^{[Ts]} \hat{\varepsilon}_t^2 = T^{-1} \sum_{t=1}^{[Ts]} \left(X_t - \frac{1}{[Ts]} \sum_{j=1}^{[Ts]} X_j \right)^2$$

$$= \frac{[Ts]}{T} [Ts]^{-1} \sum_{t=1}^{[Ts]} X_t^2 - \frac{1}{[Ts]} \left(T^{-1/2} \sum_{j=1}^{[Ts]} X_j \right)^2$$

$$\xrightarrow{p} s\sigma^2.$$

则由连续映照定理有

$$G_T(s) = \frac{T^{-1} \sum\limits_{t=1}^{[Ts]} \left(T^{-1/2} \sum\limits_{i=1}^{t} \hat{\varepsilon}_i \right)^2}{\dfrac{[Ts]}{T} T^{-1} \sum\limits_{t=1}^{[Ts]} \hat{\varepsilon}_t^2}$$

$$\Rightarrow s^{-1} \int_0^s \left(W(r) - \frac{r}{s} W(s) \right)^2 dr.$$

定理 8.1 证毕.　　　　　　　　　　　　　　　　　　　　　　　　　　　□

定理 8.2 如果假设 8.1 成立, 则在备择假设 H_1 下, 当 $[Ts] > k^*$ 时有

$$G_T(s) = \begin{cases} O_p(T^{2d}), & 0 < d < 0.5, \\ O_p(T), & 0.5 < d < 1.5. \end{cases}$$

证明: 根据假设 8.1, 引理 1.5 及定理 8.1 的证明可知, 当在时刻 $k^* = [T\tau^*] < [Ts]$ 出现从 $I(0)$ 向 $I(d), d > 0$ 变化的变点时有

$$T^{-1/2-d}\sum_{t=1}^{[Ts]} X_t = T^{-1/2-d}\sum_{j=1}^{k^*} X_j + T^{-1/2-d}\sum_{j=k^*+1}^{[Ts]} X_j$$
$$\Rightarrow \omega(W_d(s) - W_d(\tau^*)).$$

这说明统计量的分子为 $O_p(T^{2+2d})$. 另一方面, 当 $d < 0.5$ 时有

$$T^{-1}\sum_{t=1}^{[Ts]} \hat{\varepsilon}_t^2 = T^{-1}\sum_{t=1}^{k^*} X_t^2 + T^{-1}\sum_{t=k^*+1}^{[Ts]} X_t^2 + o_p(1)$$
$$\xrightarrow{p} \tau^*\sigma_0^2 + (s - \tau^*)\omega^2,$$

即此时统计量的分母为 $O_p(T^2)$. 当 $d > 0.5$ 时有

$$T^{-2d}\sum_{t=1}^{[Ts]} \hat{\varepsilon}_t^2 = T^{-2d}\sum_{t=1}^{k^*} X_t^2 + T^{-2d}\sum_{t=k^*+1}^{[Ts]} X_t^2 + \frac{T^{-2d}}{[Ts]}\left(\sum_{j=1}^{k^*} X_j - \sum_{j=k^*+1}^{[Ts]} X_j\right)^2$$
$$= o_p(1) + O_p(1) + O_p(1) = O_p(1),$$

即此时统计量的分母为 $O_p(T^{1+2d})$. 上式中第二项成立是因为

$$T^{-2d}\sum_{t=k^*+1}^{[Ts]} X_t^2 = T^{-2d}\sum_{t=k^*+1}^{[Ts]}\left(\sum_{i=k^*+1}^{t} \varepsilon_i\right)^2$$
$$= T^{-1}\sum_{t=k^*+1}^{[Ts]}\left(T^{-\frac{1}{2}-(d-1)}\sum_{i=k^*+1}^{t} \varepsilon_i\right)^2$$
$$\Rightarrow \omega^2\int_{\tau^*}^{s} W_{d-1}^2(u)du,$$

其中 $\varepsilon_i \sim I(d-1)$ 是平稳长记忆时间序列. 综上既得定理 8.2 的证明. $\square$

定理 8.2 意味着当统计量的值较大时可以拒绝短记忆原假设而认为数据中出现从短记忆时间序列向长记忆时间序列变化的变点. 为了确定监测统计量 $G_T(s)$ 的临界值, 继续采用 Bootstrap 方法. 虽然本节在原假设下研究的是短记忆时间序

列, 但考虑到实际数据中仍可能具有较强的相依性, 这里推荐使用 SARB 方法, 具体步骤如下.

步骤 1　根据已观测到的历史样本 $y_1, y_2, \cdots, y_m$ 首先求出最小二乘估计残差 $\hat{\varepsilon}_t = y_t - \hat{\mu}_t, t = 1, \cdots, m$; 然后用自回归模型拟合该残差序列, 即

$$\hat{\varepsilon}_t = \beta_1 \hat{\varepsilon}_{t-1} + \beta_2 \hat{\varepsilon}_{t-2} + \cdots + \beta_{p(m)} \hat{\varepsilon}_{t-p(m)},$$

其中 $p(m)$ 是提前指定的最大自回归阶数, 再用 AIC 准则选择最优的阶数 $\hat{p}$. 为方便使用最大阶数可取 R 中函数 "ar" 设定的默认值 $p(m) = 10 \log_{10} m$. 记拟合后的自回归系数为 $\hat{\beta}_1, \hat{\beta}_2, \cdots, \hat{\beta}_{\hat{p}}$, 拟合残差为 $\tilde{\varepsilon}_{\hat{p}+1}, \cdots, \tilde{\varepsilon}_m$, 残差方差为 $\hat{\sigma}^2$.

步骤 2　根据如下公式生成 SARB 样本 y_t^*,

$$y_t^* = \hat{\mu}_t + \tilde{\varepsilon}_t^*, \quad \tilde{\varepsilon}_t^* = \sum_{j=1}^{\hat{p}} \hat{\beta}_j \tilde{\varepsilon}_{t-j}^* + e_t, \quad t = 1, \cdots, T,$$

其中 e_t 是随机生成的正态分布随机序列, 其均值为 0, 方差为 $\hat{\sigma}^2$, 而前 $\hat{p}$ 个样本 $\tilde{\varepsilon}_{1-\hat{p}}^*, \tilde{\varepsilon}_{2-\hat{p}}^*, \cdots, \varepsilon_0^*$ 取为 $\dfrac{1}{m - \hat{p}} \displaystyle\sum_{i=\hat{p}+1}^{m} \tilde{\varepsilon}_i$.

步骤 3　基于 SARB 样本 $y_1^*, \cdots, y_T^*$ 计算统计量 $G_T^*(s)$ 在 $[Ts] = m + 1, \cdots, T$ 处的值, 其中的最大值记为

$$\tilde{G}_T^*(s) = \max\{G_T^*(s), [Ts] = m + 1, \cdots, T\}.$$

步骤 4　重复步骤 2 到步骤 3 B 次, 用 $\tilde{G}_T^*(s)$ 的经验分位数作为统计量 $G_T(s)$ 的分位数.

8.2　平稳 $I(d)$ 序列到非平稳 $I(d)$ 序列变点的在线监测

本节研究从平稳长记忆时间序列向非平稳长记忆时间序列变化持久性变点的在线监测问题, 即考虑模型 (8.1) 中的 d 从小于 0.5 向大于 0.5 的情况变化的问题. 为方便, 当 $\{Y_t\}$ 是平稳长记忆时间序列时, 记为 $Y_t \sim I(d_1), 0 < d_1 < 1/2$, 而当 $\{Y_t\}$ 是非平稳长记忆时间序列时, 记为 $Y_t \sim I(d_2), 1/2 < d_2 < 3/2$. 假定已观测到 m 个历史样本, 且满足如下假设.

假设 8.2　假定前 $m = [T\tau]$ 个样本是平稳长记忆时间序列, 即

$$Y_t \sim I(d_1), \quad t = 1, \cdots, [T\tau], \quad \tau \in (0, 1).$$

从第 $m+1$ 个新观测到的样本开始, 连续检验原假设

$$H_0 : Y_t \sim I(d_1), \quad t = m+1, \cdots, T, \tag{8.5}$$

备择假设

$$H_1 : Y_t \sim I(d_1), \quad t = m+1, \cdots, k^*;$$

$$Y_t \sim I(d_2), \quad t = k^*+1, \cdots, T. \tag{8.6}$$

其中 T 是基于历史样本量 m 指定的最大监测样本量, 取为 $m = [T\tau], 0 < \tau < 1$ 是某个固定常数, k^* 为未知的变点. 本节采用如下滑动比率统计量检验上述假设检验问题.

$$M_T(s) = \frac{\displaystyle\sum_{t=[Ts]-[T\tau]+1}^{[Ts]} \left(\sum_{i=[Ts]-[T\tau]+1}^{t} \hat{\varepsilon}_{1,i} \right)^2}{\displaystyle\sum_{t=1}^{[T\tau]} \left(\sum_{i=1}^{t} \hat{\varepsilon}_{0,i} \right)^2}, \quad \tau < s \leqslant 1, \tag{8.7}$$

其中 $\hat{\varepsilon}_{1,i}$ 表示 Y_t 关于 $\gamma_t, t = [Ts] - [T\tau] + 1, \cdots, [Ts]$ 做回归得到的最小二乘估计残量, $\hat{\varepsilon}_{0,i}$ 表示 Y_t 关于 $\gamma_t, t = 1, \cdots, [T\tau]$ 做回归得到的最小二乘估计残量. 停时定义为

$$S_T(n) = \min\{n, m < n \leqslant T, M_T(n/T) > c\},$$

即当统计量的值超过给定的临界值时停止监测过程, 并认为数据中出现了从平稳长记忆时间序列向非平稳长记忆时间序列变化的持久性变点.

定理 8.3 如果假设 8.2 成立, 则在原假设 H_0 下, 当 $T \to \infty$ 时有

$$M_T(s) = \Upsilon(s) \Rightarrow \frac{\displaystyle\int_{s-\tau}^{s} (U_{j,0}(d_1, u))^2 \, du}{\displaystyle\int_0^\tau (U_{j,1}(d_1, u))^2 \, du}, \quad \tau < s \leqslant 1,$$

其中 $j = 0$ 表示模型 (8.1) 中的参数 $\gamma_t = 0$, $j = 1$ 表示 $\gamma_t = 1$, $j = 2$ 表示 $\gamma_t = (1, t)'$, 而 $U_{j,0}(d_1, u)$ 和 $U_{j,1}(d_1, u)$, $j = 0, 1, 2$ 是 I 型分数 Brown 运动 $W_{d_1}(\cdot)$ 的泛函, 具体定义如下:

$$U_{0,0}(d_1, u) = W_{d_1}(u);$$

$$U_{0,1}(d_1, u) = W_{d_1}(u) - W_{d_1}(s-\tau);$$

$$U_{1,0}(d_1, u) = W_{d_1}(u) - u\tau^{-1} W_{d_1}(\tau);$$

$$U_{1,1}(d_1, u) = \frac{s-u}{\tau}(W_{d_1}(s) - W_{d_1}(s-\tau)) - (W_{d_1}(s) - W_{d_1}(u));$$

$$U_{2,0}(d_1, u) = W_{d_1}(u) - \frac{3u^2(2-\tau) - 2u\tau(3-\tau)}{2\tau^3} W_{d_1}(\tau)$$
$$- \frac{3u(u-\tau)}{\tau^3} \int_0^\tau W_{d_1}(v) dv;$$

$$U_{2,1}(d_1, u) = W_{d_1}(u - s + \tau) - 6\tau(s-u)K \int_{s-\tau}^s W_{d_1}(v) dv$$
$$- \tau[6s(s-u-1) + 6u]K W_{d_1}(\tau) + \tau^2(\tau - 3s + 3u)K W_{d_1}(\tau),$$

且

$$K = \frac{u - s + \tau}{4\tau\left(s^3 - (s-\tau)^3\right) - 3\tau^2(2s-\tau)^2}. \tag{8.8}$$

证明: 令 $t = [Tu]$, $i = [Tv]$, 由引理 1.5 有, 当 $\gamma_t = 0$ 时,

$$T^{-1/2-d_1} \sum_{i=1}^t \hat{\varepsilon}_{0,i} = T^{-1/2-d_1} \sum_{i=1}^t X_i$$
$$\Rightarrow \omega W_{d_1}(v) \equiv \omega U_{0,0}(d_1, u), \tag{8.9}$$

$$T^{-1/2-d_1} \sum_{i=[Ts]-[T\tau]+1}^t \hat{\varepsilon}_{1,i} = T^{-1/2-d_1} \sum_{i=[Ts]-[T\tau]+1}^t X_i$$
$$\Rightarrow \omega(W_{d_1}(v) - W_{d_1}(s-u)) \tag{8.10}$$
$$\equiv \omega U_{0,1}(d_1, u).$$

当 $\gamma_t = 1$ 时, 由于 $\hat{\varepsilon}_{0,i} = X_i - [T\tau]^{-1} \sum_{j=1}^{[T\tau]} X_j$, $\hat{\varepsilon}_{1,i} = X_i - [T\tau]^{-1} \sum_{j=[Ts]-[T\tau]+1}^{[Ts]} X_j$.
因此

$$T^{-1/2-d_1} \sum_{i=1}^t \hat{\varepsilon}_{0,i}$$

$$= T^{-1/2-d_1} \sum_{i=1}^t x_i - \frac{tT^{-1/2-d_1}}{[T\tau]} \sum_{j=1}^{[T\tau]} x_j$$

$$\Rightarrow \omega(W_{d_1}(u) - u\tau^{-1} W_{d_1}(\tau)) \equiv \omega U_{1,0}(d_1, u). \tag{8.11}$$

$$T^{-1/2-d_1} \sum_{i=[Ts]-[T\tau]+1}^t \hat{\varepsilon}_{1,i}$$

$$= T^{-1/2-d_1} \sum_{i=[Ts]-[T\tau]+1}^{t} X_i - \frac{t-[Ts]+[T\tau]}{[T\tau]T^{1/2+d_1}} \sum_{j=[Ts]-[T\tau]+1}^{[Ts]} X_j$$

$$= -T^{-1/2-d_1} \sum_{i=[Tu]+1}^{[Ts]} X_i + \frac{[Ts]-[Tu]}{[T\tau]T^{1/2+d_1}} \sum_{j=[Ts]-[T\tau]+1}^{[Ts]} X_j$$

$$\Rightarrow \omega\left(\frac{s-u}{\tau}(W_{d_1}(s)-W_{d_1}(s-\tau))\right) - \omega\left(W_{d_1}(s)-W_{d_1}(u)\right)$$

$$\equiv \omega U_{1,1}(d_1,u). \tag{8.12}$$

当 $\gamma_t = (1,t)'$ 时, 令 $\theta = (\alpha,\beta)'$, 则根据最小二乘估计的定义有

$$\begin{pmatrix} \hat{\alpha}-\alpha \\ \hat{\beta}-\beta \end{pmatrix} = \begin{pmatrix} \sum & \sum t \\ \sum t & \sum t^2 \end{pmatrix}^{-1} \begin{pmatrix} \sum x_t \\ \sum tx_t \end{pmatrix}, \tag{8.13}$$

其中若 θ 是由样本 $Y_1,\cdots,Y_{[T\tau]}$ 做估计, $\sum = \sum\limits_{t=1}^{[T\tau]}$; 若用样 $Y_{[Ts]-[T\tau]+1},\cdots,Y_{[Ts]}$
做估计, $\sum = \sum\limits_{t=[Ts]-[T\tau]+1}^{[Ts]}$. 由此通过复杂的数学化简有

$$T^{-1/2-d_1} \sum_{i=1}^{t} \hat{\varepsilon}_{0,i} = T^{-1/2-d_1} \sum_{i=1}^{[Tu]} \left(x_i - (\hat{\alpha}-\alpha) - (\hat{\beta}-\beta)i\right)$$

$$\Rightarrow \omega\left(W_{d_1}(u) - \frac{3u^2(2-\tau)-2u\tau(3-\tau)}{2\tau^3}W_{d_1}(\tau)\right.$$

$$\left. -\frac{3u(u-\tau)}{\tau^3}\int_0^\tau W_{d_1}(v)dv\right)$$

$$\equiv \omega^2 V_{2,0}(d_1,u). \tag{8.14}$$

令

$$K = \frac{u-s+\tau}{4\tau(s^3-(s-\tau)^3)-3\tau^2(2s-\tau)^2},$$

通过类似的证明可得

$$T^{-1/2-d_1} \sum_{i=1}^{t} \hat{\varepsilon}_{1,i}$$

$$\Rightarrow \omega\left(W_{d_1}(u-s+\tau) - 6\tau(s-u)K\int_{s-\tau}^{s} W_{d_1}(v)dv\right.$$

$$\left. -\tau[6s(s-u-1)+\tau(\tau-3s+3u)+6u]KW_{d_1}(\tau)\right)$$

$$\equiv \omega V_{2,1}(d_1, u), \tag{8.15}$$

联合 (8.9)—(8.12), (8.14), (8.15), 再根据 $U_{j,0}(d_1, u)$ 和 $U_{j,1}(d_1, u)$, $j = 0, 1, 2$ 的连续性, 由连续映照定理既得定理 8.3 的证明. □

定理 8.4　如果假设 8.2 成立, 则当在时刻 $[T\tau^*]$ 出现一个从 $I(d_1)$ 向 $I(d_2)$ 变化的持久性变点时有

$$M_T(s) = O_p(T^{2(d_2-d_1)}), \quad s \in (\tau^*, 1].$$

证明: 根据定理 8.3 的证明可知统计量 $M_T(s)$ 的分母始终是 $O_p(T^{2+2d_1})$. 而当 $s > \tau^*$ 时, 以 $\gamma_t = 1$ 的情况为例,

$$T^{-1/2-d_2} \sum_{i=[Ts]-[T\tau]+1}^{[Ts]} X_i$$

$$= T^{-1/2-d_2} \sum_{i=[Ts]-[T\tau]+1}^{[T\tau^*]} X_i + T^{-1/2-d_2} \sum_{i=[T\tau^*]+1}^{[Ts]} X_i$$

$$\Rightarrow O_p(T^{d_1-d_2}) + \omega \int_{\tau^*}^{s} W_{d_2}(u) du.$$

这说明此时统计量 $M_T(s)$ 的分子为 $O_p(T^{2+2d_2})$. 同理可证得当 $\gamma_t = 0$ 和 $\gamma_t = (1, t)'$ 时此结果亦成立. 因此

$$M_T(s) = O_p(T^{2(d_2-d_1)}), \quad s \in (\tau^*, 1].$$ □

类似于上一节计算统计量临界值的方法, 可基于前 m 个历史样本采用 SARB 方法计算监测统计量 $M_T(s)$ 的临界值, 也可按照 7.3 节介绍的 FDSB 方法计算临界值, 只需更换其中的统计量即可. 作者的试验经验表明, SARB 方法在长记忆参数 d 接近 0.5 时无法较好地控制犯第一类错误的概率, 因此推荐使用 FDSB 方法.

8.3　长记忆参数变点的在线监测

继续考虑模型 (8.1) 中长记忆参数变点在线监测问题, 不同于前面两节仅考虑一种特殊的变化情况, 本节对长记忆参数变化的所有可能情况统一进行研究, 即本节研究问题涵盖了前面两节的情况.

为了区别于前两节的记号, 本节将变点之前的长记忆参数统一记为 d_0, 变点之后的长记忆参数记为 d_1, 且假定 $d_0, d_1 \in (-0.5, 0.5) \cup (0.5, 1.5)$, 即变点前后的

长记忆时间序列都可以是平稳序列, 非平稳序列或平稳性发生改变. 当 $d_1 > d_0$ 时称数据中出现了递增的长记忆参数变点, 当 $d_1 < d_0$ 时称数据中出现了递减的长记忆参数变点. 假定已观测到 m 个训练样本, 且满足如下假设.

假设 8.3　假定前 m 个样本中不存在长记忆参数变点, 即

$$Y_t \sim I(d_0), \quad t = 1, \cdots, m.$$

从第 $m+1$ 个新观测到的样本开始连续检验递增和递减的长记忆参数变点, 即检验原假设

$$H_0 : Y_t \sim I(d_0), \quad t = m+1, \cdots, T \tag{8.16}$$

和备择假设

$$H_1 : Y_t \sim I(d_0), \quad t = m+1, \cdots, k^*;$$
$$Y_t \sim I(d_1), \quad t = k^*+1, \cdots, T \text{且} d_0 \neq d_1, \tag{8.17}$$

其中参数 d_0, d_1 及变点位置 k^* 均未知, T 的定义同上一节, 是根据历史样本量 m 的大小设定的最大监测样本量.

8.3.1　递增的长记忆参数变点的在线监测

令 n 表示当前时刻已观测到的样本容量, $\hat{\varepsilon}_{1,i}$ 表示 Y_t 关于 γ_t, $t = n-m+1, \cdots, n, n \leqslant 2m$ 或 $t = m+1, \cdots, n, n > 2m$ 做回归得到的最小二乘估计残量, $\hat{\varepsilon}_{0,i}$ 表示 Y_t 关于 γ_t, $t = 1, \cdots, m$ 做回归得到的最小二乘估计残量. 监测递增长记忆参数变点的统计量定义为

$$\Gamma_T(n)$$
$$= \begin{cases} \dfrac{m^{-2} \displaystyle\sum_{t=n-m+1}^{n} \left(\sum_{i=t+1}^{n} \hat{\varepsilon}_{1,i} \right)^2 - m^{-3} \left(\displaystyle\sum_{t=n-m+1}^{n} \sum_{i=t+1}^{n} \hat{\varepsilon}_{1,i} \right)^2}{m^{-2} \displaystyle\sum_{t=1}^{m} \left(\sum_{i=1}^{t} \hat{\varepsilon}_{0,i} \right)^2 - m^{-3} \left(\displaystyle\sum_{i=1}^{m} \sum_{i=1}^{t} \hat{\varepsilon}_{0,i} \right)^2}, & n \leqslant 2m, \\[6mm] \dfrac{(n-m)^{-2} \displaystyle\sum_{t=m+1}^{n} \left(\sum_{i=t+1}^{n} \hat{\varepsilon}_{1,i} \right)^2 - (n-m)^{-3} \left(\displaystyle\sum_{t=m+1}^{n} \sum_{i=t+1}^{n} \hat{\varepsilon}_{1,i} \right)^2}{m^{-2} \displaystyle\sum_{t=1}^{m} \left(\sum_{i=1}^{t} \hat{\varepsilon}_{0,i} \right)^2 - m^{-3} \left(\displaystyle\sum_{i=1}^{m} \sum_{i=1}^{t} \hat{\varepsilon}_{0,i} \right)^2}, & n > 2m. \end{cases}$$

上述监测统计量的构造过程如下: 分母上的累积和利用 m 个历史样本来计算, 分子上的累积和利用最新的 m 个或 $n-m$ 个样本进行计算. 此外, 分子采用

倒向求和的方法计算累积和, 而分母利用正向求和的方法计算累积和, 这样可以有效提高监测统计量的势. 停时定义为

$$S_T^\uparrow(n) = \min\{m < n \leqslant T : \Gamma_T(n) > c\}.$$

根据引理 1.5, 当 $X_t \sim I(d)$, $-\dfrac{1}{2} < d < \dfrac{1}{2}$ 时有

$$T^{-1/2-d} \sum_{t=1}^{[Tr]} X_t \Rightarrow \omega W_d(r), \quad 0 < r \leqslant 1,$$

而当 $1/2 < d < 3/2$ 时, 一个 $I(d)$ 过程 X_t 可写为 $X_t = \sum_{i=1}^t Z_i$, $Z_i \sim I(d-1)$, 即

$$T^{-1/2-d} \sum_{t=1}^{[Tr]} X_t = T^{-1} \sum_{t=1}^{[Tr]} T^{-1/2-(d-1)} \sum_{i=1}^{[Tu]} Z_i \Rightarrow \omega \int_0^r W_d(u) du.$$

本节需要同时在平稳和非平稳假设下推导统计量 $\Gamma_T(n)$ 的极限分布, 为方便记

$$B_d(r) := \begin{cases} W_d(r), & -1/2 < d < 1/2, \\[2mm] \displaystyle\int_0^r W_d(u) du, & 1/2 < d < 3/2. \end{cases} \tag{8.18}$$

定理 8.5　若假设 8.3 成立, 则在无变点原假设 H_0 下, 当 $T \to \infty$ 时有

$$\Gamma_T(n) \Rightarrow \Upsilon(s)$$

$$= \begin{cases} \dfrac{\displaystyle\int_{s-\tau}^s (U_{j,1}(d_0,r))^2 \, dr - \tau^{-1}\left(\displaystyle\int_{s-\tau}^s U_{j,1}(d_0,r) dr\right)^2}{\displaystyle\int_0^\tau (U_{j,0}(d_0,r))^2 \, dr - \tau^{-1}\left(\displaystyle\int_0^\tau U_{j,0}(d_0,r) dr\right)^2}, & s < 2\tau, \\[6mm] \dfrac{(s-\tau)^{-2}\displaystyle\int_\tau^s (U_{j,2}(d_0,r))^2 \, dr - (s-\tau)^{-3}\left(\displaystyle\int_\tau^s U_{j,2}(d_0,r) dr\right)^2}{\tau^{-2}\displaystyle\int_0^\tau (U_{j,0}(d_0,r))^2 \, dr - \tau^{-3}\left(\displaystyle\int_0^\tau U_{j,0}(d_0,r) dr\right)^2}, & s > 2\tau, \end{cases}$$

其中 $j = 0$ 表示模型 (8.1) 中的参数 $\gamma_t = 0$, $j = 1$ 表示 $\gamma_t = 1$, $j = 2$ 表示 $\gamma_t = (1,t)'$, 而 $U_{j,0}(d_1,u)$ 和 $U_{j,1}(d_1,u)$, $j = 0,1,2$ 是 I 型分数 Brown 运动 $W_{d_0}(\cdot)$ 的泛函, 具体定义如下:

$$U_{0,0}(d_0,r) = B_{d_0}(r);$$

$$U_{0,1}(d_0,r)=U_{0,2}(d_0,r)=B_{d_0}(s)-B_{d_0}(r);$$
$$U_{1,0}(d_0,r)=B_{d_0}(r)-r\tau^{-1}B_{d_0}(\tau);$$
$$U_{1,1}(d_0,r)=B_{d_0}(s)-B_{d_0}(r)-\frac{s-r}{\tau}(B_{d_0}(s)-B_{d_0}(s-\tau));$$
$$U_{1,2}(d_0,r)=B_{d_0}(s)-B_{d_0}(r)-\frac{s-r}{s-\tau}(B_{d_0}(s)-B_{d_0}(\tau));$$
$$U_{2,0}(d_0,r)=B_{d_0}(r)+(2r\tau^{-1}-3r^2\tau^{-2})B_{d_0}(\tau)+6r\tau^{-3}(r-\tau)\int_0^\tau B_{d_0}(v)dv;$$
$$U_{2,1}(d_0,r)=B_{d_0}(s)-B_{d_0}(r)-K_1(4\tau^2+3\tau r-3\tau s)(B_{d_0}(s)-B_{d_0}(s-\tau))$$
$$-6K_1(r+\tau-s)\left(\tau B_{d_0}(s-\tau)-\int_{s-\tau}^s B_{d_0}(v)dv\right);$$
$$U_{2,2}(d_0,r)=B_{d_0}(s)-B_{d_0}(r)-K_2(4\tau^2+(s+\tau)(s-3r))(B_{d_0}(s)-B_{d_0}(\tau))$$
$$-6K_2(r-s)\left(sB_{d_0}(s)-\tau B_{d_0}(\tau)-\int_\tau^s B_{d_0}(v)dv\right),$$

且

$$K_1=\frac{(s-r)}{4\left(s^3-(s-\tau)^3\right)-3\tau(2s-\tau)^2}, \tag{8.19}$$
$$K_2=\frac{(s-r)}{(s-\tau)^3}. \tag{8.20}$$

证明: 令 $t=[Tr]$, $n=[Ts]$, 则当 $\gamma_t=0$ 时,

$$T^{-\frac{1}{2}-d_0}\sum_{i=t+1}^n \hat\varepsilon_{1,i}=T^{-\frac{1}{2}-d_0}\left(\sum_{i=1}^{[Ts]}X_i-\sum_{i=1}^{[Tr]}X_i\right)$$
$$\Rightarrow \omega(B_{d_0}(s)-B_{d_0}(r))$$
$$:=\omega U_{0,1}(d_0,r), \tag{8.21}$$
$$T^{-\frac{1}{2}-d_0}\sum_{i=1}^t \hat\varepsilon_{0,i}=T^{-\frac{1}{2}-d_0}\sum_{i=1}^{[Tr]}X_i\Rightarrow \omega B_{d_0}(r)$$
$$:=\omega U_{0,0}(d_0,r). \tag{8.22}$$

当 $\gamma_t=1$ 时, 由 $\hat\varepsilon_{0,i}=X_i-[T\tau]^{-1}\sum_{j=1}^{[T\tau]}X_j$,

$$\hat\varepsilon_{1,i}=\begin{cases}X_i-[T\tau]^{-1}\sum_{j=[Ts]-[T\tau]+1}^{[Ts]}X_j, & [Ts]\leqslant 2[T\tau],\\ X_i-([Ts]-[T\tau])^{-1}\sum_{j=[T\tau]+1}^{[Ts]}X_j, & [Ts]>2[T\tau].\end{cases}$$

可得

$$T^{-\frac{1}{2}-d_0} \sum_{i=1}^{t} \hat{\varepsilon}_{0,i} = T^{-\frac{1}{2}-d_0} \sum_{i=1}^{[Tr]} X_i - \frac{[Tr]T^{-\frac{1}{2}-d_0}}{[T\tau]} \sum_{j=1}^{[T\tau]} X_j$$

$$\Rightarrow \omega(B_{d_0}(r) - r\tau^{-1}B_{d_0}(\tau))$$

$$:= \omega U_{1,0}(d_0, r). \tag{8.23}$$

$$T^{-\frac{1}{2}-d_0} \sum_{i=t+1}^{n} \hat{\varepsilon}_{1,i}$$

$$= \begin{cases} T^{-\frac{1}{2}-d_0} \displaystyle\sum_{i=[Tr]+1}^{[Ts]} X_i - \frac{[Ts]-[Tr]}{[T\tau]T^{\frac{1}{2}+d_0}} \displaystyle\sum_{j=[Ts]-[T\tau]+1}^{[Ts]} X_j, & n \leqslant 2m, \\[4mm] T^{-\frac{1}{2}-d_0} \displaystyle\sum_{i=[Tr]+1}^{[Ts]} X_i - \frac{([Ts]-[Tr])T^{-\frac{1}{2}-d_0}}{[Ts]-[T\tau]} \displaystyle\sum_{j=[T\tau]+1}^{[Ts]} X_j, & n > 2m \end{cases}$$

$$\Rightarrow \begin{cases} \omega\left(B_{d_0}(s) - B_{d_0}(r) - \dfrac{s-r}{\tau}(B_{d_0}(s) - B_{d_0}(s-\tau)) \right), & s \leqslant 2\tau, \\[4mm] \omega\left(B_{d_0}(s) - B_{d_0}(r) - \dfrac{s-r}{s-\tau}(B_{d_0}(s) - B_{d_0}(\tau)) \right), & s > 2\tau \end{cases}$$

$$:= \begin{cases} \omega U_{1,1}(d_0, r), \\ \omega U_{1,2}(d_0, r). \end{cases} \tag{8.24}$$

当 $\gamma_t = (1,t)'$ 时, 令 $\theta = (\alpha, \beta)'$, 则根据最小二乘估计的定义有

$$\begin{pmatrix} \hat{\alpha} - \alpha \\ \hat{\beta} - \beta \end{pmatrix} = \begin{pmatrix} \sum 1 & \sum t \\ \sum t & \sum t^2 \end{pmatrix}^{-1} \begin{pmatrix} \sum X_t \\ \sum t X_t \end{pmatrix}$$

$$= \begin{vmatrix} \sum 1 & \sum t \\ \sum t & \sum t^2 \end{vmatrix}^{-1} \begin{pmatrix} \left(\sum t^2\right)\left(\sum X_t\right) - \left(\sum t\right)\left(\sum t X_t\right) \\ -\left(\sum t\right)\left(\sum X_t\right) + \left(\sum 1\right)\left(\sum t X_t\right) \end{pmatrix}.$$

由于

$$12T^{-4} \begin{vmatrix} \sum_{t=1}^{m} 1 & \sum_{t=1}^{m} t \\ \sum_{t=1}^{m} t & \sum_{t=1}^{m} t^2 \end{vmatrix} = 12T^{-4}\left(\sum 16m^2(m+1)(2m+1) - \frac{1}{4}m^2(m+1)^2 \right),$$

$$\rightarrow \tau^4,$$

$$12T^{-7/2-d_0}\left(\left(\sum_{t=1}^{m}t^2\right)\left(\sum_{t=1}^{m}X_t\right)-\left(\sum_{t=1}^{m}t\right)\left(\sum_{t=1}^{m}tX_t\right)\right)$$

$$=2T^{-3}m(m+1)(2m+1)T^{-1/2-d_0}\sum_{t=1}^{m}X_t-6T^{-2}m(m+1)T^{-3/2-d_0}\sum_{t=1}^{m}tX_t$$

$$\Rightarrow 4\tau^3\omega B_{d_0}(\tau)-6\tau^2\omega\left(\tau B_{d_0}(\tau)-\int_0^\tau B_{d_0}(v)dv\right),$$

$$12T^{-5/2-d_0}\left(-\left(\sum_{t=1}^{m}t\right)\left(\sum_{t=1}^{m}X_t\right)+\left(\sum_{t=1}^{m}1\right)\left(\sum_{t=1}^{m}tX_t\right)\right)$$

$$=-6T^{-2}m(m+1)T^{-1/2-d_0}\sum_{t=1}^{m}X_t+12T^{-1}mT^{-3/2-d_0}\sum_{t=1}^{m}tX_t$$

$$\Rightarrow -6\tau^2\omega B_{d_0}(\tau)+12\tau\omega\left(\tau B_{d_0}(\tau)-\int_0^\tau B_{d_0}(v)dv\right),$$

通过数学化简可得

$$T^{-\frac{1}{2}-d_0}\sum_{i=1}^{t}\hat{\varepsilon}_{0,i}$$

$$=T^{-\frac{1}{2}-d_0}\sum_{i=1}^{[Tr]}\left(X_i-(\hat{\alpha}-\alpha)-(\hat{\beta}-\beta)i\right)$$

$$\Rightarrow \omega\left(B_{d_0}(r)-(2r\tau^{-1}-3r^2\tau^{-2})B_{d_0}(\tau)+6r\tau^{-3}(r-\tau)\int_0^\tau B_{d_0}(v)dv\right)$$

$$:=\omega U_{2,0}(d_0,r). \tag{8.25}$$

令

$$K_1=\frac{(s-r)}{4\left(s^3-(s-\tau)^3\right)-3\tau(2s-\tau)^2},$$

$$K_2=\frac{(s-r)}{(s-\tau)^3}.$$

类似证明可得当 $n\leqslant 2m$ 时,

$$T^{-\frac{1}{2}-d_0}\sum_{i=t}^{n}\hat{\varepsilon}_{1,i}$$

$$\Rightarrow \omega\Bigg\{B_{d_0}(s)-B_{d_0}(r)-K_1(4\tau^2+3\tau r-3\tau s)(B_{d_0}(s)-B_{d_0}(r))$$

$$-6K_1(r+\tau-s)\left(\tau B_{d_0}(s-\tau)-\int_{s-\tau}^{s}B_{d_0}(v)dv\right)\Bigg\}$$

$$:= \omega U_{2,1}(d_0, r). \tag{8.26}$$

当 $n > 2m$ 时,

$$T^{-\frac{1}{2}-d_0} \sum_{i=t}^{[Ts]} \hat{\varepsilon}_{1,i}$$

$$\Rightarrow \omega \bigg\{ B_{d_0}(s) - B_{d_0}(r) - K_2(4\tau^2 + (s+\tau)(s-3r))(B_{d_0}(s) - B_{d_0}(\tau))$$

$$-6K_2(r-s)\left(sB_{d_0}(s) - \tau B_{d_0}(\tau) - \int_\tau^s B_{d_0}(v)dv \right) \bigg\}$$

$$:= \omega U_{2,2}(d_0, r). \tag{8.27}$$

联合 (8.21)—(8.27), 根据连续映照定理及函数 $U_{j,0}(d_0, r), U_{j,1}(d_0, r)$ 和 $U_{j,2}(d_1, r)$,
$j = 0, 1, 2$ 的连续性可得

$$T^{-2-2d_0} \sum_{t=n-m+1}^{n} \left(\sum_{i=t}^{n} \hat{\varepsilon}_{1,i} \right)^2 \Rightarrow \omega^2 \int_{s-\tau}^{s} (U_{j,1}(d_0, r))^2 \, dr,$$

$$T^{-3-2d_0} \left(\sum_{t=n-m+1}^{n} \sum_{i=t}^{n} \hat{\varepsilon}_{1,i} \right)^2 \Rightarrow \omega^2 \left(\int_{s-\tau}^{s} U_{j,1}(d_0, r)dr \right)^2,$$

$$T^{-2-2d_0} \sum_{t=m+1}^{n} \left(\sum_{i=t}^{n} \hat{\varepsilon}_{1,i} \right)^2 \Rightarrow \omega^2 \int_{\tau}^{s} (U_{j,2}(d_0, r))^2 \, dr,$$

$$T^{-3-2d_0} \left(\sum_{t=m+1}^{n} \sum_{i=t}^{n} \hat{\varepsilon}_{1,i} \right)^2 \Rightarrow \omega^2 \left(\int_{\tau}^{s} U_{j,2}(d_0, r)dr \right)^2,$$

$$T^{-2-2d_0} \sum_{t=1}^{m} \left(\sum_{i=1}^{t} \hat{\varepsilon}_{0,i} \right)^2 \Rightarrow \omega^2 \int_{0}^{\tau} (U_{j,0}(d_0, r))^2 \, dr,$$

$$T^{-3-2d_0} \left(\sum_{t=1}^{m} \sum_{i=1}^{t} \hat{\varepsilon}_{0,i} \right)^2 \Rightarrow \omega^2 \left(\int_{0}^{\tau} U_{j,0}(d_0, r)dr \right)^2.$$

再结合结果

$$\frac{T^k}{m^k} \to \tau^{-k}, \quad \frac{T^k}{(n-m)^k} \to (s-\tau)^{-k}, \quad k = 2, 3, \quad T \to \infty,$$

即得定理 8.5 的证明. □

定理 8.6　若假设 8.3 成立, 则在备择假设 H_1 下, 当 $d_1 > d_0$ 时有

$$\Gamma_T(n) = O_p(T^{2(d_1-d_0)}), \quad \frac{n}{T} \in (\tau^*, 1].$$

证明: 这里只证明 $\gamma_t = 1$ 的情况, 其他两种情况可类似证得. 根据定理 8.5 的证明可知监测统计量的分母为 $O_p(T^{2+2d_0})$, 而当 $2\tau \geqslant s > \tau^*$ 时,

$$T^{-\frac{1}{2}-d_1}\sum_{i=[Ts]-[T\tau]+1}^{[Ts]} X_i = T^{-\frac{1}{2}-d_1}\sum_{i=[Ts]-[T\tau]+1}^{[T\tau^*]} X_i + T^{-\frac{1}{2}-d_1}\sum_{i=[T\tau^*]+1}^{[Ts]} X_i$$
$$\Rightarrow O_p(T^{d_0-d_1}) + \omega(B_{d_1}(s) - B_{d_1}(\tau^*)).$$

$$T^{-\frac{1}{2}-d_1}\sum_{i=[Tr]+1}^{[Ts]} X_i = \begin{cases} \sum_{i=[Tr]}^{[T\tau^*]} X_i + \sum_{i=[T\tau^*]+1}^{[Ts]} X_i, & r \leqslant \tau^*, \\ \sum_{i=[Tr]}^{[Ts]} X_i, & r > \tau^* \end{cases}$$

$$\Rightarrow \begin{cases} O_p(T^{d_0-d_1}) + \omega(B_{d_1}(s) - B_{d_1}(\tau^*)), & r \leqslant \tau^*, \\ \omega(B_{d_1}(s) - B_{d_1}(r)), & r > \tau^*. \end{cases}$$

因为 $d_1 > d_0$, 所以

$$T^{-\frac{1}{2}-d_1}\sum_{i=t}^{[Ts]} \hat\varepsilon_{1,i} = T^{-\frac{1}{2}-d_1}\sum_{i=t}^{[Ts]} X_i - \frac{[Ts]-[Tr]}{[T\tau]T^{\frac{1}{2}+d_1}}\sum_{i=t}^{[Ts]} X_i$$
$$\Rightarrow \begin{cases} \omega(B_{d_1}(s) - B_{d_1}(\tau^*)) - \dfrac{s-r}{\tau}\omega(B_{d_1}(s) - B_{d_1}(\tau^*)), & r \leqslant \tau^*, \\ \omega(B_{d_1}(s) - B_{d_1}(r)) - \dfrac{s-r}{\tau}\omega(B_{d_1}(s) - B_{d_1}(\tau^*)), & r > \tau^*. \end{cases}$$

这说明监测统计量 $\Gamma_T(s)$ 的分子为 $O_p(T^{2+2d_1}), 2\tau \geqslant s > \tau^*$. 当 $s > 2\tau$ 时可类似证明该结论同样成立. 因此

$$\Gamma_T(s) = O_p(T^{2(d_1-d_0)}), \quad s \in (\tau+\tau^*, 1].$$

定理证毕. □

8.3.2 递减的长记忆参数变点的在线监测

根据定理 8.6 的证明可见, 长记忆参数越大的部分和发散速度越快, 因此不能直接用统计量 $\Gamma_T^{-1}(n)$ 来监测递减的长记忆参数变点, 因为该统计量将无法满足检验一致性. 为了得到监测递减长记忆参数变点的一致方法, 提出如下监测统计量

$\Xi_T(n)$

$$
= \begin{cases}
\dfrac{m^{-2} \sum\limits_{t=1}^{m} \left(\sum\limits_{i=t}^{m} \hat{\varepsilon}_{2,i} \right)^2 - m^{-3} \left(\sum\limits_{t=1}^{m} \sum\limits_{i=t}^{m} \hat{\varepsilon}_{2,i} \right)^2}{m^{-2} \sum\limits_{t=n-m+1}^{n} \left(\sum\limits_{i=t}^{n} \hat{\varepsilon}_{3,i} \right)^2 - m^{-3} \left(\sum\limits_{t=n-m+1}^{n} \sum\limits_{i=t}^{n} \hat{\varepsilon}_{3,i} \right)^2}, & n \leqslant 2m, \\[4mm]
\dfrac{(n-m)^{-2} \sum\limits_{t=1}^{n-m} \left(\sum\limits_{i=t}^{n-m} \hat{\varepsilon}_{2,i} \right)^2 - (n-m)^{-3} \left(\sum\limits_{t=1}^{n-m} \sum\limits_{i=t}^{n-m} \hat{\varepsilon}_{2,i} \right)^2}{m^{-2} \sum\limits_{t=n-m+1}^{n} \left(\sum\limits_{i=t}^{n} \hat{\varepsilon}_{3,i} \right)^2 - m^{-3} \left(\sum\limits_{t=n-m+1}^{n} \sum\limits_{i=t}^{n} \hat{\varepsilon}_{3,i} \right)^2}, & n > 2m,
\end{cases} \tag{8.28}
$$

其中 $\hat{\varepsilon}_{2,i}$ 表示 Y_t 关于 $\gamma_t, t = 1, \cdots, m, n \leqslant 2m$ 或 $t = 1, \cdots, n-m, n > 2m$ 做回归得到的最小二乘估计残量, 而 $\hat{\varepsilon}_{3,i}$ 表示 Y_t 关于 $\gamma_t, t = n-m+1, \cdots, n$ 做回归得到的最小二乘估计残量.

该统计量的构造思想和统计量 $\Gamma_T(s)$ 一致, 即用尽可能多的样本计算长记忆参数较大的部分. 停时定义为

$$
S_T^{\downarrow}(n) = \min\{m < n \leqslant T : \Xi_T(n) > c\}. \tag{8.29}
$$

定理 8.7　若假设 8.3 成立, 则在无变点原假设 H_0 下, 当 $T \to \infty$ 时有

$\Xi_T(s) \Rightarrow \Psi(s)$

$$
= \begin{cases}
\dfrac{\int_0^{\tau} (V_{j,1}(d_1, r))^2 \, dr - \tau^{-1} \left(\int_0^{\tau} V_{j,1}(d_0, r) dr \right)^2}{\int_{s-\tau}^{s} (V_{j,0}(d_0, r))^2 \, dr - \tau^{-1} \left(\int_{s-\tau}^{s} V_{j,0}(d_0, r) dr \right)^2}, & s < 2\tau, \\[4mm]
\dfrac{(s-\tau)^{-2} \int_0^{s-\tau} (V_{j,2}(d_0, r))^2 \, dr - (s-\tau)^{-3} \left(\int_0^{s-\tau} V_{j,2}(d_0, r) dr \right)^2}{\tau^{-2} \int_{s-\tau}^{s} (V_{j,0}(d_0, r))^2 \, dr - \tau^{-3} \left(\int_{s-\tau}^{s} V_{j,0}(d_0, r) dr \right)^2}, & s > 2\tau,
\end{cases}
$$

其中 j 的定义同定理 8.5,

$$V_{0,0}(d_0, r) = U_{0,1}(d_0, r),$$

$$V_{0,1}(d_0, r) = B_{d_0}(\tau) - B_{d_0}(r),$$

$$V_{0,2}(d_0, r) = B_{d_0}(s - \tau) - B_{d_0}(r),$$

$$V_{1,0}(d_0, r) = U_{1,1}(d_0, r),$$

$$V_{1,1}(d_0, r) = B_{d_0}(\tau) - B_{d_0}(r) - \frac{\tau - r}{\tau} B_{d_0}(\tau),$$

$$V_{1,2}(d_0, r) = \left(B_{d_0}(s - \tau) - B_{d_0}(r) - \frac{s - \tau - r}{s - \tau} B_{d_0}(s - \tau) \right),$$

$$V_{2,0}(d_0, r) = U_{2,1}(d_0, r),$$

$$V_{2,1}(d_0, r) = B_{d_0}(\tau) - B_{d_0}(r) - (\tau + 3r)(\tau - r)\tau^{-2} B_{d_0}(\tau)$$
$$+ 6r\tau^{-3}(\tau - r) \int_0^\tau B_{d_0}(u) du,$$

$$V_{2,2}(d_0, r) = B_{d_0}(s - \tau) - B_{d_0}(r) + 6r(s - \tau - r)(s - \tau)^{-3} \int_0^{s - \tau} B_{d_0}(u) du$$
$$- (s - \tau - r)(s - \tau + 3r)(s - \tau)^{-2} B_{d_0}(s - \tau).$$

定理 8.8 若假设 8.3 成立, 则在备择假设 H_1 下, 当 $d_1 < d_0$ 时有

$$\Xi_T(n) = O_p(T^{2(d_0 - d_1)}), \quad s \in (\tau + \tau^*, 1].$$

定理 8.7 和定理 8.8 可分别按照定理 8.5 和定理 8.6 的证明过程类似证得, 这里省略证明过程.

由于本节考虑的长记忆时间序列包含了平稳和非平稳的情况, 只能用 FDSB 方法计算统计量的临界值, 详细计算步骤同 4.4 节, 只需将统计量更换为本节统计量, 并将长记忆参数估计方法改为 ELW 方法即可.

8.4 数值模拟与实例分析

8.4.1 数值模拟

本节通过数值模拟分析 8.3 节介绍的两个监测统计量的有限样本性质, 限于篇幅限制, 8.1 节和 8.2 节方法的模拟结果这里不再展示, 读者可查找相关参考文献. 数据生成过程为

$$y_t = \begin{cases} r_0 + r_1 t + x1_t, & t = 1, \cdots, k^*, \\ r_0 + r_1 t + x1_{[Tk^*]} + x2_t, & t = k^* + 1, \cdots, T, \end{cases} \tag{8.30}$$

其中 $x1_t$ 是 ARFIMA $(0, d_0, 0)$ 过程, $x2_t$ 是 ARFIMA $(0, d_1, 0)$ 过程. 在生成仅含均值项的数据时, 令参数 $r_0 = 1, r_1 = 0$, 而在生成带时间趋势项的数据时, 令

参数 $r_0 = 1, r_1 = 0.1$, Bootstrap 重抽样次数 $B = 299$, 训练样本量 m 分别取值 100, 200, 500, 最大监测样本量 T 取 $2m$ 和 $4m$, 其余参数设置见具体例子, 所有模拟都是在 0.05 检验水平下经 1000 次循环得到.

例 8.1(经验水平模拟)　令模型 (8.30) 中的参数 $k^* = 1$, 长记忆参数 d_0 分别取值 0,0.2,0.4,0.6,0.8,1,1.2 生成数据模拟监测统计量 $\Gamma_T(n)$ 和 $\Xi_T(n)$ 的经验水平. 表 8.1 和表 8.2 给出了统计量 $\Gamma_T(n)$ 分别监测带均值项和时间趋势项数据时的经验水平, 统计量 $\Xi_T(n)$ 在两种情况下的经验水平由表 8.3 和表 8.4 列出. 从这些表中可以看出, 经验水平都能够得到较好的控制, 轻微的水平扭曲会随着训练样本量的增大而减轻. 长记忆参数值的大小对经验水平的影响不明显, 这说明基于 FDSB 方法计算统计量的临界值是可行的. 对于固定的训练样本量, 发现随着最大监测样本量的增大经验水平扭曲有变严重的趋势, 这主要是基于训练样本估计到的长记忆参数精度变差的缘故, 这一点可从表 8.5 中得到验证. 表 8.5 给出的是在 d_0 已知, 且 $T = 10m$ 时统计量 $\Gamma_T(n)$ 的经验水平, 可以发现此时经验水平非常接近检验水平. 由于实际问题中, d_0 通常是未知的, 为防止犯第一类错误的概率增大, 建议设定的最大监测样本量与训练样本量的比不要过大; 若需要长时间监测时, 可考虑每监测一段时间后增大训练样本量并重新估计 d_0, 也可以按第 7 章的方法尝试在停时 $S_T^\uparrow(n)$ 和 $S_T^\downarrow(n)$ 中添加一个缓慢递增的边界函数.

表 8.1　统计量 $\Gamma_T(n)$ 监测带均值项数据时的经验水平

m	$T\backslash d$	0	0.2	0.4	0.6	0.8	1	1.2
100	200	0.047	0.059	0.063	0.058	0.075	0.070	0.062
	400	0.063	0.085	0.099	0.091	0.104	0.102	0.084
200	400	0.043	0.061	0.061	0.046	0.045	0.053	0.050
	800	0.051	0.077	0.076	0.066	0.065	0.063	0.056
500	1000	0.062	0.071	0.066	0.062	0.061	0.054	0.062
	2000	0.071	0.079	0.078	0.076	0.079	0.060	0.055

表 8.2　统计量 $\Gamma_T(n)$ 监测带时间趋势项数据时的经验水平

m	$T\backslash d$	0	0.2	0.4	0.6	0.8	1	1.2
100	200	0.059	0.068	0.070	0.050	0.052	0.054	0.060
	400	0.073	0.083	0.094	0.071	0.072	0.076	0.086
200	400	0.053	0.062	0.056	0.061	0.061	0.060	0.047
	800	0.056	0.092	0.090	0.082	0.082	0.075	0.079
500	1000	0.049	0.067	0.062	0.055	0.054	0.052	0.048
	2000	0.055	0.074	0.062	0.059	0.058	0.063	0.060

表 8.3   统计量 $\Xi_T(n)$ 监测带均值项数据时的经验水平

m	$T\backslash d$	1.2	1.0	0.8	0.6	0.4	0.2	0
100	200	0.063	0.057	0.053	0.038	0.032	0.036	0.033
	400	0.079	0.079	0.080	0.066	0.055	0.071	0.049
200	400	0.052	0.053	0.055	0.043	0.039	0.047	0.041
	800	0.063	0.076	0.077	0.070	0.072	0.079	0.055
500	1000	0.049	0.050	0.052	0.047	0.046	0.051	0.045
	2000	0.054	0.061	0.069	0.069	0.068	0.074	0.053

表 8.4   统计量 $\Xi_T(n)$ 监测带时间趋势项数据时的经验水平

m	$T\backslash d$	1.2	1.0	0.8	0.6	0.4	0.2	0
100	200	0.036	0.041	0.039	0.040	0.044	0.040	0.050
	400	0.077	0.086	0.101	0.107	0.094	0.105	0.051
200	400	0.046	0.042	0.051	0.060	0.044	0.051	0.031
	800	0.063	0.075	0.078	0.079	0.077	0.084	0.048
500	1000	0.052	0.045	0.048	0.055	0.049	0.047	0.050
	2000	0.054	0.061	0.063	0.052	0.067	0.075	0.051

表 8.5   在 d_0 已知且 $T=10m$ 时统计量 $\Gamma_T(n)$ 监测带均值项数据时的经验水平

(r_0, r_1)	$m\backslash d$	0	0.2	0.4	0.6	0.8	1	1.2
(1, 0)	100	0.050	0.054	0.055	0.055	0.053	0.052	0.051
	200	0.048	0.053	0.052	0.055	0.056	0.055	0.053
	500	0.049	0.056	0.054	0.047	0.059	0.056	0.057
(1, 0.1)	100	0.054	0.053	0.051	0.041	0.048	0.045	0.050
	200	0.056	0.052	0.052	0.053	0.048	0.050	0.047
	500	0.046	0.051	0.053	0.053	0.048	0.046	0.045

例 8.2(经验势模拟)   令模型 (8.30) 中的参数 k^* 分别取值 $[0.55T]$ 和 $[0.75T]$,为避免过多表格, 令长记忆参数 $d_0 \neq d_1$ 在 0, 0.4, 0.6, 1, 1.2 中取值, 训练样本量 m 仅考虑 100 和 200 的情况. 表 8.6 和表 8.7 给出了统计量 $\Gamma_T(n)$ 分别监测带均值项和时间趋势项数据时的经验势, 相应的平均运行长度由表 8.8 和表 8.9 列出. 由于统计量 $\Xi_T(n)$ 的模拟结果类似, 这里仅给出 $T = 4m$ 时的经验势 (Power) 和平均运行长度 (ARL), 具体见表 8.10 和表 8.11. 从这些表中可以得出如下一些结论. 第一, 经验势随训练样本量、最大监测样本量以及跳跃度的增大而提高, 且变点位置越靠前检验势越高. 第二, 平均运行长度随训练样本量及最大监测样本量的

增大变长, 而在跳跃度增大或变点越靠前时缩短. 这两条结论和前面各章变点监测方法得出的结论一致. 第三, 和监测带均值项的数据相比, 监测带时间趋势项的数据时经验势较低且平均运行长度较长, 这主要是此时需要估计更多的参数. 第四, 相比监测递增变点的统计量 $\Gamma_T(n)$, 监测递减变点统计量 $\Xi_T(n)$ 的势较低, 平均运行长度较长, 这与定理 8.8 的理论结果吻合.

表 8.6　统计量 $\Gamma_T(n)$ 监测带均值项数据时的经验势

	(m,T)							
	$(100,200)$		$(100,400)$		$(200,400)$		$(200,800)$	
$d_0 \to d_1 \backslash k^*$	$0.55T$	$0.75T$	$0.55T$	$0.75T$	$0.55T$	$0.75T$	$0.55T$	$0.75T$
$0 \to 0.4$	0.822	0.678	0.862	0.734	0.920	0.809	0.943	0.852
$0 \to 0.6$	0.946	0.827	0.961	0.859	0.994	0.937	0.993	0.961
$0 \to 1$	0.998	0.969	1.000	0.994	1.000	1.000	1.000	1.000
$0 \to 1.2$	1.000	0.997	1.000	1.000	1.000	1.000	1.000	1.000
$0.4 \to 0.6$	0.383	0.299	0.477	0.381	0.461	0.352	0.525	0.414
$0.4 \to 1$	0.884	0.699	0.954	0.786	0.975	0.844	0.979	0.882
$0.4 \to 1.2$	0.978	0.876	0.997	0.933	0.996	0.977	0.999	0.977
$0.6 \to 1$	0.606	0.367	0.671	0.432	0.758	0.488	0.793	0.550
$0.6 \to 1.2$	0.870	0.655	0.932	0.735	0.962	0.808	0.966	0.853
$1 \to 1.2$	0.248	0.133	0.323	0.170	0.297	0.158	0.339	0.174

表 8.7　统计量 $\Gamma_T(n)$ 监测带时间趋势项数据时的经验势

	(m,T)							
	$(100,200)$		$(100,400)$		$(200,400)$		$(200,800)$	
$d_0 \to d_1 \backslash k^*$	$0.55T$	$0.75T$	$0.55T$	$0.75T$	$0.55T$	$0.75T$	$0.55T$	$0.75T$
$0 \to 0.4$	0.706	0.545	0.769	0.685	0.862	0.737	0.902	0.818
$0 \to 0.6$	0.902	0.748	0.944	0.848	0.986	0.919	0.992	0.952
$0 \to 1$	0.996	0.958	1.000	0.997	1.000	1.000	1.000	1.000
$0 \to 1.2$	1.000	0.994	1.000	1.000	1.000	1.000	1.000	1.000
$0.4 \to 0.6$	0.326	0.233	0.385	0.354	0.383	0.251	0.417	0.380
$0.4 \to 1$	0.845	0.655	0.919	0.790	0.955	0.799	0.975	0.894
$0.4 \to 1.2$	0.959	0.865	0.992	0.954	0.995	0.973	0.998	0.986
$0.6 \to 1$	0.524	0.313	0.608	0.437	0.688	0.446	0.768	0.608
$0.6 \to 1.2$	0.817	0.607	0.905	0.762	0.938	0.787	0.966	0.891
$1 \to 1.2$	0.231	0.145	0.286	0.214	0.257	0.150	0.321	0.233

表 8.8　统计量 $\Gamma_T(n)$ 监测带均值项数据时的平均运行长度

	(m, T)							
	(100, 200)		(100, 400)		(200, 400)		(200, 800)	
$d_0 \to d_1 \backslash k^*$	0.55T	0.75T	0.55T	0.75T	0.55T	0.75T	0.55T	0.75T
$0 \to 0.4$	25.6	18.6	42.4	25.2	46.1	31.3	70.7	49.5
$0 \to 0.6$	26.2	19.1	35.2	25.3	38.1	29.9	49.8	44.5
$0 \to 1$	17.5	15.0	18.7	17.6	20.9	20.6	23.6	22.3
$0 \to 1.2$	13.5	12.1	13.3	11.7	15.6	15.4	15.9	13.8
$0.4 \to 0.6$	37.6	22.1	62.6	21.2	73.1	44.4	138	68.9
$0.4 \to 1$	34.6	24.9	55.8	33.3	58.5	44.2	92.6	68.8
$0.4 \to 1.2$	27.5	21.3	35.6	26.5	38.4	34.4	56.0	48.4
$0.6 \to 1$	45.0	27.6	82.9	46.5	84.8	55.2	161	101
$0.6 \to 1.2$	37.5	26.6	66.1	45.3	63.1	48.0	109	84.8
$1 \to 1.2$	49.9	19.3	98.7	24.8	102	51.2	219	97.6

表 8.9　统计量 $\Gamma_T(n)$ 监测带时间趋势项数据时的平均运行长度

	(m, T)							
	(100, 200)		(100, 400)		(200, 400)		(200, 800)	
$d_0 \to d_1 \backslash k^*$	0.55T	0.75T	0.55T	0.75T	0.55T	0.75T	0.55T	0.75T
$0 \to 0.4$	28.0	15.4	42.0	17.8	47.2	28.9	75.4	40.6
$0 \to 0.6$	27.4	17.6	35.0	19.4	36.7	28.2	47.1	36.8
$0 \to 1$	17.1	14.2	16.1	13.1	18.8	18.8	20.2	16.7
$0 \to 1.2$	12.9	11.3	10.6	7.78	13.9	13.6	13.2	9.39
$0.4 \to 0.6$	40.3	14.7	54.1	21.9	79.9	30.9	145	50.5
$0.4 \to 1$	34.4	22.2	48.8	24.4	55.7	39.5	84.3	59.1
$0.4 \to 1.2$	25.4	18.9	31.5	19.6	34.6	30.8	48.8	39.4
$0.6 \to 1$	44.3	24.9	81.1	46.3	81.1	47.3	151	84.0
$0.6 \to 1.2$	35.4	24.3	63.2	42.5	56.6	41.9	95.9	70.3
$1 \to 1.2$	46.8	20.2	88.0	31.6	91.6	43.4	216	101

表 8.10　统计量 $\Xi_T(n)$ 监测带均值项数据时的经验势及平均运行长度

	Power				ARL			
	(100, 400)		(200, 800)		(100, 400)		(200, 800)	
$d_0 \to d_1 \backslash k^*$	0.55T	0.75T	0.55T	0.75T	0.55T	0.75T	0.55T	0.75T
$1.2 \to 1$	0.256	0.200	0.283	0.195	114	58.8	223	121
$1.2 \to 0.6$	0.770	0.718	0.857	0.817	96.4	72.9	186	148
$1.2 \to 0.4$	0.917	0.886	0.970	0.959	88.7	76.3	170	149
$1.2 \to 0$	0.999	0.993	1.000	1.000	81.1	74.5	163	148
$1 \to 0.6$	0.520	0.414	0.617	0.502	108	66.5	209	145
$1 \to 0.4$	0.764	0.698	0.877	0.828	96.4	71.7	187	150
$1 \to 0$	0.969	0.951	0.998	0.996	84.1	74.0	165	151
$0.6 \to 0.4$	0.254	0.156	0.325	0.187	124	60.5	236	131
$0.6 \to 0$	0.793	0.658	0.925	0.833	99.2	78.4	187	160
$0.4 \to 0$	0.569	0.335	0.778	0.519	115	76.4	213	160

表 **8.11**　统计量 $\Xi_T(n)$ 监测带时间趋势项数据时的经验势及平均运行长度

	Power				ARL			
	(100, 400)		(200, 800)		(100, 400)		(200, 800)	
$d_0 \to d_1 \backslash k^*$	$0.55T$	$0.75T$	$0.55T$	$0.75T$	$0.55T$	$0.75T$	$0.55T$	$0.75T$
$1.2 \to 1$	0.204	0.170	0.232	0.183	127	65.2	242	131
$1.2 \to 0.6$	0.661	0.570	0.815	0.695	106	77.5	207	158
$1.2 \to 0.4$	0.860	0.770	0.964	0.913	99.0	79.4	188	162
$1.2 \to 0$	0.988	0.967	1.000	0.999	88.3	80.5	174	162
$1 \to 0.6$	0.422	0.336	0.557	0.442	108	71.1	215	145
$1 \to 0.4$	0.679	0.590	0.838	0.745	103	75.5	199	159
$1 \to 0$	0.958	0.932	0.999	0.995	91.3	78.9	175	160
$0.6 \to 0.4$	0.334	0.253	0.325	0.187	111	52.0	236	131
$0.6 \to 0$	0.754	0.638	0.916	0.818	95.4	71.1	187	157
$0.4 \to 0$	0.611	0.388	0.748	0.518	102	57.9	208	146

　　例 8.3(检验与监测方法比较)　　本例通过数值模拟比较第 5 章给出的用于检验离线数据长记忆参数变点的方差比方法和本章在线监测方法的检验功效, 即统计量 W_T 和 $\Gamma_T(n)$ 比较检测递增长记忆参数变点时的势, 统计量 W_T^{-1} 和 $\Xi_T(n)$ 比较检测递减长记忆参数变点时的势. 取离线检验区间为 $[0.2, 0.8]$, 训练样本量 $m = [0.2T]$. 为避免 Bootstrap 算得的临界值不能将不同方法的经验水平严格控制在同一水平, 这里使用直接模拟得到的临界值. 模拟临界值的数据由模型 (8.30) 在 $k^* = 1, r_0 = r_1 = 0$ 的情况下生成, d_0 分别取值 0, 0.3, 0.6, 1, 循环次数为 10000. 在生成模拟经验势的数据时令 k^* 分别取 $[0.25T], [0.5T], [0.75T]$. 递增变点检测结果见表 8.12, 递减变点检测结果见表 8.13. 可以看出当变点位置 $k^* = [0.25T]$ 时, 在线监测方法优于离线检验方法, 另外两种情况离线检验方法检验势更高, 这体现出了在线监测方法在变点出现位置较靠前时能够更早发现变点的优点.

表 **8.12**　离线检验统计量 W_T 和在线监测统计量 $\Gamma_T(n)$ 的经验势对比

	$k^* = 0.25T$		$k^* = 0.5T$		$k^* = 0.75T$	
$d_0 \to d_1$	W_T	$\Gamma_T(n)$	W_T	$\Gamma_T(n)$	W_T	$\Gamma_T(n)$
$0 \to 0.3$	0.673	0.823	0.874	0.785	0.809	0.653
$0 \to 0.6$	0.986	0.999	0.998	0.984	0.987	0.924
$0 \to 1$	1	1	1	1	1	0.995
$0.3 \to 0.6$	0.676	0.730	0.721	0.681	0.580	0.493
$0.3 \to 1$	0.929	1	0.996	0.986	0.952	0.898
$0.6 \to 1$	0.797	0.36	0.769	0.739	0.475	0.424

表 8.13 离线检验统计量 W_T^{-1} 和在线监测统计量 $\Xi_T(n)$ 的经验势对比

$d_0 \to d_1$	$k^* = 0.25T$		$k^* = 0.5T$		$k^* = 0.75T$	
	W_T^{-1}	$\Xi_T(n)$	W_T^{-1}	$\Xi_T(n)$	W_T^{-1}	$\Xi_T(n)$
$1 \to 0.6$	0.107	0.154	0.370	0.375	0.431	0.333
$1 \to 0.3$	0.437	0.446	0.781	0.758	0.837	0.726
$1 \to 0$	0.813	0.825	0.962	0.939	0.983	0.925
$0.6 \to 0.3$	0.193	0.217	0.361	0.339	0.322	0.213
$0.6 \to 0$	0.619	0.672	0.796	0.761	0.748	0.581
$0.3 \to 0$	0.569	0.611	0.631	0.554	0.343	0.219

8.4.2 实例分析

例 8.4 分析例 5.4 中的瑞典克朗与美元月汇率数据, 取前 60 个数据为训练样本, 从第 61 个样本开始, 用统计量 $\Gamma_T(n)$ 监测递增的长记忆参数变点. 在 5% 检验水平下, FDSB 方法算得的临界值为 22.0, 监测过程在第 86 个观测值处, 即 1967 年 2 月停止, 这说明在此之前数据中出现了变点, 与例 5.5 用平方 CUSUM 比检验方法得出的结论一致.

例 8.5 分析例 5.5 中的美国通货膨胀数据, 取前 30% 的数据, 即前 90 个数据为训练样本, 从第 91 个样本开始, 用统计量 $\Gamma_T(n)$ 监测递增的长记忆参数变点. 在 5% 检验水平下, FDSB 方法算得的临界值为 42.01, 监测过程在第 123 个观测值处, 即 1983 年 3 月停止, 这说明在此之前数据中出现了变点, 与例 5.4 用两种变点检验方法得出的结论一致.

8.5 小 结

本章研究了长记忆时间序列长记忆参数变点的在线监测问题, 针对不同的长记忆参数变点模型提出了合适的比率型监测统计量, 并讨论了其渐近性质和有限样本性质. 对于跳跃度大小相同的长记忆参数变点, 本章给出的监测统计量在监测递减长记忆参数变点时的势相对较低, 平均运行长度也相对较长, 寻找不受变点变化方向影响的在线监测方法是值得继续研究的问题. 本章 8.1 节的内容引自 Chen 等 (2016a), 8.2 节的内容引自 Chen 等 (2016b), 8.3 节的内容引自 Chen 等 (2020).

第 9 章 线性回归模型变点的开放式在线监测

前面三章介绍的变点在线监测方法都属于封闭式监测的范畴, 本章从开放式监测的角度讨论线性回归模型回归系数及方差变点的在线监测问题. 目前针对厚尾序列和长记忆时间序列开放式变点监测的研究还不够完善, 这里仅介绍一些针对线性回归模型带方差有限独立误差时的结果. 考虑线性回归模型

$$Y_i = \mathbf{X}_i' \boldsymbol{\beta}_i + \varepsilon_i, \quad 1 \leqslant i < \infty, \tag{9.1}$$

其中 $\mathbf{X}_i$ 是 $p \times 1$ 维独立同分布的随机向量, $\boldsymbol{\beta}_i$ 是一 $p \times 1$ 维随机参数向量, $\{\varepsilon_i\}$ 是相互独立的误差序列, 且满足

$$E\varepsilon_i = 0, \quad E\varepsilon_i^2 = \sigma_i^2 < \infty, \quad E|\varepsilon_i|^v < \infty, \quad v > 2.$$

9.1 回归系数变点的在线监测

假定已观测到前 m 个历史样本 $Y_1, \cdots, Y_m$, 从第 $m+1$ 个新观测到的样本开始, 连续检验新观测样本对应的回归系数是否发生改变, 即检验如下假设检验问题:

$$H_0 : \boldsymbol{\beta}_i = \boldsymbol{\beta}_0, \quad i = m+1, m+2, \cdots, \tag{9.2}$$

$$H_1 : 存在 \ k^* \geqslant 1 使得 \ \boldsymbol{\beta}_i = \boldsymbol{\beta}_0, \ i = m+1, m+2, \cdots, m+k^*,$$

$$但 \ \boldsymbol{\beta}_i = \boldsymbol{\beta}_A, \ i = m+k^*+1, m+k^*+2, \cdots, \ 且 \ \boldsymbol{\beta}_A \neq \boldsymbol{\beta}_0, \tag{9.3}$$

其中参数 $\boldsymbol{\beta}_0$, $\boldsymbol{\beta}_A$ 和变点 k^* 都是未知参数.

首先给一个历史样本无污染假设.

假设 9.1 前 m 个历史样本对应的回归系数 $\boldsymbol{\beta}_1, \cdots, \boldsymbol{\beta}_m$ 没有发生改变, 即

$$\boldsymbol{\beta}_1 = \cdots = \boldsymbol{\beta}_m = \boldsymbol{\beta}_0.$$

用 m 个无污染的历史样本 $(Y_1, \mathbf{X}_1), \cdots, (Y_m, \mathbf{X}_m)$ 通过最小二乘法估计回归系数得

$$\hat{\boldsymbol{\beta}}_m = \left(\sum_{i=1}^{m} \mathbf{X}_i \mathbf{X}_i' \right)^{-1} \sum_{j=1}^{m} \mathbf{X}_j Y_j.$$

相应的最小二乘估计残量为

$$\hat{\varepsilon}_i = Y_i - \mathbf{X}_i' \hat{\boldsymbol{\beta}}_m, \quad 1 \leqslant i < \infty. \tag{9.4}$$

由此定义监测函数

$$\Gamma(m,k) = \sum_{i=m+1}^{m+k} \hat{\varepsilon}_i,$$

其中 k 表示从变点监测过程起始起新观测到的样本量, 并定义边界函数

$$g(m,k) = m^{1/2}\left(1 + \frac{k}{m}\right)\left(\frac{k}{m+k}\right)^{\gamma}, \quad 0 \leqslant \gamma < \frac{1}{2},$$

由此可定义停时

$$\tau(m) = \inf\{k \geqslant 1, |\Gamma(m,k)| \geqslant cg(m,k)\},$$

使之在原假设 H_0 下满足

$$\lim_{m\to\infty} P\{\tau(m) < \infty\} = \alpha,$$

在备择假设 H_1 下满足

$$\lim_{m\to\infty} P\{\tau(m) < \infty\} = 1,$$

参数 $\alpha \in (0,1)$ 用来控制犯第一类错误的概率. 为证明监测统计量的极限分布, 做如下假设.

假设 9.2　$\{\varepsilon_i, 1 \leqslant i < \infty\}$ 和 $\{\mathbf{X}_i, 1 \leqslant i < \infty\}$ 相互独立.

假设 9.3　存在一个 $n \times n$ 的正定阵 $\mathbf{C}$ 和常数 $\tau > 0$ 使得

$$\left|\frac{1}{n}\sum_{i=1}^{n}\mathbf{X}_i\mathbf{X}_i' - \mathbf{C}\right| = O(n^{-\tau}).$$

定理 9.1　若假设 9.1—假设 9.3 成立, 则在原假设 H_0 成立时有

$$\lim_{m\to\infty} P\left\{\sup_{1\leqslant k<\infty}\frac{|\Gamma(m,k)|}{\hat{\sigma}_m g(m,k)} \leqslant c\right\} = P\left\{\sup_{0\leqslant t\leqslant 1}\frac{|W(t)|}{t^{\gamma}} \leqslant c\right\},$$

其中 $\{W(t), 0 \leqslant t < \infty\}$ 表示 Wiener 过程, 常数 $c = c(\alpha)$,

$$\hat{\sigma}_m^2 = \frac{1}{m-p}\sum_{i=1}^{m}\left(\hat{\varepsilon}_i - \frac{1}{m}\sum_{j=1}^{m}\hat{\varepsilon}_j\right)^2.$$

令 $\mathbf{c}_1$ 为正定阵 $\mathbf{C}$ 的第一列, 并记

$$\mathbf{C}_k = \frac{1}{k} \sum_{1 \leqslant i \leqslant k} \mathbf{X}_i \mathbf{X}'_i.$$

为证明定理 9.1, 我们先证明下述 3 个引理.

引理 9.2 如果假设 9.3 成立, 则

$$\left| \mathbf{C}_n^{-1} - \mathbf{C}^{-1} \right| = \mathrm{O}\left(n^{-\tau}\right) \quad \text{a.s.,} \tag{9.5}$$

$$\left| \frac{1}{n} \sum_{1 \leqslant i \leqslant n} \mathbf{X}_i - \mathbf{c}_1 \right| = \mathrm{O}\left(n^{-\tau}\right) \quad \text{a.s.} \tag{9.6}$$

证明: 由假设 9.3 立即可得引理 9.2 的结论成立. □

引理 9.3 如果定理 9.1 的条件成立, 则当 $m \to \infty$ 时有

$$\sup_{1 \leqslant k < \infty} \frac{1}{g(m,k)} \left| \sum_{m < i \leqslant m+k} \hat{\varepsilon}_i - \left(\sum_{m < i \leqslant m+k} \varepsilon_i - \frac{k}{m} \sum_{1 \leqslant i \leqslant m} \varepsilon_i \right) \right| = o_p(1).$$

证明: 因为

$$\hat{\boldsymbol{\beta}}_m - \boldsymbol{\beta}_0 = \mathbf{C}_m^{-1} \frac{1}{m} \sum_{1 \leqslant j \leqslant m} \mathbf{X}_j \varepsilon_j,$$

则

$$\sum_{m < i \leqslant m+k} \hat{\varepsilon}_i = \sum_{m < i \leqslant m+k} \left(\varepsilon_i - \mathbf{X}'_i \left(\hat{\boldsymbol{\beta}}_m - \boldsymbol{\beta}_0 \right) \right)$$

$$= \sum_{m < i \leqslant m+k} \varepsilon_i - \left(\sum_{m < i \leqslant m+k} \mathbf{X}_i \right)' \mathbf{C}_m^{-1} \frac{1}{m} \sum_{1 \leqslant j \leqslant m} \mathbf{X}_j \varepsilon_j.$$

由中心极限定理和假设 9.3 可得

$$\left| \sum_{1 \leqslant j \leqslant m} \mathbf{X}_j \varepsilon_j \right| = O_p\left(m^{1/2}\right). \tag{9.7}$$

根据引理 9.2, 可找到随机变量 k_1 和 m_0 使得对所有的 $1 \leqslant k < \infty$, 当 $m \geqslant m_0$ 时有

$$\left| \sum_{m < i \leqslant m+k} \mathbf{X}_i - k\mathbf{c}_1 \right| \leqslant k_1 \left(m^{1-\tau} + (m+k)^{1-\tau} \right). \tag{9.8}$$

联合 (9.5), (9.7) 和 (9.8) 可得

$$
\sup_{1\leqslant k<\infty} \frac{\left|\left((1/m)\left(\sum_{m<i\leqslant m+k}\mathbf{X}_i\right)'\mathbf{C}_m^{-1}-(k/m)\mathbf{c}_1'\mathbf{C}^{-1}\right)\sum_{1\leqslant j\leqslant m}\mathbf{X}_j\varepsilon_j\right|}{g(m,k)}
$$

$$
=O_p\left(m^{1/2}\right)\sup_{1\leqslant k<\infty}\frac{(k/m)m^{-\tau}+(k+m)^{1-\tau}(1/m)+m^{-\tau}}{g(m,k)},
$$

又因为 $\gamma<\tau$, 所以当 $m\to\infty$ 时有

$$
\max_{1\leqslant k\leqslant m}\frac{(k/m)m^{-\tau}+(1+(k/m))m^{-\tau}}{(1+k/m)((k/m)/(1+k/m))^\gamma}
$$

$$
\leqslant \max_{1\leqslant k\leqslant m}2^\gamma\left\{\left(\frac{k}{m}\right)^{1-\gamma}m^{-\tau}+\left(\frac{k}{m}\right)^{-\gamma}m^{-\tau}\right\}
$$

$$
=\max_{1\leqslant k\leqslant m}2^\gamma\left\{m^{-\tau}+m^{\gamma-\tau}\right\}=o(1).
$$

同理可得

$$
\sup_{m\leqslant k<\infty}\frac{(k/m)m^{-\tau}+(1+k/m)m^{-\tau}}{(1+k/m)((k/m)/(1+k/m))^\gamma}=o(1).
$$

从而当 $m\to\infty$ 时有

$$
\sup_{1\leqslant k<\infty}\frac{\left|\left((1/m)\left(\sum_{m<i\leqslant m+k}\mathbf{X}_i\right)'\mathbf{C}_m^{-1}-(k/m)\mathbf{c}_1'\mathbf{C}^{-1}\right)\sum_{1\leqslant j\leqslant m}\mathbf{X}_j\varepsilon_j\right|}{g(m,k)}=o_p(1).
$$

再根据 $\mathbf{c}_1'\mathbf{C}^{-1}=(1,0,\cdots,0)$ 即得引理 9.3 的证明. □

引理 9.4 如果定理 9.1 的条件成立, 则存在两个独立的 Wiener 过程 $\{W_{1,m}(t),0\leqslant t<\infty\}$ 和 $\{W_{2,m}(t),0\leqslant t<\infty\}$ 使得

$$
\sup_{1\leqslant k<\infty}\left|\sum_{m<i\leqslant m+k}\varepsilon_i-\frac{k}{m}\sum_{1\leqslant i\leqslant m}\varepsilon_i-\sigma\left(W_{1,m}(k)-\frac{k}{m}W_{2,m}(m)\right)\right|\bigg/g(m,k)=o_p(1).
$$

证明: 因为 $\{\varepsilon_i\}$ 相互独立, 所以根据 K-M-T 近似 (Komlós et al., 1975, 1976; Major, 1976), 可以找到两个相互独立的 Wiener 过程 $\{W_{1,m}(t)\}$ 和 $\{W_{2,m}(t)\}$ 使得

$$
\sup_{1\leqslant k<\infty}\left|\sum_{m<i\leqslant m+k}\varepsilon_i-\sigma W_{1,m}(k)\right|\bigg/k^{1/v}=O_p(1),\quad m\to\infty,
$$

$$\sum_{1\leqslant i\leqslant m}\varepsilon_i-\sigma W_{2,m}(m)=o_p\left(m^{1/v}\right).$$

因此

$$\sup_{1\leqslant k<\infty}\left|\sum_{m<i\leqslant m+k}\varepsilon_i-\frac{k}{m}\sum_{1\leqslant i\leqslant m}\varepsilon_i-\sigma\left(W_{1,m}(k)-\frac{k}{m}W_{2,m}(m)\right)\right|\Big/g(m,k)$$

$$=O_p(1)\sup_{1\leqslant k<\infty}\left\{k^{1/v}+\frac{k}{m}m^{1/v}\right\}\Big/\left\{m^{1/2}\left(1+\frac{k}{m}\right)\left(\frac{k}{m+k}\right)^{\gamma}\right\}.$$

又因为 $\gamma<\dfrac{1}{2}$, 且 $\nu>2$, 所以

$$\max_{1\leqslant k\leqslant m}\left\{k^{1/v}+\frac{k}{m}m^{1/v}\right\}\Big/\left\{m^{1/2}\left(1+\frac{k}{m}\right)\left(\frac{k}{m+k}\right)^{\gamma}\right\}$$

$$\leqslant2^{\gamma}\left\{m^{\gamma-1/2}\max_{1\leqslant k\leqslant m}k^{1/v-\gamma}+m^{1/v-1/2}\right\}=o(1),$$

$$\sup_{m<k<\infty}\left\{k^{1/v}+\frac{k}{m}m^{1/v}\right\}\Big/\left\{m^{1/2}\left(1+\frac{k}{m}\right)\left(\frac{k}{m+k}\right)^{\gamma}\right\}$$

$$\leqslant2^{\gamma+1}m^{1/v-1/2}=o(1).$$

引理 9.4 得证. □

定理 9.1 的证明　因为分布 $\{(W_{1,m}(t),W_{2,m}(t)),\,0\leqslant t<\infty\}$ 不依赖于 m, 所以

$$\sup_{1\leqslant k<\infty}\frac{|W_{1,m}(k)-(k/m)W_{2,m}(m)|}{g(m,k)}\overset{D}{=}\sup_{1\leqslant k<\infty}\frac{|W_1(k)-(k/m)W_2(m)|}{g(m,k)},$$

即对任意 $T>0$ 有

$$\max_{1\leqslant k\leqslant mT}\frac{|W_1(k)-(k/m)W_2(m)|}{g(m,k)}\overset{D}{=}\max_{1\leqslant k\leqslant mT}\frac{\left\{\left|W_1\left(\frac{k}{m}\right)-\frac{k}{m}W_2(1)\right|\right\}}{\left\{\left(1+\frac{k}{m}\right)\left(\frac{k}{k+m}\right)^{\gamma}\right\}}$$

$$\to\sup_{0<t\leqslant T}\{|W_1(t)-tW_2(1)|\}\Big/\left\{(1+t)\left(\frac{t}{1+t}\right)^{\gamma}\right\}\quad\text{a.s.}$$

其中 $\overset{D}{=}$ 表示符号左右两边具有相同分布. 另一方面, 由于

$$\sup_{mT\leqslant k<\infty}\frac{|W_1(k/m)|}{(1+k/m)(k/(m+k))^{\gamma}}\leqslant\sup_{T\leqslant t<\infty}\frac{|W_1(t)|}{(1+t)(t/(1+t))^{\gamma}},$$

根据重对数律, 对任意 $\delta > 0$ 有

$$\lim_{T \to \infty} P \left\{ \sup_{T \leqslant t < \infty} |W_1(t)| \Big/ \left\{ (1+t) \left(\frac{t}{1+t} \right)^\gamma \right\} > \delta \right\} = 0,$$

又因为当 $T \to \infty$ 时有

$$\sup_{mT \leqslant k < \infty} \left| \frac{k/m}{(1+k/m)(k/(m+k))^\gamma} - 1 \right| \leqslant \sup_{T \leqslant t < \infty} \left| \frac{t}{(1+t)(t/(1+t))^\gamma} - 1 \right| \to 0.$$

所以

$$\lim_{T \to \infty} \limsup_{m \to \infty} P \left\{ \left| \sup_{mT \leqslant k < \infty} \frac{\left| W_1\left(\frac{k}{m} \right) - \frac{k}{m} W_2(1) \right|}{\left\{ \left(1 + \frac{k}{m} \right) \left(\frac{k}{k+m} \right)^\gamma \right\}} - W_2(1) \right| > \delta \right\} = 0.$$

根据重对数律有

$$\lim_{T \to \infty} P \left\{ \left| \sup_{T \leqslant t < \infty} \frac{|W_1(t) - tW_2(1)|}{(1+t)(t/(1+t))^\gamma} - W_2(1) \right| > \delta \right\} = 0,$$

从而

$$\sup_{1 \leqslant k < \infty} \frac{|W_{1,m}(k) - (k/m)W_{2,m}(m)|}{g(m,k)} \Rightarrow \sup_{0 \leqslant t < \infty} \frac{|W_1(t) - tW_2(1)|}{(1+t)(t/(1+t))^\gamma}.$$

通过计算方差函数可以发现

$$\{ W_1(t) - tW_2(1), 0 \leqslant t < \infty \} \overset{D}{=} \left\{ (1+t) W\left(\frac{t}{1+t} \right), 0 \leqslant t < \infty \right\},$$

因此

$$\sup_{0 \leqslant t < \infty} \frac{|W_1(t) - tW_2(1)|}{(1+t)(t/(1+t))^\gamma} \overset{D}{=} \sup_{0 \leqslant t \leqslant 1} \frac{|W(t)|}{t^\gamma}. \tag{9.9}$$

又因为对某个 $\eta > 0$, 当 $m \to \infty$ 时有

$$\left| \frac{1}{\hat{\sigma}_m} - \frac{1}{\sigma} \right| = o_p\left(m^{-\eta} \right).$$

由连续映照定理即得定理的证明. □

定理 9.5 若假设 9.1—假设 9.3 成立, 且 $\mathbf{c}_1'(\boldsymbol{\beta}_0 - \boldsymbol{\beta}_A) \neq 0$, 则在备择假设 H_1 下, 当 $m \to \infty$ 时有

$$\sup_{1 \leqslant k < \infty} \frac{|\Gamma(m,k)|}{\hat{\sigma}_m g(m,k)} \overset{p}{\longrightarrow} \infty.$$

证明: 令 $\tilde{k} = k^* + m$, 则

$$
\sum_{m < i \leqslant m+\tilde{k}} \hat{\varepsilon}_i = \sum_{m < i \leqslant m+\tilde{k}} \varepsilon_i + \left(\sum_{m < i \leqslant m+k^*} \mathbf{X}_i \right)' (\boldsymbol{\beta}_0 - \hat{\boldsymbol{\beta}}_m)
$$
$$
+ \left(\sum_{m+k^* < i \leqslant m+\tilde{k}} \mathbf{X}_i \right)' (\boldsymbol{\beta}_A - \hat{\boldsymbol{\beta}}_m),
$$

根据定理 9.1 的证明已知

$$
\left| \sum_{m < i \leqslant m+\tilde{k}} \varepsilon_i + \left(\sum_{m < i \leqslant m+\tilde{k}} \mathbf{X}_i \right)' (\boldsymbol{\beta}_0 - \hat{\boldsymbol{\beta}}_m) \right| \Big/ g(m,\tilde{k}) = O_p(1).
$$

由 (9.6) 有

$$
\left(\sum_{m+k^* < i \leqslant m+\tilde{k}} \mathbf{X}_i \right)' (\boldsymbol{\beta}_A - \boldsymbol{\beta}_0) = (\tilde{k} - k^*) \mathbf{c}_1' (\boldsymbol{\beta}_A - \boldsymbol{\beta}_0) + O((m+k^*)^{1-\tau})
$$
$$
+ O((m+\tilde{k})^{1-\tau}) \quad \text{a.s.}
$$

又因为 $|\mathbf{c}_1'(\boldsymbol{\beta}_0 - \boldsymbol{\beta}_A)| > 0$, 所以

$$
\liminf_{m \to \infty} \left| \left(\sum_{m+k^* < i \leqslant m+\tilde{k}} \mathbf{X}_i \right)' (\boldsymbol{\beta}_A - \boldsymbol{\beta}_0) \right| \Big/ g(m,\tilde{k}) > 0.
$$

定理 9.5 得证.　　　　　　　　　　　　　　　　　　　　　　　　　□

9.2　方差变点的在线监测

由于本节主要目的是监测方差变点, 为此假定回归系数始终不发生变化, 即 $\beta_i = \beta_0$, $1 \leqslant i < \infty$, 并进一步假定如下假设成立.

假设 9.4　前 m 个历史样本对应的模型 (9.1) 中的方差没有发生改变, 即

$$
\sigma_1^2 = \cdots = \sigma_m^2 = \sigma_0^2.
$$

从第 $m+1$ 个新观测到的样本开始连续检验模型 (9.1) 中的方差是否出现变点, 即检验如下假设检验问题:

$$
H_0 : \sigma_i^2 = \sigma_0^2, \quad i = m+1, m+2, \cdots, \tag{9.10}
$$

$H_1 :$ 存在 $k^* \geqslant 1$ 使得 $\sigma_i^2 = \sigma_0^2$, $i = m+1, m+2, \cdots, m+k^*$,

　　　但 $\sigma_i^2 = \sigma_A^2$, $i = m+k^*+1, m+k^*+2, \cdots$, 且 $\sigma_A^2 \neq \sigma_0^2$, $\tag{9.11}$

其中参数 σ_0^2, σ_A^2 和变点 k^* 都是未知参数. 基于前 m 个历史样本拟合模型 (9.1) 得到的最小二乘估计残量 (9.4) 定义如下方差变点监测函数

$$Q(m,k) = \sum_{i=m+1}^{m+k} \left(\hat{\varepsilon}_i^2 - \bar{\varepsilon}_m^2\right),$$

其中 $\bar{\varepsilon}_m^2 = m^{-1} \sum\limits_{i=1}^{m} \hat{\varepsilon}_i^2$, k 表示从变点监测过程起始起新观测到的样本量, 并继续采用上一节使用的边界函数 $g(m,k)$ 定义停时

$$s(m) = \inf\{k \geqslant 1, |Q(m,k)| \geqslant cg(m,k)\},$$

使之在原假设 H_0 下满足

$$\lim_{m\to\infty} P\{s(m) < \infty\} = \alpha,$$

在备择假设 H_1 下满足

$$\lim_{m\to\infty} P\{s(m) < \infty\} = 1,$$

参数 $\alpha \in (0,1)$ 用来控制犯第一类错误的概率.

定理 9.6 若假设 9.2—假设 9.4成立, 则在原假设 H_0 成立时有

$$\lim_{m\to\infty} P\left\{ \sup_{1\leqslant k < \infty} \frac{|Q(m,k)|}{\omega g(m,k)} \leqslant c \right\} = P\left\{ \sup_{0\leqslant t \leqslant 1} \frac{|W(t)|}{t^\gamma} \leqslant c \right\},$$

其中常数 $c = c(\alpha)$, $\omega^2 = \mathrm{Var}(\varepsilon_i^2)$.

证明: 因为 $\hat{\boldsymbol{\beta}}_m$ 是参数 $\boldsymbol{\beta}_0$ 的最小二乘估计量, 则有

$$\sqrt{m}\left(\hat{\boldsymbol{\beta}}_m - \boldsymbol{\beta}_0\right) = O_p(1). \tag{9.12}$$

由 (9.4) 得

$$
\begin{aligned}
Q(m,k) &= \sum_{i=m+1}^{m+k} (\hat{\varepsilon}_i^2 - \bar{\varepsilon}_m^2) \\
&= \sum_{i=m+1}^{m+k} [\varepsilon_i - \mathbf{X}_i'(\hat{\boldsymbol{\beta}}_m - \boldsymbol{\beta}_0)]^2 - \frac{k}{m}\sum_{i=1}^{m}[\varepsilon_i - \mathbf{X}_i'(\hat{\boldsymbol{\beta}}_m - \boldsymbol{\beta}_0)]^2 \\
&= \left(\sum_{i=m+1}^{m+k} \varepsilon_i^2 - \frac{k}{m}\sum_{i=1}^{m} \varepsilon_i^2 \right) \\
&\quad + \left(\sum_{i=m+1}^{m+k} [\mathbf{X}_i'(\hat{\boldsymbol{\beta}}_m - \boldsymbol{\beta}_0)]^2 - \frac{k}{m}\sum_{i=1}^{m}[\mathbf{X}_i'(\hat{\boldsymbol{\beta}}_m - \boldsymbol{\beta}_0)]^2 \right) \\
&\quad -2\left(\sum_{i=m+1}^{m+k} (\hat{\boldsymbol{\beta}}_m - \boldsymbol{\beta}_0)'\mathbf{X}_i\varepsilon_i - \frac{k}{m}\sum_{i=1}^{m}(\hat{\boldsymbol{\beta}}_m - \boldsymbol{\beta}_0)'\mathbf{X}_i\varepsilon_i \right).
\end{aligned}
$$

因此

$$\sup_{1\leqslant k<\infty} |Q(m,k)|/\{\omega g(m,k)\} \leqslant I_1 + I_2 + 2I_3, \tag{9.13}$$

其中

$$I_1 = \sup_{1\leqslant k<\infty} \left| \sum_{i=m+1}^{m+k} \varepsilon_i^2 - \frac{k}{m}\sum_{i=1}^{m} \varepsilon_i^2 \right| \Big/ \{\omega g(m,k)\},$$

$$I_2 = \sup_{1\leqslant k<\infty} \left| \sum_{i=m+1}^{m+k} [\mathbf{X}_i'(\hat{\boldsymbol{\beta}}_m - \boldsymbol{\beta}_0)]^2 - \frac{k}{m}\sum_{i=1}^{m} [\mathbf{X}_i'(\hat{\boldsymbol{\beta}}_m - \boldsymbol{\beta}_0)]^2 \right| \Big/ \{\omega g(m,k)\},$$

$$I_3 = \sup_{1\leqslant k<\infty} \left| \sum_{i=m+1}^{m+k} (\hat{\boldsymbol{\beta}}_m - \boldsymbol{\beta}_0)'\mathbf{X}_i\varepsilon_i - \frac{k}{m}\sum_{i=1}^{m} (\hat{\boldsymbol{\beta}}_m - \boldsymbol{\beta}_0)'\mathbf{X}_i\varepsilon_i \right| \Big/ \{\omega g(m,k)\}.$$

根据假设 9.3 和 (9.12) 可得

$$\begin{aligned}
I_2 &\leqslant \sup_{1\leqslant k<\infty} \left(\sum_{i=m+1}^{m+k} ||\mathbf{X}_i||^2||\hat{\boldsymbol{\beta}}_m - \boldsymbol{\beta}_0||^2 + \frac{k}{m}\sum_{i=1}^{m} ||\mathbf{X}_i||^2||\hat{\boldsymbol{\beta}}_m - \boldsymbol{\beta}_0||^2 \right) \Big/ \{\omega g(m,k)\} \\
&\leqslant \sup_{1\leqslant k<\infty} \left(\sum_{i=1}^{m+k} ||\mathbf{X}_i||^2||\hat{\boldsymbol{\beta}}_m - \boldsymbol{\beta}_0||^2 + \frac{m+k}{m}\sum_{i=1}^{m} ||\mathbf{X}_i||^2||\hat{\boldsymbol{\beta}}_m - \boldsymbol{\beta}_0||^2 \right) \Big/ \{\omega g(m,k)\} \\
&= O_p(1) \sup_{1\leqslant k<\infty} \frac{(m+k)^{1-\tau}/m + (m+k)/m^{1+\tau}}{m^{1/2}\left(1+\frac{k}{m}\right)\left(\frac{k}{m+k}\right)^\gamma} \\
&= o_p(1).
\end{aligned} \tag{9.14}$$

由中心极限定理和假设 9.2, 当 $m\to\infty$ 时有

$$\sum_{i=1}^{m} \mathbf{X}_i\varepsilon_i = O_p(m^{1/2}). \tag{9.15}$$

从而由 (9.12), (9.15) 和文献 (Brockwell and Davis, 1991) 的命题 6.1.1 得

$$\begin{aligned}
I_3 &= \sup_{1\leqslant k<\infty} \left| \sum_{i=1}^{m+k} (\hat{\boldsymbol{\beta}}_m - \boldsymbol{\beta}_0)'\mathbf{X}_i\varepsilon_i - \frac{m+k}{m}\sum_{i=1}^{m} (\hat{\boldsymbol{\beta}}_m - \boldsymbol{\beta}_0)'\mathbf{X}_i\varepsilon_i \right| \Big/ \{\omega g(m,k)\} \\
&\leqslant \sup_{1\leqslant k<\infty} \left(\left| \sum_{i=1}^{m+k} (\hat{\boldsymbol{\beta}}_m - \boldsymbol{\beta}_0)'\mathbf{X}_i\varepsilon_i \right| + \frac{m+k}{m}\left| \sum_{i=1}^{m} (\hat{\boldsymbol{\beta}}_m - \boldsymbol{\beta}_0)'\mathbf{X}_i\varepsilon_i \right| \right) \Big/ \{\omega g(m,k)\} \\
&= O_p(1) \sup_{1\leqslant k<\infty} \frac{\sqrt{(m+k)/m} + (m+k)/m}{m^{1/2}\left(1+\frac{k}{m}\right)\left(\frac{k}{m+k}\right)^\gamma} \\
&= o_p(1).
\end{aligned} \tag{9.16}$$

由于 $\{\varepsilon_i\}$ 相互独立, 所以 $\left\{\sum\limits_{i=m+1}^{m+k}(\varepsilon_i^2-\sigma_0^2),\ 1\leqslant k<\infty\right\}$ 和 $\left\{\sum\limits_{i=1}^{m}(\varepsilon_i^2-\sigma_0^2)\right\}$ 对任意 m 均相互独立, 因此, 根据泛函中心极限定理, 可找到两个相互独立的 Wiener 过程 $\{W_{1,m}(t)\}$ 和 $\{W_{2,m}(t)\}$ 使得

$$m^{-1/2}\sum_{i=m+1}^{m+k}(\varepsilon_i^2-\sigma_0^2)\Rightarrow\omega W_{1,m}\left(\frac{k}{m}\right),\quad m\to\infty,$$

$$m^{-1/2}\sum_{i=1}^{m}(\varepsilon_i^2-\sigma_0^2)\Rightarrow\omega W_{2,m}(1),\quad m\to\infty.$$

则

$$\sum_{i=m+1}^{m+k}\varepsilon_i^2-\frac{k}{m}\sum_{i=1}^{m}\varepsilon_i^2\overset{D}{=}m^{1/2}\omega\left(W_{1,m}\left(\frac{k}{m}\right)-\frac{k}{m}W_{2,k}(1)\right),$$

即

$$I_1\Rightarrow\sup_{1\leqslant t<\infty}\frac{|W_1(t)-tW_2(1)|}{(1+t)\left(\dfrac{t}{1+t}\right)^{\gamma}}.\tag{9.17}$$

联合式 (9.14), (9.16), (9.17) 和 (9.9) 即得定理 9.6 的证明. $\qquad\square$

定理 9.7 若假设 9.2—假设 9.4成立, 则在备择假设 H_1(即 (9.11)) 成立时有

$$\lim_{m\to\infty}\sup_{1\leqslant k<\infty}\frac{|Q(m,k)|}{\omega g(m,k)}\overset{p}{\longrightarrow}\infty.$$

证明: 令 $\tilde{k}=k^*+m$, 则

$$\begin{aligned}\frac{Q(m,\tilde{k})}{m}&=\frac{1}{m}\left(\sum_{i=m+1}^{m+\tilde{k}}\varepsilon_i^2-\frac{\tilde{k}}{m}\sum_{i=1}^{m}\varepsilon_i^2\right)\\&\quad-\frac{2}{m}\left(\sum_{i=m+1}^{m+\tilde{k}}(\hat{\boldsymbol{\beta}}_m-\boldsymbol{\beta}_0)'\mathbf{X}_i\varepsilon_i-\frac{\tilde{k}}{m}\sum_{i=1}^{m}(\hat{\boldsymbol{\beta}}_m-\boldsymbol{\beta}_0)'\mathbf{X}_i\varepsilon_i\right)\\&\quad+\frac{1}{m}\left(\sum_{i=m+1}^{m+\tilde{k}}[\mathbf{X}_i'(\hat{\boldsymbol{\beta}}_m-\boldsymbol{\beta}_0)]^2-\frac{\tilde{k}}{m}\sum_{i=1}^{m}[\mathbf{X}_i'(\hat{\boldsymbol{\beta}}_m-\boldsymbol{\beta}_0)]^2\right)\\&=I_4+I_5+I_6.\end{aligned}\tag{9.18}$$

因为回归系数不会出现变点, 根据定理 9.6 的证明有

$$I_5=-\frac{2}{m}\left(\sum_{i=m+1}^{m+\tilde{k}}(\hat{\boldsymbol{\beta}}_m-\boldsymbol{\beta}_0)'\mathbf{X}_i\varepsilon_i-\frac{\tilde{k}}{m}\sum_{i=1}^{m}(\hat{\boldsymbol{\beta}}_m-\boldsymbol{\beta}_0)'\mathbf{X}_i\varepsilon_i\right)=o_p(1).\tag{9.19}$$

$$I_6 = \frac{1}{m}\left(\sum_{i=m+1}^{m+\tilde{k}}[\mathbf{X}_i'(\hat{\boldsymbol{\beta}}_m - \boldsymbol{\beta}_0)]^2 - \frac{\tilde{k}}{m}\sum_{i=1}^{m}[\mathbf{X}_i'(\hat{\boldsymbol{\beta}}_m - \boldsymbol{\beta}_0)]^2\right) = o_p(1). \quad (9.20)$$

由模型 (9.1) 的误差假定和泛函中心极限定理得

$$
\begin{aligned}
I_4 &= m^{-1}\left(\sum_{i=m+1}^{m+\tilde{k}}\varepsilon_i^2 - \frac{\tilde{k}}{m}\sum_{i=1}^{m}\varepsilon_i^2\right) \\
&= m^{-1}\left(\sum_{i=m+1}^{m+k^*}(\varepsilon_i^2 - \sigma_0^2) + \sum_{i=m+k^*+1}^{m+\tilde{k}}(\varepsilon_i^2 - \sigma_A^2) - \frac{\tilde{k}}{m}\sum_{i=1}^{m}(\varepsilon_i^2 - \sigma_0^2)\right) + (\sigma_A^2 - \sigma_0^2) \\
&= (\sigma_A^2 - \sigma_0^2) + o_p(1). \quad\quad (9.21)
\end{aligned}
$$

联合 (9.18)—(9.21) 得

$$\liminf_{m\to\infty}\frac{|Q(m,\tilde{k})|}{m(1 + k/m)(k/(m+k))^\gamma} > 0.$$

定理 9.7 证毕.　　　　　　　　　　　　　　　　　　　　　　　　　　　　□

　　虽然参数 ω 在实际变点监测过程中是未知的, 但可用其估计量

$$\hat{\omega} = \sqrt{m^{-1}\sum_{i=1}^{m}\hat{\varepsilon}_i^4 - \left(m^{-1}\sum_{i=1}^{m}\hat{\varepsilon}_i^2\right)^2}$$

替代. 由于

$$\hat{\omega} \xrightarrow{p} \omega,$$

从而由 Slutsky 定理可得, 若用 $\hat{\omega}$ 替换参数 ω, 定理 9.6 和定理 9.7 的结论仍然成立.

9.3　修正的监测方法

　　前面两节给出的回归系数及方差变点监测方法在变点出现时刻离变点监测过程起始时刻 $m+1$ 较近时有很好的监测效果, 但当变点出现时刻远离起始时刻时, 监测效果相对较差, 主要体现在检验势较低, 平均运行长度较大. 为此, 本节给出一种修正的变点监测方法, 并同时考虑方差变点和回归系数变点. 修正方法的基本思想是通过引进一个窗宽参数来改变监测过程起始时刻, 从而缩短变点出现时刻与变点监测过程起始时刻之间的距离.

继续沿用前两节的记号, 定义修正的监测统计量

$$\Gamma(m, k, h) = \left| \sum_{i=m+1+[kh]}^{m+k} \hat{\varepsilon}_i \right| \tag{9.22}$$

来监测回归系数变点, 修正的方差变点监测统计量为

$$Q(m, k, h) = \left| \sum_{i=m+1+[kh]}^{m+k} (\hat{\varepsilon}_i^2 - \bar{\varepsilon}_m^2) \right|, \tag{9.23}$$

其中 $0 \leqslant h < 1$ 是窗宽参数, 相应的边界函数修正为

$$g(m, k, h) = \sqrt{m} \left(1 + \frac{k - [kh]}{m} \right) \left(\frac{k - [kh]}{m + k - [kh]} \right)^{\gamma}, \quad 0 \leqslant \gamma < 1/2. \tag{9.24}$$

注 9.8 当窗宽参数 $h = 0$ 时, 这里定义的修正监测统计量为修正前的监测统计量, 即原监测统计量是修正后监测统计量的一种特殊形式.

定理 9.9 在定理 9.1 的条件下, 当 $m \to \infty$ 时有

$$\max_{1 \leqslant k < \infty} \frac{\Gamma(m, k, h)}{\hat{\sigma} g(m, k, h)} \Rightarrow \sup_{t > 0} \frac{|W(1+t) - W(1+th) - t(1-h)W(1)|}{(1+t-th)^{1-\gamma}(t-th)^{\gamma}}.$$

证明: 由引理 9.3 立即可得

$$\sup_{1 \leqslant k < \infty} \frac{1}{g(m, k)} \left| \sum_{i=m+1+[kh]}^{m+k} \hat{\varepsilon}_i - \left(\sum_{i=m+1+[kh]}^{m+k} \varepsilon_i - \frac{k}{m} \sum_{1 \leqslant i \leqslant m} \varepsilon_i \right) \right| = o_p(1).$$

同定理 9.1 的证明, 当 $m \to \infty$ 时有

$$\frac{1}{\sqrt{m}\sigma} \left(\sum_{i=m+1+[kh]}^{m+k} \varepsilon_i - \frac{k}{m} \sum_{1 \leqslant i \leqslant m} \varepsilon_i \right) \Rightarrow W(1+t) - W(1+th) - t(1-h)W(1),$$

$$\left(1 + \frac{k - [kh]}{m} \right) \left(\frac{k - [kh]}{m + k - [kh]} \right)^{\gamma} \xrightarrow{p} (1+t-th) \left(\frac{t-th}{1+t-th} \right)^{\gamma}$$

$$= (1+t-th)^{1-\gamma}(t-th)^{\gamma}.$$

由此既得定理 9.9 的证明. □

定理 9.10 在定理 9.6 的条件下, 当 $m \to \infty$ 时有

$$\max_{1 \leqslant k < \infty} \frac{Q(m, k, h)}{\hat{\omega} g(m, k, h)} \Rightarrow \sup_{t > 0} \frac{|W(1+t) - W(1+th) - t(1-h)W(1)|}{(1+t-th)^{1-\gamma}(t-th)^{\gamma}}.$$

定理 9.11　在定理 9.5 的条件下, 当 $m \to \infty$ 时有

$$\max_{1 \leqslant k < \infty} \frac{\Gamma(m, k, h)}{g(m, k, h)} \xrightarrow{p} \infty.$$

在定理 9.7 的条件下, 当 $m \to \infty$ 时有

$$\max_{1 \leqslant k < \infty} \frac{Q(m, k, h)}{g(m, k, h)} \xrightarrow{p} \infty.$$

　　定理 9.10 的证明可根据定理 9.6 证明中的一些结论按定理 9.9 的证明类似得到, 定理 9.11 的证明过程可按照定理 9.5 和定理 9.7 的证明过程得到, 这里不再重述.

9.4　数值模拟与实例分析

9.4.1　数值模拟

　　例 9.1(方差变点监测)　考虑一阶线性回归模型 $y_i = \beta x_i + \varepsilon_i$, 并假定噪声项 $\varepsilon_i \sim$ i.i.d.$N(0,1)$. 分别取历史样本容量 $m = 50$, 100, 200 和 300 来检验 9.2 节所给方差变点监测方法的有效性. 边界函数 $g(m, k)$ 中的参数 γ 分别取值 0, 0.25 和 0.49, 并和 Chu 等 (1996) 所给边界函数 $b(t) = \sqrt{t(a^2 + \log t)}$ 做比较. 在无变点的原假设下分别取监测样本量 q 等于 $2m, 4m, 8m$. 表 9.1 列出了经 2500 次循环模拟得到的经验水平, 其中 b_1, b_2 和 b_3 分别是边界函数 $g(m, k)$ 中的参数 γ 取值 0.49, 0.25 和 0 时的模拟结果, b_4 表示采用边界函数 $b(t)$ 做监测. 由表可见, 除了 5% 检验水平下 $\gamma = 0.49$ 的情况外, 其余情况下经验水平都在给定的检验水平之内. 这说明方差变点监测方法能够很好地控制犯第一类错误的概率, 且即便在监测样本量相对于历史样本量很大时, 得出错误结论的概率亦很小. 另一方面, 通过比较不同边界函数的模拟结果可见, Chu 等 (1996) 所给边界函数 $b(t)$, 以及边界函数 $g(m, k)$ 中的参数 γ 取值接近于 0 时, 监测方法过于保守, 这使得监测样本量相对较小时, 会降低监测的功效. 由于实际变点监测问题中, 监测过程迟早要结束. 所以当监测样本量相对于历史样本量较小时, 可取较大的参数 γ 值, 反之可取较小的 γ 值, 从而使经验水平接近于给定的检验水平. 显然边界函数 $b(t)$ 无法做到这一点.

表 9.1 方差变点监测统计量 $Q(m, k)$ 的经验水平 (%)

α	m	$q = 2m$				$q = 4m$				$q = 8m$			
		b_1	b_2	b_3	b_4	b_1	b_2	b_3	b_4	b_1	b_2	b_3	b_4
5%	50	5.09	0.95	0.01	0.1	5.74	1.65	0.02	0.07	5.75	1.9	0.05	0.225
	100	4.31	0.22	0	0.01	5.22	0.6	0.07	0.15	5.38	0.9	0.09	0.86
	200	4.7	0.38	0	0	5.59	0.46	0.01	0.06	5.17	0.62	0.04	0.16
	300	5.9	0.8	0	0	5.92	0.18	0	0.02	5.26	0.39	0	0.17
10%	50	6.87	1.96	0.2	0.19	7.12	2.88	0.8	1.38	7.63	3.66	1.23	3.55
	100	6.68	1.2	0.04	0.08	6.55	1.1	0.03	0.15	7.56	3.05	0.69	1.38
	200	7.47	0.82	0.04	0.05	7.23	0.89	0	0.06	9.56	1.52	0.34	0.65
	300	7.49	0.61	0	0	7.22	0.74	0.04	0.08	7.55	1.55	0.11	0.31

为检验监测方法的功效, 假定方差在 $k^* = 3$ 时刻由 1 变为 2. 由于当模型中出现变点时, 越早发现变点越好, 为此取监测样本量 q 等于 $\frac{1}{4}m, \frac{1}{2}m, m$. 表 9.2 给出了经 2500 次循环模拟得到的经验势. 由表可见, 当变点出现在变点监测过程起始时刻附近时, 边界函数 $g(m, k)$ 有比边界函数 $b(t)$ 更高的势, 且等待时间更短. 此外, 检验势随着参数 γ 取值的增大而提高, 这说明在实际监测过程中, 如果希望尽快监测到起始时刻附近有可能出现的变点, 可以选取较大的 γ 值作为边界函数.

表 9.2 方差在 $k^* = 3$ 处由 1 变为 2 时方差变点监测统计量 $Q(m, k)$ 的经验势 (%)

α	m	$q = \frac{1}{4}m$				$q = \frac{1}{2}m$				$q = m$			
		b_1	b_2	b_3	b_4	b_1	b_2	b_3	b_4	b_1	b_2	b_3	b_4
5%	50	2.7	0.03	0	0	21.7	9.7	0.12	0	49.7	45.6	28.3	27.4
	100	21.9	3.82	0	0	53.2	40.7	12.9	4.72	73.5	67.2	53.2	50
	200	55.3	33.9	0.21	0	74.4	63.2	42.2	34.8	86.1	80.4	69.6	65.9
	300	67.7	48.1	12.2	0.6	82.3	72.2	53.7	47.1	91.4	85.9	76.6	73.1
10%	50	4.34	0.72	0	0	26.1	19.1	1	0.46	54.5	52.6	38.6	34.4
	100	30.1	10.7	0	0	58.6	49.7	26.7	15.8	75.8	71.7	59.6	54.9
	200	59.1	42.2	5.27	0	77	68.4	50.1	41.2	87.8	83.6	74.6	69.6
	300	70.2	55.2	24.9	9.76	84.5	76.6	60.4	52.7	91.9	88	80.2	76.3

例 9.2 (修正监测方法分析 1) 本例用如下线性回归模型

$$y_i = \beta_{0i} + \beta_{1i} x_i + \varepsilon_i. \tag{9.25}$$

检验 9.3 节所给修正的变点监测方法. 取历史样本容量 $m = 200$, 噪声项 $\varepsilon_i \sim$ i.i.d.$N(0, 1)$, 参数 γ 取值 $\{0, 0.25, 0.45\}$, 窗宽参数 h 取 $\{0, 0.1, 0.2, 0.3, 0.4, 0.5\}$. 由于回归系数的大小对检验结果没有影响, 在无变点的原假设下假定 $\beta_{0i} = 0, \beta_{1i} = 0$, 但在模拟中仍然用最小二乘法估计回归系数. 表 9.3 是无变点原假设下监测统计量 $\Gamma(m, k, h)$ 和 $Q(m, k, h)$ 在 5% 检验水平下经 2500 次循环模拟得到的经验水平. 由表 9.3 可以看出, 经验水平随着 γ 或者监测样本量 q 的增大而逐渐提高. 当 γ 接近 0 时, 窗宽参数 h 的选择对经验水平没有明显的影响; 但当 γ 接近 $\frac{1}{2}$, 且监测样本量较大时, 修正后的监测方法会出现水平失真问题. 监测统计量 $Q(m,k,h)$ 的水平失真问题相对于监测统计量 $\Gamma(m,k,h)$ 较严重. 因此, 为了更好地控制经验水平, 统计量 $Q(m,k,h)$ 不能选太大的 γ 值.

表 9.3　修正后两个监测统计量的经验水平 (%)

	$h\backslash q$	$\gamma=0$			$\gamma=0.25$			$\gamma=0.45$		
		$2m$	$4m$	$8m$	$2m$	$4m$	$8m$	$2m$	$4m$	$8m$
$\Gamma(m,k,h)$	0	0.38	1.47	2.39	1.32	2.61	3.07	2.98	3.79	3.34
	0.1	0.61	1.20	2.60	1.61	2.51	4.00	3.50	3.99	5.29
	0.2	0.35	1.15	2.44	1.41	2.52	3.64	3.81	4.79	5.28
	0.3	0.39	1.20	2.65	1.58	2.68	4.49	4.71	4.85	6.82
	0.4	0.28	1.06	2.38	1.42	2.71	4.95	5.41	5.92	7.62
	0.5	0.13	1.02	2.31	1.18	2.85	5.10	6.71	7.34	8.61
$Q(m,k,h)$	0	1.51	2.64	4.51	3.33	4.62	6.27	8.13	9.56	10.4
	0.1	1.79	2.66	4.58	4.07	5.05	6.77	9.41	10.4	11.5
	0.2	1.38	2.82	4.92	3.89	5.42	7.62	10.5	12.5	13.3
	0.3	1.58	2.60	4.73	4.34	5.81	8.00	12.3	13.4	14.4
	0.4	1.36	2.54	4.82	4.90	6.51	8.82	14.3	15.8	17.1
	0.5	1.07	2.65	5.17	4.88	7.00	10.4	17.2	19.5	20.8

为检验引进的窗宽参数对检验功效的影响, 令变点 k^* 分别取值 $\{0.05q, 0.2q, 0.5q\}$, 并假定监测样本量 $q=m$. 表 9.4 列出了模型 (9.25) 中的系数 β_0 在 k^* 处由 0 变为 1 时的经验势 (Power) 和平均运行长度 (ARL). 平均运行长度指从出现变点时刻到发现变点时刻 (即停时) 之间的平均样本量. 表 9.5 是模型 (9.25) 中的回归系数 β_1 在 k^* 处由 0 变为 1.4 时的经验势和平均运行长度. 表 9.6 是方差在 k^* 处由 1 变为 4 时的经验势和平均运行长度.

表 9.4　在 k^* 处参数 β_0 由 0 变为 1 时修正监测统计量 $\Gamma(m,k,h)$ 的经验势 (%) 和平均运行长度

	$h\backslash k^*$	$\gamma=0$			$\gamma=0.25$			$\gamma=0.45$		
		$0.05q$	$0.2q$	$0.5q$	$0.05q$	$0.2q$	$0.5q$	$0.05q$	$0.2q$	$0.5q$
Power	0	79.3	71.7	43.5	87.1	79.2	52.8	90.9	82.4	55.2
	0.1	79.6	72.6	46.2	87.5	80.3	56.3	91.4	83.6	60.1
	0.2	80.1	73.8	49.4	88.5	81.6	59.8	92.4	85.3	64.3
	0.3	77.5	74.8	52.1	88.6	82.8	62.6	93.0	86.7	68.3
	0.4	73.1	75.7	54.9	87.7	84.1	65.7	93.5	88.3	72.2
	0.5	67.1	75.4	57.6	85.5	85.7	69.4	93.8	89.5	76.3
ARL	0	40.5	46.5	56.3	25.8	34.5	48.0	18.5	30.3	47.1
	0.1	39.8	44.8	53.8	24.3	32.7	44.9	17.9	28.0	43.5
	0.2	38.9	43.1	51.3	22.9	30.6	41.8	15.6	25.5	39.6
	0.3	43.7	41.5	48.4	22.5	28.6	38.3	14.3	23.2	35.4
	0.4	52.0	39.9	45.8	24.1	26.5	35.2	13.4	20.8	31.5
	0.5	63.5	40.2	43.1	28.7	24.4	31.8	13.2	18.5	27.7

表 9.5 在 k^* 处参数 β_1 由 0 变为 1.4 时修正监测统计量 $\Gamma(m,k,h)$ 的经验势 (%) 和平均运行长度

	$h\backslash k^*$	$\gamma=0$			$\gamma=0.25$			$\gamma=0.45$		
		0.05q	0.2q	0.5q	0.05q	0.2q	0.5q	0.05q	0.2q	0.5q
Power	0	67.0	55.4	20.7	78.1	65.9	30.1	83.6	69.8	32.1
	0.1	68.4	57.7	23.1	79.7	68.5	33.9	85.3	72.9	37.2
	0.2	66.8	59.9	26.2	80.6	71.1	38.1	86.7	75.9	42.4
	0.3	62.3	61.5	28.7	79.7	73.1	42.2	87.6	78.4	49.4
	0.4	55.7	61.2	32.6	77.0	75.2	47.3	87.7	81.2	55.9
	0.5	47.1	54.7	36.8	73.3	75.9	52.7	87.3	83.6	62.8
ARL	0	63.4	72.0	68.3	42.1	55.3	61.4	32.2	49.9	60.2
	0.1	61.1	68.7	68.3	39.5	51.4	60.5	29.1	45.3	58.9
	0.2	63.8	65.2	67.6	37.9	47.5	58.7	26.3	40.3	56.4
	0.3	72.8	62.6	66.4	40.2	44.2	55.4	24.8	36.8	52.1
	0.4	84.4	62.8	64.9	45.1	41.3	52.1	24.7	32.6	47.5
	0.5	99.9	71.3	62.4	52.3	40.1	47.2	25.8	29.2	41.8

表 9.6 在 k^* 处方差 σ^2 由 1 变为 4 时修正监测统计量 $Q(m,k,h)$ 的经验势 (%) 和平均运行长度

	$h\backslash k^*$	$\gamma=0$			$\gamma=0.25$			$\gamma=0.45$		
		0.05q	0.2q	0.5q	0.05q	0.2q	0.5q	0.05q	0.2q	0.5q
Power	0	90.5	87.4	75.5	94.3	90.9	80.8	96.2	93.6	87.1
	0.1	90.7	87.8	76.8	94.6	91.3	81.9	96.4	94.2	89.4
	0.2	90.8	88.1	77.4	94.8	91.7	82.9	96.7	94.9	91.8
	0.3	90.9	88.3	78.5	94.9	92.2	84.7	96.9	95.5	94.3
	0.4	90.4	88.6	79.5	95.1	92.6	85.9	97.2	96.4	96.8
	0.5	89.2	88.8	80.4	95.2	93.1	87.2	97.5	97.4	98.6
ARL	0	18.9	20.5	25.5	11.8	15.1	21.2	8.74	12.9	20.5
	0.1	18.7	20.0	24.6	11.5	14.5	20.3	8.41	12.2	19.3
	0.2	18.4	19.5	23.6	11.1	13.8	19.1	7.98	11.5	17.9
	0.3	18.3	19.9	22.4	10.5	13.8	17.7	7.38	11.4	16.3
	0.4	18.9	19.4	21.5	10.2	13.0	16.5	6.99	10.5	14.9
	0.5	21.3	18.9	20.6	10.1	12.3	15.4	6.58	9.67	13.5

从表 9.4—表 9.6 可以看出, 变点出现的位置对经验势和平均运行长度的影响很大: 当变点出现在监测过程起始时刻附近时, 统计量 $\Gamma(m,k,h)$ 中的窗宽参数 h 在 0.2 和 0.4 之间取值时具有最高的经验势和最短的平均运行长度, 且随着 γ 的增大, 经验势逐渐提高, 而平均运行长度逐渐缩短. 窗宽参数 h 的取值对统计量 $Q(m,k,h)$ 的影响不是太大. 随着变点 k^* 与监测过程起始时刻间距离的增大, 经验势逐渐降低, 而平均运行长度逐渐增大. 当 $k^*=0.5q$ 时, 虽然修正后的方法无法达到和 $k^*=0.05q$ 时同样优的经验势和平均运行长度, 但显然取窗宽 $h=0.5$ 时, 可获得相对最优的经验势和平均运行长度. 总之, 和修正前监测方法 ($h=0$ 时) 的模拟结果相比, 如果能够选择合适的窗宽参数, 无论变点出现在何时, 修正后的监测方法都具有相对更优的监测功效, 且当变点出现时刻离监测过

程起始时刻的距离越远时, 改进效果越明显. 这说明通过引进窗宽参数来改进原有的变点监测法, 使之在变点出现时刻离变点监测过程起始时刻较远时亦有较好的监测功效的方法是有效的. 需要注意的是, 由于这里模拟的是全局经验势, 所以模拟的经验势很难达到 1. 这是因为全局经验势是从 $k^* + 1$ 时刻到 q 时刻连续计算拒绝原假设的频率, 为使其达到 1, 则必须在每次模拟循环的 $k^* + 1$ 时刻立刻监测到变点, 这在跳跃度不是太大时, 显然很难实现.

由于无法预知变点可能出现的时刻, 因此很难找到一个最优的窗宽选择方法, 但根据上述模拟结果可见, 取 $h = 0.2$, 无论对统计量 $\Gamma(m, k, h)$ 还是对统计量 $Q(m, k, h)$ 而言, 都是一个比较合适的选择. 此时在控制好犯第一类错误的条件下, 可以得到比较满意的经验势和平均运行长度. 此外, 当监测样本量 q 和历史样本量相比不是太大时, 可以取较大的 γ 值, 反之则取较小的 γ 值.

例 9.2 只考虑了噪声项是独立同分布的情况, 且未考虑监测统计量 $\Gamma(m, k, h)$ 和 $Q(m, k, h)$ 分别对方差变点和回归系数变点的监测效果. 为此, 下例继续检验修正后的监测方法在相依噪声干扰下的监测效果.

例 9.3 (修正监测方法分析 2)　继续考虑模型 (9.25), 但假定噪声过程来自 GARCH (1, 1) 模型, 即

$$\varepsilon_t = \sqrt{\theta_t} u_t, \quad \theta_t = \omega + a\varepsilon_{t-1}^2 + b\theta_{t-1}, \quad u_t \sim N(0, 1), \tag{9.26}$$

取参数 $\omega = 0.131, a = 0.136, b = 0.749$　(记为模型 1). 这些参数值是由 NAS-DAQ 指数从 1994 年 7 月 1 日到 1997 年 6 月 30 日的观测值拟合模型 (9.26) 所得 (参见文献 (Horváth et al., 2006) 表 1 中的模型 3). 为估计残量平方的方差, 采用 Bartlet 核做估计, 并令 $\ell_m = m^{0.35}$. 分别取 $h = 0, 0.2, 0.5$ 在历史样本量 $m = 200$ 和 500 下做模拟, 所有模拟结果都是在 5% 检验水平下经过 2500 次循环所得. 从表 9.7 所列的经验水平可以看出, 在此异方差噪声的干扰下, 修正后的变点监测方法具有和正态噪声相似的经验水平. 但当监测样本量 q 较大时, 需要相对较大的历史样本量, 才能较好地控制经验水平, 因为此时需要估计更多的未知参数.

为检验模型 (9.25) 在上述异方差噪声下, 修正后监测方法的经验势和平均运行长度, 考虑如下三类不同的变点情况:

I: β_0 在 k^* 处由 0 变为 1;

II: 误差过程 $\{\varepsilon_t\}$ 在 k^* 处由模型 1 变为模型 2;

III: β_0 在 k^* 处由 0 变为 1, 同时误差过程 $\{\varepsilon_t\}$ 在 k^* 处由模型 1 变为模型 2.

模型 2 指模型 (9.26) 中的参数分别取值 $\omega = 0.534, a = 0.186, b = 0.661$. 这

些参数值是由 NASDAQ 指数从 1997 年 7 月 1 日至 1998 年 12 月 31 日的观测值拟合所得. 表 9.8 给出了取变点 $k^* = 0.5q$, $q = m = 500$ 时的经验势和平均运行长度. 由表可见, 和正态噪声的结果类似, 参数 γ 或 h 取值越大, 经验势越高, 平均运行长度越短. 此外, 监测统计量 $\Gamma(m, k, h)$ 对方差变点不敏感, 而监测统计量 $Q(m, k, h)$ 对回归系数变点仍然具有较好的监测效果. 因此, 可以同时采用两个监测统计量来监测线性回归模型中的变点, 并区分系数变点和方差变点. 但需要注意的是, 在统计量 $Q(m, k, h)$ 中要选择比统计量 $\Gamma(m, k, h)$ 中小一点的 γ 值, 以减小犯第一类错误的概率.

表 9.7 GARCH (1, 1) 噪声下的经验水平 (%)

| | | \multicolumn{4}{c}{$\Gamma(m, k, h)$} | | | | \multicolumn{4}{c}{$Q(m, k, h)$} |
| | | $\gamma = 0.25$ | | $\gamma = 0.45$ | | $\gamma = 0.0$ | | $\gamma = 0.25$ | |
	$h\backslash q$	2m	4m	2m	4m	2m	4m	2m	4m
$m=200$	0	1.82	3.08	5.35	5.85	4.46	7.53	8.75	11.3
	0.2	2.02	3.31	6.66	7.06	4.29	7.26	9.23	12.2
	0.5	1.90	3.54	9.12	10.0	4.02	7.77	11.6	15.9
$m=500$	0	1.96	3.21	4.62	5.79	2.63	5.13	6.11	7.46
	0.2	1.88	3.55	5.81	7.49	2.44	5.07	6.33	9.21
	0.5	2.09	3.93	9.02	10.8	2.07	5.05	7.16	11.8

表 9.8 GARCH (1, 1) 噪声下的经验势 (%) 和平均运行长度

| | | \multicolumn{4}{c}{$\Gamma(m, k, h)$} | | | | \multicolumn{4}{c}{$Q(m, k, h)$} |
| | | $\gamma = 0.25$ | | $\gamma = 0.45$ | | $\gamma = 0.0$ | | $\gamma = 0.25$ | |
	h	Power	ARL	Power	ARL	Power	ARL	Power	ARL
I	0	71.7	74.5	76.9	72.1	32.7	125.5	46.1	113.1
	0.2	75.6	65.2	83.4	60.8	35.1	126.4	52.0	111.1
	0.5	80.7	51.1	94.3	44.0	39.7	129.3	62.6	104.0
II	0	4.36	106.3	7.03	94.4	61.4	78.3	72.4	64.1
	0.2	5.03	114.2	11.1	101.0	64.1	74.8	77.6	58.2
	0.5	7.27	133.6	20.5	117.1	67.9	75.1	83.9	55.6
III	0	71.2	75.2	77.0	72.5	76.0	54.1	85.9	43.2
	0.2	75.3	65.7	83.2	61.4	77.7	51.0	89.7	38.6
	0.5	80.8	51.6	93.9	44.4	80.2	51.1	94.1	36.5

9.4.2 实例分析

例 9.4 分析 IBM 股票从 1961 年 5 月 17 日至 1962 年 11 月 2 日间的日收盘价数据. 数据共包含 369 个观测值, 图 9.1 给出了这组观测值的原始数据图 (左图) 及其一阶差分数据图 (右图). 将一阶差分数据序列记为 y_t, $t = 1, \cdots, 368$. 韩四儿 (2006) 指出这组差分序列可以用 ARCH 模型拟合, 且分别在第 234 和第 279

个样本处存在变点 (见图中两条竖线). 前 234 个数据的拟合结果为

$$y_t = 0.2479 + \varepsilon_t, \quad \varepsilon_t = \sqrt{\theta_t} u_t, \quad \theta_t = 17.8993 + 0.3856 u_{t-1}^2 + 0.0229 u_{t-2}^2,$$

中间 45 个数据来自模型

$$y_t = -3.8667 + \varepsilon_t, \quad \varepsilon_t = \sqrt{\theta_t} u_t, \quad \theta_t = 176.329 + 0.0584 u_{t-1}^2,$$

最后 89 个数据来自模型

$$y_t = 0.1461 + 7.0162 u_t,$$

其中 $u_t \sim N(0,1)$. 本例利用变点监测方法监测这组数据中的第一个变点. 以前 200 个数据作为历史样本, 从第 201 个样本开始分别用监测统计量 $\Gamma(m,k,h)$ 和 $Q(m,k,h)$ 做监测. 取检验水平 $\alpha = 0.05$, $\gamma = 0.25$, $h = 0.2$. 结果发现监测统计量 $\Gamma(m,k,h)$ 在第 53 个样本处停止, 而监测统计量 $Q(m,k,h)$ 在第 38 个样本处停止. 因此, 可认为这组数据即存在均值变点, 也存在方差变点. 为检验窗宽对监测效果的影响, 取 $h = 0$ 重新做检验, 发现两个监测统计量分别在第 55 和第 39 个观测值处停止, 这进一步验证了既存在均值变点又存在方差变点的结论.

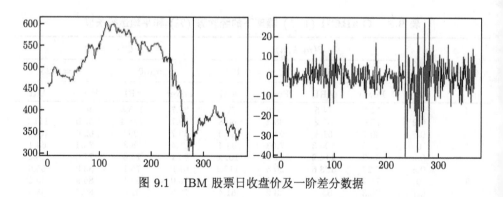

图 9.1　IBM 股票日收盘价及一阶差分数据

例 9.5　分析泰铢与美元从 2006 年 1 月 3 日至 2009 年 7 月 31 日的汇率数据, 共 903 个观测值. 图 9.2 左图是原始数据时序图, 右图是其一阶差分数据图. 取检验水平 $\alpha = 0.05$, $\gamma = 0.25$, $h = 0.2$, 分别用监测统计量 $\Gamma(m,k,h)$ 和 $Q(m,k,h)$ 监测一阶差分数据. 首先取前 200 个一阶差分数据为历史样本, 从第 201 个差分数据开始监测, 发现统计量 $\Gamma(m,k,h)$ 直到最后一个差分数据亦没有监测到变点, 这说明该组差分数据不存在均值变点. 而统计量 $Q(m,k,h)$ 在第 45 个监测数据处停止, 这说明在第 245 个差分数据之前存在方差变点. 由于数据可能存在多个方差变点, 去除前 244 个数据, 以第 245 个到第 444 个一阶差分数据为新的历史样本继续监测, 发现统计量 $Q(m,k,h)$ 在第 60 个监测数据处停止, 这说明在第 504 个差分数据之前存在第二个方差变点. 对剩余数据用同样的方法做监测, 但此时无法再监测到变点, 这说明这组数据存在两个方差变点, 而没有均值变点. 用 Inclàn 和 Tiao (1994) 提出的平方 CUSUM 方法估计这组数据中的方差变点, 发现两个变点分别是在第 241 和第 542 个差分数据处 (见图中的两条垂线), 这和用变点监测方法得出的结论一致.

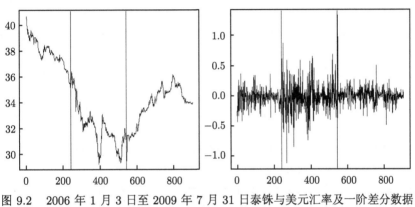

图 9.2　2006 年 1 月 3 日至 2009 年 7 月 31 日泰铢与美元汇率及一阶差分数据

9.5　小　　结

本章基于开放式变点监测思想讨论了线性回归模型系数及方差变点的在线监测问题. 由于只考虑了误差项是相互独立且方差存在的情况, 为了更清楚地比较分析修正监测方法中窗宽参数对监测结果带来的影响, 并未用 Bootstrap 方法来计算临界值, 而使用的是直接模拟得到的临界值. Kirch (2008) 考虑了用 Bootstrap 方法计算临界值的情况, 有兴趣的读者可查阅相关文献. 此外, 从例 9.3 及实例分析结果看, 将误差项拓展到服从厚尾分布或具有长记忆性也是可行的, 文献中已有一些研究. 本章 9.1 节的内容引自 Horváth 等 (2004), 9.2 节的内容引自 Chen 等 (2010b), 9.3 节的内容引自陈占寿等 (2010b) 和 Chen 等 (2010b). 关于 9.3 节修正方法的拓展应用, 读者可进一步查阅 Chen 等 (2011) 等.

参 考 文 献

陈占寿, 田铮, 丁明涛. 2010. 线性回归模型参数变点的在线监测. 系统工程理论与实践, 30(6): 1047-1054.

陈占寿, 田铮. 2010. 一类厚尾随机信号平稳性的在线 bootstrap 监测. 控制理论与应用, 27(7): 933-938.

陈占寿, 田铮. 2014. 含趋势项时间序列持久性变点监测. 系统工程理论与实践, 34(4): 936-943.

海特曼斯波格. 2003. 基于秩的统计推断. 杨永信译. 长春：东北师范大学出版社.

韩四儿. 2006. 两类厚尾相依序列的变点分析. 西安：西北工业大学博士学位论文.

何明灿. 2017. 基于两类 Bootstrap 方法的长记忆过程变点检验. 西宁: 青海师范大学硕士学位论文.

吉毛加, 陈占寿, 栗慧妮. 2019. 长记忆时间序列趋势项变点的 CUSUM 检验. 青海师范大学学报: 自然科学版, 35(2): 14-20.

林正炎, 陆传荣, 苏中根. 1999. 概率极限理论基础. 北京：高等教育出版社.

王兆军, 邹长亮, 李忠华. 2013. 统计质量控制图理论与方法. 北京: 科学出版社.

Abadir K M, Distaso W, Giraitis L. 2007. Nonstationarity-extended local Whittle estimation. Journal of Econometrics, 141(2): 1353-1384.

Andreou E, Ghysels E. 2006. Monitoring disruptions in financial markets. Journal of Econometrics, 135(1/2): 77-124.

Andreou E, Ghysels E. 2009. Structural breaks in financial time series. Handbook of Financial Time Series: 839-870.

Andrews D W K, Ploberger W. 1994. Optimal tests when a nuisance parameter is present only under the alternative. Econometrica, 62: 1383-1414.

Andrews D W K. 1993. Tests for parameter instability and structural change with unknown change point. Econometrica, 61(4): 821-856.

Athreya K B. 1987. Bootstrap of mean in the infinite variance case. The Annals of Statistics, 15: 724-731.

Aue A, Horváth L, Hušková M, Kokoszka P. 2006. Change-point monitoring in linear models. The Econometrics Journal, 9(3): 373-403.

Aue A, Horváth L, Reimherr M L. 2009. Delay times of sequential procedures for multiple time series regression models. Journal of Econometrics, 149: 174-190.

Aue A, Horváth L. 2004. Delay time in sequential detection of change. Statistics & Probability Letters, 67(3): 221-231.

Aue A, Horváth L, Kokoszka P, Steinebach J. 2008. Monitoring shifts in mean: asymptotic normality of stopping times. Test, 17: 515-530.

Aue A, Horváth L. 2013.Structural breaks in time series. Journal of Time Series Analysis, 34: 1-16.

Aue A. 2006. Testing for parameter stability in RCA(1) time series. Journal of Statistical Planning and Inference, 136(9): 3070-3089.

Avram F, Taqqu M S. 1987. Noncentral limit theorems and appell polynomials. The Annals of Probability, 15(2): 767-775.

Bagshaw M, Johnson R A. 1977. Sequential procedures for detecting parameter changes in a time series model. Journal of the American Statistical Association, 72(59): 593-597.

Bai J, Perron P. 1998. Estimating and testing for multiple structural changes in linear models. Econometrica, 66(1): 47-78.

Bai J. 1994. Least squares estimation of a shift in linear processes. Journal of Time Series Analysis, 15: 453-472.

Bai J. 1999. Likelihood ratio tests for multiple structural changes. Journal of Econometrics, 91: 299-323.

Bamberg G, Dorfleitner D. 2001. Fat tails and traditional capital market theory. Germany: University of Augsburg.

Bassevile M, Nikiforov V. 1993. Detection of Abrupt Changes: Theory and Application. Englewood Cliffs. New Jersey: Prentice Hall.

Beran J, Feng Y. 2002. SEMIFAR models—a semiparametric approach to modelling trends, long-range dependence and nonstationarity. Computational Statistics and Data Analysis, 40: 393-419.

Beran J, Ghosh S, Feng Y, Kulik R. 2013. Long-memory processes. Heidelberg, New York, Dordrecht, London: Springer.

Berkes I, Gombay E, Horváth L, Kokoszka P. 2004. Sequential change-point detection in GARCH(p, q) models. Econometric Theory, 20(6): 1140-1167.

Betken A. 2016. Testinf for change-point in long-range dependent time series by means of a self-normalized Wilcoxon test. Journal of Time Series Analysis, 37: 785-809.

Bingham N H, Goldie C M, Teugels J L. 1987. Regular Variation. Cambridge: Cambridge University Press.

Bollerslev T. 1986. A generalized autoregressive conditional heteroscedasticity. Journal of Econometrics, 31(3): 307-327.

Brockwell P J, Davis R A. 1991. Time Series: Theory and Methods. New York: Springer.

Brodsky B E, Darkhovsky B S. 1993. Nonparametric Methods in Change-Point Problems. Netherlands: Kluwer Academic Publishers.

Brodsky B. 2009. Sequential detection of change-points in linear models. Sequential Analysis, 28(2): 281-308.

Brown R L, Durbin J, Evans J M. 1975. Techniques for testing the constancy of regression relationships over time. Journal of the Royal Statistical Society, Series B, 37: 147-163.

Busetti F, Taylor A M R. 2004. Tests of stationarity against a change in persistence. Journal of Econometrics, 123(1): 33-66.

Carsoule F, Franses P H. 1999. Monitoring structural change in variance with an application to European nominal exchange. Econometric, 6: 1-33.

Carsoule F, Franses P H. 2003. A note on monitoring time-varying parameters in an autoregression. Metrika, 57: 51-62.

Cavaliere G, Taylor A M R. 2006. Testing for a change in persistence in the presence of a volatility shift. Oxford Bulletin of Economics and Statistics, 68(6): 761-781.

Cavaliere G, Taylor A M R. 2008. Testing for a change in persistence in the presence of non-stationary volatility. Journal of Econometrics, 147(1): 84-98.

Chen J, Gupta A K. 2000. Parametric Statistical Change Point Analysis. Boston: Birkhauser.

Chen Z, Xing Y, Li F. 2016a. Sieve bootstrap monitoring for change from short to long memory. Economics Letters, 140: 53-56.

Chen Z, Jin Z, Tian Z, Qi P. 2012a. Bootstrap testing multiple changes in persistence for a heavy-tailed sequence. Computational Statistics & Data Analysis, 56(7): 2303-2316.

Chen Z, Tian Z, Qin R. 2010b. Sequential monitoring variance change in linear regression model. J. Math. Res. Exposition, 30(4): 610-618.

Chen Z, Tian Z, Qin R. 2011. Monitoring variance change in infinite order moving average processes and nonstationary autoregressive processes.Communications in Statistics— Theory and Methods, 40(7): 1254-1270.

Chen Z, Tian Z, Wei Y. 2010a. Monitoring change in persistence in linear time series. Statistics & Probability Letters, 80(19-20): 1520-1527.

Chen Z, Tian Z, Xing Y. 2016b. Sieve bootstrap monitoring persistence change in long memory process. Statistics and Its Interface, 9(1): 37-45.

Chen Z, Tian Z, Zhao C. 2012b. Monitoring persistence change in infinite variance observations. Journal of the Korean Statistical Society, 41(1): 61-73.

Chen Z, Tian Z. 2010c. Modified procedures for change point monitoring in linear models. Mathematics and Computers in Simulation, 81(1): 62-75.

Chen Z, Tian Z. 2012. Moving ratio test for multiple changes in persistence. Journal of Systems Science and Complexity, 25(3): 582-593.

Chen Z, Xiao Y, Li F, et al. 2020. Monitoring memory parameter change-points in long-memory time series. Empirical Economics, DOI 10.1007/s00181-020-01840-4.

Chen Z. 2014. On-line monitoring the stationarity for time seires. Applied Mechanics and Materials, 444: 687-691.

Chen Z. 2015. Monitoring change in persistence against the null of difference stationarity in infinite variance observations.Communications in Statistics-Simulation and Computation, 44(1): 71-87.

Chernoff H, Zacks S. 1964. Estimating the current mean of anormal distribution which is subjected to changes in time. Annals of Mathematical Statistics, 35: 999-1018.

Chochola O. 2008. Sequential monitoring for change in scale. Kybernetika, 44: 715-730.

Chu C S J, Stinchcombe M, White H. 1996. Monitoring strucutral change. Econometrica, 64: 1045-1065.

Csörgö M, Horváth L. 1997. Limit Theorems in Change-point Analysis. New York: John Wiley & Sons.

Csörgö M, Horváth L. 1987. Nonparametric methods for the change-point problems. Journal of Statistical Planning and Inference, 17: 1-9.

Daubechies I. 1992. Ten Lectures on Wavelets. Philadelphia: SIAM.

Davidson J, Hashimzade N. 2009. Type I and type II fractional Brownian motions: a reconsideration. Computational Statistics & Data Analysis, 53(6): 2089-2106.

Davis R, Resnick S. 1985. Limits theory for moving averages of random variables with regularly varying tail probabilities. The Annals of Probability, 13(1): 179-195.

De Long J B, Summers L B. 1988. How does macroeconomic policy affect output? Brooking Papers on Economic Activity, 2: 433-494.

Deo R S, Hurvich C M.1998. Linear trend with fractionally integrated errors. Journal of Time Series Analysis, 9(1): 379-397.

Elliott G, Rothenberg T J, Stock J H. 1996. Efficient tests for an autoregressive unit root. Econometrica, 64(4): 813-836.

Fukuda K. 2006. Monitoring unit root and multiple structural changes: an information criterion approach. Mathematics and Computers in Simulation, 71(2): 121-130.

Gardner L A. 1969. On detecting changes in the mean of normal variates. Annals of Mathematical Statistics, 40: 116-126.

Goldie C M, Klüppelberg C. 1998. Subexponential Distribution // A practical Guide to Heavy Tails. Boston: Birkhauser: 435-459.

Golyandina N, Nekrutkin V, Zhigljavsky A A. 2001. Analysis of Time Series Structure: SSA and Related Techniques. London: Chapman and Hall.

Gombay E, Horváth L. 1990. Asymptotic distributions of maximum likelihood tests for change in the mean. Biometrika, 77: 411-414.

Gombay E, Serban D. 2009. Monitoring parameter change in AR(p) time series models. Journal of Multivariate Analysis, 100(4): 715-725.

Gombay E. 2002. Parametric sequential tests in the presence of nuisance parameters. Theory of Stochastic Processes, 8: 106-118.

Gombay E. 2003. Sequential change-point detection and estimation. Sequential Analysis, 22(3): 203-222.

Gombay E. 2004. U-statistics in sequential tests and change detection. Sequential Analysis, 23(2): 257-274.

Hackl P, Westlund A H. 1991. Economic Structural Changes: Analysis and Forecasting. Berlin: Springer Verlag.

Hakkio C S, Rush M. 1991. Is the budget deficit too large? Economic Inquiry, 29: 429-445.

Han D, Tsung F. 2004. A generalized EWMA control chart and its comparison with the optimal EWMA, CUSUM and GLR schemes. The Annals of Statistics, 32: 316-339.

Han S, Zheng T. 2006. Truncating estimation for the mean change-point in heavy-tailed dependent observations. Communications in Statistics-Theory and methods, 35: 43-52.

Hansen B E. 1991. Testing for structural of unknown form in models with nonstationary regressors. Mimeo. Department of Economics, University of Rochester.

Hao J, Zheng T, Ruibing Q. 2007b. Bootstrap tests for structural change with infinite variance observations. Statistics and Probability Letter, 79(19): 1985-1995.

Hao J, Zheng T, Ruibing Q. 2009a. Subsampling test for mean change-point with heavy tailed innovations. Mathematics and Computers in simulation, 79(7): 2157-2166.

Harvey D I, Leybourne S J, Taylor A M R. 2006. Modified tests for a change in persistence. Journal of Econometrics, 134: 441-469.

Hassler U, Scheithauer J. 2009. Detecting changes from short to long memory. Statistical Papers, 52(4): 847-870.

Hawkins D M. 1977. Testing a sequence of observations for a shift in location. Journal of the American Statistical Association, 72: 180-186.

Hidalgo J, Robinson P M. 1996. Testing for structural change in a long-memory environment. Journal of Econometrics, 70: 159-174.

Horváth L, Kokoszka P. 1997. The effect of long-range dependence on change-point estimators. Journal of Statistical Planning and Inference, 64(1): 57-81.

Horváth L, Kuhn M, Steinebach J. 2008. On the performance of the fluctuation test for structural change. Sequential Analysis, 27(2): 126-140.

Horváth L. 1993. The maximum likelihood method for testing changes in the parameters of normal observations. The Annals of Statistics, 21: 671-680.

Horváth, L., Kokoszka P, Zhang A. 2006. Monitoring constancy of variance in conditionally heteroskedastic time series. Econometric Theory, 22: 373-402.

Horváth L, Hušková M, Kokoszka P, Steinebach J. 2004. Monitoring changes in linear models. Journal of Statistical Planning and Inference, 126(1): 225-251.

Horváth L, Kokoszka P. 2003. A bootstrap approximation to a unit root test statistic for heavy-tailed observations. Statistics and Probability Letters, 62: 163-173.

Hsu C C. 2007. The MOSUM of squares test for monitoring variance changes. Finance Research Letters, 4: 254-260.

Hušková M, Kirch C. 2012. Bootstrapping sequential change-point tests for linear regression. Metrika, 75(5): 673-708.

Hušková M, Meintanis S G. 2006. Change-point analysis based on empirical characteristic functions of ranks. Sequential Analysis, 25(4): 421-436.

Inclán C, Tiao G C. 1994. Use of cumulative sums of squares for retrospective detection of changes of variances. Journal of America Statistical Association, 89: 913-923.

Jie C, Gupta A K. 1997. Testing and locating variance change points with application to stock prices. Journal of the American Statistical Association, 92: 43: 739-747.

Johansen S, Nielsen M, Φ. 2012. A necessary moment condition for the fractional functional central limit theorem. Econometric Theory, 28: 671-679.

Kander Z, Zacks S. 1966. Test procedures for possible changes in parameters of statistical distributions occurring at unknown time points. Annals of Mathematical Statistics, 37(5): 1196-1210.

Kapetanios G, Papailias F, Taylor A M R. 2019. A generalised fractional differencing bootstrap for long memory processes. Journal of Time Series Analysis, 40(4): 467-492.

Kim J Y. 2000. Detection of change in persistence of a linear time series. Journal of Econometrics, 95: 97-116.

Kirch C, Weber S. 2018. Modified sequential change point procedures based on estimating functions. Electronic Journal of Statistics, 12(1): 1579-1613.

Kirch C. 2008. Bootstrapping sequential change-point tests. Sequential Analysis, 27(3): 330-349.

Kokoszka P, Teyssiére G. 2002. Change-point detection in GARCH models: asymptotic and bootstrap tests. The 54th Session of the International Statistical Institute.

Kokoszka P, Leipus R. 1998. Change-point in the mean of dependent observations. Statistics & Probability Letters, 40: 385-393.

Kokoszka P, Leipus R. 2000. Change-point estimation in ARCH models. Bernoulli, 6: 1-28.

Kokoszka P, Wolf M. 2004. Subsampling the mean of heavy-tailed dependent observations. Journal of Time Series Analysis, 25: 217-234.

Kokoszka P, Leipus R. 1999. Testing for parameter changes in ARCH models. Lithuanian Mathematical Journal, 39(2): 182-195.

Komlós J, Major P, Tusn'ady G. 1975. An approximation of partial sums of independent RV'-s and the sample D.F.-I. Z. Wahrsch. Verw. Gebiete, 32: 111-131.

Komlós J, Major P, Tusn'ady G. 1976. An approximation of partial sums of independent RV'-s and the sample D.F.-II. Z. Wahrsch. Verw. Gebiete, 34: 33-58.

Krämer W, Sibbertsen P. 2002. Testing for structural change in the presence of long memory. International Journal of Business Economics, 1(3): 235-242.

Krishnaiah P R, Miao B. 1988. Review about estimates of change-point. Handbook of Statistics, 7: 375-402.

Kuan C M, Hsu C C. 1998. Change-point estimation of fractionally integrated processes. Journal of Time Series Analysis, 19: 693-708.

Lai T L. 2001. Sequential analysis: some classical problems and new challenges. Statistica Sinica, 11: 303-408.

Lavancier F, Leipus R, Philippe A, Surgailis D. 2013. Detection of nonconstant long memory parameter. Econometric Theory, 29(5): 1009-1056.

Lavielle M, Moulines E. 2000. Least-squares estimation of an unknown number of shifts in a time series. Journal of Time Series Analysis, 21(1): 33-59.

Lee S, Park S. 2009. The monitoring test for the stability of regression models with nonstationary regressors. Economics Letters, 105: 250-252.

Lee S, Tokutsu Y, Maekawa K. 2004. The residual cusum test for the constancy of parameters in GARCH (1, 1) models. Journal of the Japan Statistical Society, 34: 173-188.

Leisch F, Hornik K, Kuan C M. 2000. Monitoring structural changes with the generalized fluctuation test. Econometric Theory, 16: 835-854.

Leybourne S J, Taylor A M R. 2004. On tests for changes in persistence. Economics Letters, 84(1): 107-115.

Leybourne S J, Taylor A M R. 2006. Persistence change tests and shifting stable autoregressions. Economics Letters, 91(1): 44-49.

Leybourne S J, Kim T, Smith L V, Newbold P. 2003. Tests for a change in persistence against the null of difference-stationarity. Econometrics Journal, 6(2): 291-311.

Leybourne S J, Kim T, Taylor A M R. 2007a. Detecting multiple changes in persistence. Studies in Nonlinear Dynamics and Econometrics, 11(3): 1-34.

Leybourne S J, Taylor A M R, Kim T. 2007b. CUSUM of squares-based tests for a change in persistence. Journal of Time Series Analysis, 28(3): 408-433.

Li F, Chen Z, Xiao Y. 2020. Sequential change-point detection in a multinomial logistic regression model. Open Mathematics, 18(1): 807-819.

Li F, Tian Z, Chen Z, Qi P. 2017. Monitoring distributional changes of squared residuals in GARCH models. Communications in Statistics—Theory and Methods, 46:1, 354-372.

Li F, Tian Z, Chen Z. 2015b. Monitoring Distributional Changes in Autoregressive Models Based on Weighted Empirical Process of Residuals. Journal of Mathematical Research with Applications, 35(3): 330-342.

Li F, Tian Z, Qi P, Chen Z. 2015a. Monitoring parameter changes in RCA (p) models. Journal of the Korean Statistical Society, 44(1): 111-122.

Li Y X, Xu J J, Zhang L X. 2010. Testing for changes in the mean or variance of long memory processes. Acta Mathematica Sinica, 26: 2443-2460.

Ma J. 2020. Testing and application for variance change points in long memory time series. Academic Journal of Computing & Information, 5: 28-37.

Major P. 1976. The approximation of partial sums of independent RV's. Z. Wahrsch. Verw. Gebiete, 35: 213-220.

Mandebrot B B. 1963. The variation of certain speculative prices. Journal of Business, 36: 394-491.

Meerschaert M M, Scheffler H P. 2001. Limit Theorems for Sums of Independent Random Vectors. New York: Wiley.

Meerschaert M M, Scheffler H P. 2003a. Nonparametric methods for heavy tailed vector data: a survey with applications from finance and hydrology // Akritas M G, Politis D N, eds. Recent Advances and Trends in Nonparametric Statistics. Elsevier Science.

Meerschaert M M, Scheffler H P. 2003b. Portfolio modeling with heavy tailed random vectors // Rachev S T ed. Handbook of Heavy Tailed Distribution in Finance. Elsevier Science.

Page M E. 1954. Continuous inspection schemes. Biometrika, 42: 100-114.

Perron P. 1989. The great crash, the oil price shock, and the unit root hypothesis. Econometrica, 57(6): 1361-1401.

Perron P. 2006. Dealing with structural breaks. Palgrave Handbook of Econometrics, 1(2): 278-352.

Pettitt A N. 1979. A non-parametric approach to the change-point problem. Journal of the Royal Statistical Society, Series C (Applied Statistics), 28(2): 126-135.

Picard D. 1985. Testing and estimating change-points in time series. Advances in Applied Probability, 17(4): 841-857.

Ploberger W, Krämer W. 1992. The CUSUM test with OLS residuals. Econometrica: Journal of the Econometric Society, 60(2): 271-285.

Poskitt D. 2008. Properties of the sieve bootstrap for fractionally integrated and non-invertible processes. Journal of Time Series Analysis, 29(2): 224-250.

Preus P, Vetter M. 2013. Discriminating between long-range dependence and non-stationarity. Electronic Journal of Statistics, 7: 2241-2297.

Qi P, Jin Z, Tian Z, Chen Z. 2013. Monitoring persistent change in a heavy-tailed sequence with polynomial trends. Journal of the Korean Statistical Society, 42: 497-506.

Qin R, Yang X, Chen Z. 2019. Ratio detections for change point in heavy tailed observations. Communications in Statistics-Simulation and Computation, DOI: 10.1080/0361 0918. 2019.1697820.

Resnick S I. 1986. Point processes, regular variation and weak convergence. Advances in Applied Probability, 18(1): 66-138.

Roberts S W. 2000. Control chart tests based on geometric moving averages. Technometrics, 42(1): 97-101.

Schmitz A, Steinebach J G. 2010. A note on the monitoring of changes in linear models with dependent errors. Dependence in Probability and Statistics: 159-174.

Sen A, Srivastava M S. 1975. On tests for detecting change in mean. The Annals of Statistics, 3: 96-103.

Shao X. 2011. A simple test of changes in mean in the possible presence of long-range dependence. Journal of Time Series Analysis, 32(6): 598-606.

Sibbertsen P, Kruse R. 2009. Testing for a break in persistence under long-range dependencies. Journal of Time Series Analysis, 30(3): 263-285.

Siegmund D, Venkatraman E S. 1995. Using the generalized likelihood ratio statistic for sequential detection of a change-point. The Annals of Statistics, 23: 255-271.

Srivastava M S, Worsley K J. 1986. Likelihood ratio tests for a change in the multivariate normal mean. Journal of the American Statistical Association, 81: 199-204.

Srivastava M S, Wu Y. 1993. Comparison of EWMA, CUSUM and Shiryayev-Roberts procedures for detecting a shift in the mean. The Annals of Statistics, 21(2): 645-670.

Steland A. 2006. A bootstrap view on dickey-fuller control charts for AR(1) series. Austrian Journal of Statistics, 39: 339-346.

Steland A. 2007a. Monitoring procedures to detect unit roots and stationarity. Economic Theory, 23: 1108-1135.

Steland A. 2007b. Weighted Dickey-Fuller processes for detecting stationarity. Journal of Statistical Planning and Inference, 137(12): 4011-4030.

Steland A. 2008. Sequentially updated residuals and detection of stationary errors in polynomial regression models. Sequential Analysis, 27(3): 304-329.

Taqqu M S. 1975. Weak convergence to fractional Brownian motion and to the Rosenblatt process. Probability Theory and Related Fields, 31(4): 287-302.

Taylor A M R. 2005. Fluctuation tests for a change in persistence. Oxford Bulletin of Economics ans Statistics, 67: 207-230.

Wang C P, Ghosh M. 2007. Change-point diagnostics in competing risks models: Two posterior predictive p-value approaches. Test (Madr), 16(1): 145-171.

Wang D, Guo P, Xia Z. 2017. Detection and estimation of structural change in heavytailed sequences. Communications in Statistics-Theory and Methods, 46(2): 815-827.

Wang J L, Bhatti M I. 1998. Tests and confidence interval for change-point in scale of two parameter exponential distribution. Statisitca, 58(1): 127-136.

Wang L, Wang J. 2006. Change-of-variance problem for linear processes with long memory. Statistical Papers, 47: 279-298.

Wang L. 2008. Change-in-mean problem for long memory time series models with applications. Journal of Statistical Computation and Simulation, 78(7): 653-668.

Wang Y. 1995. Jump and sharp cusp detection by wavelet. Biometrika, 82: 385-397.

Wenger K, Leschinski C, Sibbertsen P. 2019. Change-in-mean tests in long-memory time series: a review of recent developments. AStA Advances in Statistical Analysis, 103: 237-256.

Wichern D W, Miller R B, Hsu D. 1976. Changes of variance in first-order autoregressive time series models—with an application. Journal of the Royal Statistical Society, Series B, 25(3): 248-256.

Worsley K J. 1979. On the likelihood ratio test for a shift in locations of normal populations. Journal of the American Statistical Association, 74: 365-367.

Worsley K J. 1986. Confidence regions and tests for a change-point in a sequence of exponential family random variables. Biometrika, 73: 91-104.

Wu Y. 2005. Inference for Change Point and Post Change Means after a CUSUM Test. New York: Springer.

Xia Z M, Guo P J, Zhao W Z. 2009. Monitoring structural changes in generalized linear models. Communication in Statistics-Theory and Methods, 38(11): 1927-1947.

Yao Y C, Davis R A. 1986. The asymptotic behavior of the likelihood ratio statistic for testing a shift in mean in a sequence of independent normal variates. Sankhya, Ser. A, 48: 339-353.

Yau C Y, Zhao Z. 2016. Inference for multiple change points in time seires via likelihood ration scan statistics. Journal of Royal Statistical Society, Series B, 76(4): 895-916.

Zeileis A, Leisch F, Kleiber C, Harnik K. 2005. Monitoring structural change in dynamic econometric models. Journal of Applied Econometrics, 20: 99-121.